软土地基上高速公路路基拼接关键技术

张军辉　著

人民交通出版社股份有限公司
China Communications Press Co.,Ltd.

内 容 提 要

本文根据笔者十多年的研究成果和对多条高速公路路基拼接技术服务的工程实践经验，对软土地基上的高速公路路基拼接关键技术进行总结。内容涵盖了软土地基上高速公路路基拼接的相互作用、差异沉降的控制指标和标准、拼接路基下硬壳层软土地基工程特性和软土地基处理、涵洞土压力计算和地基基础设计、老路基工作状态评价、新老路基结合部处治、路基沉降预测和预压荷载动态设计等关键技术。

本书可供从事公路设计、施工及科研的技术人员参考使用。

图书在版编目(CIP)数据

软土地基上高速公路路基拼接关键技术 / 张军辉著. — 北京：人民交通出版社股份有限公司，2015.12

ISBN 978-7-114-12725-0

Ⅰ.①软… Ⅱ.①张… Ⅲ.①高速公路—公路路基—软土地基—路基工程 Ⅳ.①TU471.8

中国版本图书馆 CIP 数据核字(2015)第 319691 号

书　　名：**软土地基上高速公路路基拼接关键技术**
著 作 者：张军辉
责任编辑：孙　玺　牛家鸣
出版发行：人民交通出版社股份有限公司
地　　址：(100011)北京市朝阳区安定门外外馆斜街 3 号
网　　址：http://www.ccpress.com.cn
销售电话：(010)59757973
总 经 销：人民交通出版社股份有限公司发行部
经　　销：各地新华书店
印　　刷：北京鑫正大印刷有限公司
开　　本：787×1092　1/16
印　　张：16.75
字　　数：339 千
版　　次：2016 年 6 月　第 1 版
印　　次：2016 年 6 月　第 1 次印刷
书　　号：ISBN 978-7-114-12725-0
定　　价：45.00 元

前　言

随着国民经济的快速发展，我国高速公路的建设十分迅猛。截至2014年年底，高速公路里程已超过11万公里。由于受建设时社会经济、水平、技术水平和建设思想的制约，在已经建成使用的高速公路中，绝大多数是双向四车道、六车道和八车道高速公路所占比例较低。目前有相当一部分已不能适应交通量增长和社会发展的要求，迫切需要扩大道路通行能力。解决这一问题有几种途径：一种是路网加密方案；一种是近距离新建高速公路；一种方法是老路加宽方案。路网加密方案工程投资大，对已建高速公路交通吸引有限，特别是加密公路建设规模较小时，对长大距离交通吸引甚微；近距离新建高速公路投资规模大，占用土地多，且容易造成路网分布不均；而老路加宽方案利用已建高速公路部分工程，占地拆迁较少，工程投资相对较小。现阶段我国高速公路扩建大多采用老路加宽的方案。自我国首条高速公路扩建工程——广佛高速公路加宽工程动工以来，先后有海南环岛东线、沪杭甬、沈大、沪宁、连霍、京港澳、昌樟等高等级公路相继局部或全线扩建加宽。结合国外经验及根据国家未来经济发展，可以断言，全国主要经济干线走廊带内远期将需要10条左右车道的高速公路的通行能力。因此，高速公路的扩建加宽将是21世纪我国公路建设亟待解决和必须解决的重要课题。

在我国尤其是东部沿海、内陆湖区已经建成使用的高速公路中，有相当一部分是修筑在软土地基上。由于软土固有复杂的工程特性，加之高速公路改扩建工程具有技术难度大、施工历时短、改扩建工程中需保障老路畅通等特点，使得软土地基上高速公路的加宽工程更加复杂。虽然我国目前已完成了超过6000km的高速公路改扩建工程，其中不乏软土地基上的高速公路改扩建工程，积累了较为丰富的工程实践经验，但针对软土地基上高速公路改扩建工程路基拼接的相互作用、差异沉降的控制指标和标准、拼接路基下硬壳层软土地基工程特性和软土地基处理、涵洞土压力计算和地基基础设计、老路基工作状态评价、新老路基结合部处治、路基沉降预测和预压荷载动态设计等关键技术的学术书籍较少。基于此，笔者根据十多年的研究成果和多条高速公路路基拼接技术服务的工程实践经验，对软土地基上高速公路路基拼接的关键技术进行总结，力求对我国高速公路加宽改造，尤其是南方软土地区高速公路路基拼接有所贡献。

全书共分为12章。第1章为绪论，介绍软土地基上高速公路改扩建工程的现状、技术难题、常见病害，并给出本书结构；第2章基于经典土力学，分析路堤拼接在地基中引起的附加应力，并给出沉降计算方法；第3章采用有限元方法分析路堤拼接性状；第4章基于第2章和第3章的研究成果，考虑高速公路路面的功能性、结构性要求，提出适用于高速公路改扩建工程的差异沉降控制指标和标准;第5章和第6章分别就拼接路基下浅层地基处理和深层地基处理技术进行研究;第7章为高速公路改扩建工程中涵洞通道的土压力计算方法及地基基础设计;第8章为基于现场人工开挖和长期湿度测试的老路基工作状态评价与加固技术;第9章为加筋路堤的性状分析,提出加筋处治的技术措施;第10章为减小路基工后沉降的堆载预压动态设计方法;第11章为新老路基拼接的设计和施工,尤其包括了对南方软土地区分布的典型路基土填筑路堤拼接采取的技术措施;第12章为路基拼接工程的现场监测。

本书由长沙理工大学交通运输工程学院张军辉副教授著,获长沙理工大学出版资助。

本书的研究成果主要来源于笔者主持和参与的交通部西部交通科技项目(项目编号:2009318000062,2009319825090)、国家高技术研究发展计划(863计划)(项目编号:2012AA112504)、国家自然科学基金(项目编号:51108048,51478054)和江西省交通运输厅科技项目(项目编号:2013C0011),并引用了指导的硕士研究生江唯伟、梁忠善、张涛、尹志勇和周宇的硕士论文的部分内容。同时,博士研究生姚永胜,硕士研究生岑广明、谌叶娟、戴良良、张磊、江庆平、肖亚冲参与了部分绘图校核工作。最后,感谢人民交通出版社股份有限公司的编辑,为本书的出版付出了辛勤的劳动。

限于作者水平,书中疏漏和不足在所难免,恳请读者及同行批评指正。邮寄地址:湖南省长沙市万家丽南路二段960号长沙理工大学交通运输工程学院,邮编:410114。E-mail:zjhseu@163.com。

作　者

2015年12月

目　　录

第 1 章　绪论 …… 1

1.1　高速公路加宽的必要性 …… 3

1.2　国外高速公路加宽工程发展概况 …… 4

1.3　国内高速公路加宽工程发展概况 …… 6

1.4　国内外软基上高速公路加宽工程对策分析 …… 17

1.5　国内外现有技术知识产权和技术标准现状及分析 …… 23

1.6　高速公路路基拼接常见病害及机理分析 …… 24

1.7　本书主要内容及结构 …… 27

本章参考文献 …… 28

第 2 章　路堤拼接引起的地基附加应力及沉降特性分析 …… 33

2.1　几种分布荷载作用下地基初始有效应力及超孔隙水压力分析 …… 35

2.2　路堤拼接引起的地基初始有效应力及超孔隙水压力分析 …… 39

2.3　路堤拼接引起的地基沉降特性分析 …… 42

2.4　本章小结 …… 47

本章参考文献 …… 48

第 3 章　软土地基上路堤拼接性状的有限元分析 …… 49

3.1　计算方法 …… 51

3.2　有限元基本理论及计算模型的建立 …… 51

3.3　计算结果分析 …… 54

3.4　路堤拼接变形特性的影响因素分析 …… 61

3.5　本章小结 …… 69

本章参考文献 …… 70

第 4 章　加宽工程差异沉降控制指标及标准研究 …… 73

4.1　加宽工程差异沉降指标的建立 …… 75

4.2　高等级公路加宽工程路面功能要求分析 …… 75

4.3　高等级公路加宽工程路面结构要求分析 …… 78

4.4　加宽工程差异沉降控制标准研究 …… 82

4.5　加宽工程差异沉降控制标准的适用性分析 …… 83

4.6　本章小结 …… 85

本章参考文献 …… 86

第 5 章　拼接路基硬壳层软土地基工程特性研究 …… 87

5.1　硬壳层软土地基竖向附加应力计算研究 …… 89

5.2　附加应力任意分布的双层地基一维线性固结理论研究 …… 99

5.3 基于统一强度理论硬壳层软土地基承载力的确定 …… 112
5.4 本章小结 …… 115
本章参考文献 …… 116
第6章 拼接路基深层软基处理技术研究 …… 121
6.1 控沉疏桩复合地基力学性状分析 …… 123
6.2 加宽工程软基处理方法选择研究 …… 133
6.3 本章小结 …… 140
本章参考文献 …… 140
第7章 软土地基上埋式涵洞土压力计算及地基基础设计 …… 145
7.1 软土地基上埋式箱涵土压力的离心模型试验 …… 148
7.2 软土地基上埋式箱涵土压力的数值模拟 …… 154
7.3 软土地基上埋式涵洞地基基础设计方法 …… 159
7.4 本章小结 …… 161
本章参考文献 …… 161
第8章 老路基工作状态评价与加固 …… 163
8.1 基于人工开挖的老路基边坡工作性能评价 …… 165
8.2 基于轻型动力触探的老路基边坡工作性能评价 …… 171
8.3 老路基边坡加固措施 …… 174
8.4 路基改扩建综合排水技术 …… 176
8.5 本章小结 …… 180
本章参考文献 …… 180
第9章 高速公路加宽工程加筋路堤的性状分析 …… 183
9.1 加宽工程加筋路堤离心模型试验 …… 185
9.2 加宽工程加筋路堤离心模型试验的有限元分析 …… 188
9.3 土工格栅现场测试及分析 …… 193
9.4 本章小结 …… 195
本章参考文献 …… 196
第10章 路基沉降预测及堆载预压动态设计 …… 197
10.1 常用沉降预测方法 …… 199
10.2 基于MATLAB的沉降预测方法可视化开发 …… 205
10.3 路堤预压土高度的动态设计与施工 …… 209
10.4 本章小结 …… 217
本章参考文献 …… 217
第11章 新老路基拼接的设计与施工 …… 219
11.1 新老路基拼接设计 …… 221
11.2 新老路基拼接施工关键技术 …… 224
11.3 本章小结 …… 244

本章参考文献……………………………………………………………………………………… 244
第 12 章　高速公路加宽工程性状的现场监测 ………………………………………………… 247
12.1　加宽路基施工动态控制标准……………………………………………………………… 249
12.2　沉降观测……………………………………………………………………………………… 250
12.3　加宽工程观测断面布设与技术设计……………………………………………………… 255
12.4　加宽工程沉降观测外业…………………………………………………………………… 256
12.5　资料整理……………………………………………………………………………………… 257
12.6　本章小结……………………………………………………………………………………… 258
本章参考文献……………………………………………………………………………………… 258
索引……………………………………………………………………………………………… 259

第1章 绪　论

⇨1.1　高速公路加宽的必要性
⇨1.2　国外高速公路加宽工程发展概况
⇨1.3　国内高速公路加宽工程发展概况
⇨1.4　国内外软基上高速公路加宽工程对策分析
⇨1.5　国内外现有技术知识产权和技术标准现状及分析
⇨1.6　高速公路路基拼接常见病害及机理分析
⇨1.7　本书主要内容及结构

1.1 高速公路加宽的必要性

1.1.1 促进国民经济又好又快发展的需要

改革开放以来，我国交通基础设施建设迈上新台阶，迎来了高速公路发展的新时代。截至2014年底，高速公路通车里程已达11.19万公里，但其中大部分为双向四车道。

随着国民经济的发展，公路客货运输持续快速增长，1995—2014年间，客运量最多增长3.4倍，货运量增长3.5倍，如图1.1所示。汽车保有量大幅增加，相当比例的高速公路通行能力已无法满足要求，1995—2014年间，汽车保有量增长14倍，如图1.2所示。经常造成交通拥堵，甚至引发恶性交通事故(图1.3)，严重制约了社会经济发展。因此，加快高速公路网的升级改造、提高重要路段的通行能力已迫在眉睫。

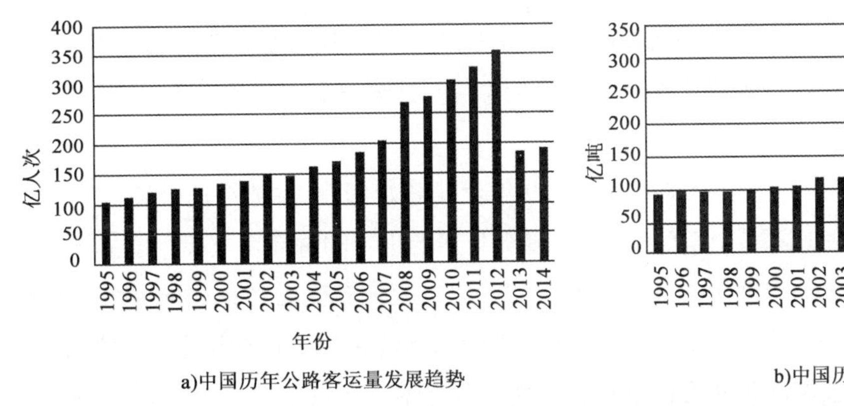

a)中国历年公路客运量发展趋势

b)中国历年公路货运量发展趋势

图1.1 中国1995—2014年公路客运量和货运量发展趋势

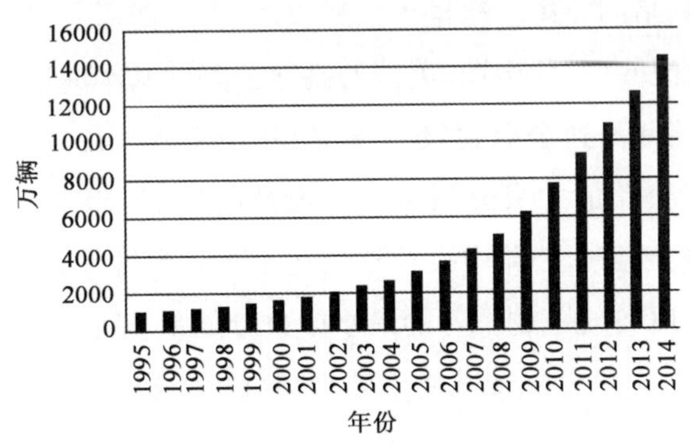

图1.2 中国1995—2014年汽车保有量发展趋势

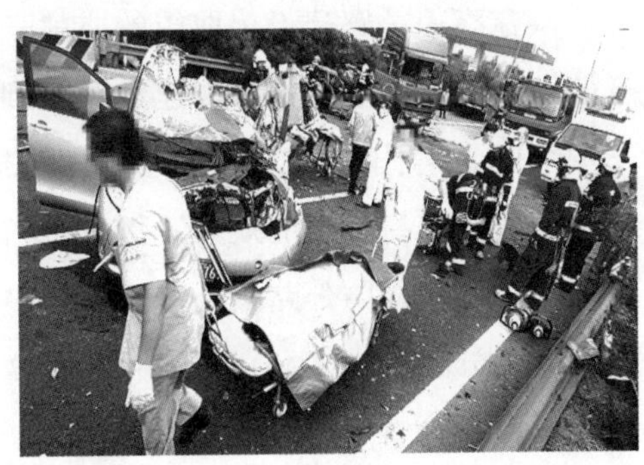

图1.3 通行能力不足引发的交通事故

1.1.2 发展低碳经济，走资源节约和环境友好型交通发展之路的需要

节约资源、保护环境是我国的基本国策。道路建设与维护消耗大量资源，占用土地，污染环境。因此，交通行业是资源占用和能源消耗性行业，也是建设资源节约型、环境友好型社会的重点攻关领域。

通过原有高速公路的改扩建，拓宽道路、增加车道，提高通行能力，以适应交通量快速增长的需要。与新建高速公路比较，将大大减少土地资源占用、降低建设成本。此外，高速公路改扩建工程将产生大量的废旧路面材料，通过开发这些废旧材料的循环再生利用技术，既可节约沥青、石料等原材料资源，亦可减少工程垃圾，保护环境。

1.2 国外高速公路加宽工程发展概况

1930 年，德国修建了从波恩至科隆的高速公路，世界第一条高速公路自此诞生。高速公路因其行车速度快、通行能力大、经济效益高、行车舒适安全等特点备受世界各国青睐。高速公路已成为世界各国实现交通现代化的一个主要标志。高速公路通车里程已经成为衡量一个国家或地区经济发达程度的一项重要指标。

总体上说，由于西方发达国家早在 20 世纪 30 年代就开始修建、改造高速公路，对于高速公路的改扩建已经有了比较系统、完备的认识。随着技术的进步和对环境重视程度的提高，国外高速公路改扩建由过去简单地考虑满足交通功能的思维模式转变为考虑交通、生态、环境、经济、技术、社会影响等综合效益的扩建模式，从单目标问题转化为多目标综合寻优问题。下面以美国和日本在高速公路改扩建方面的经验为例进行介绍[1]。

1.2.1 美国高速公路改扩建

美国在高速公路建设上取得的成就是有目共睹的。第二次世界大战以后，因国防需要，美国开始在国内大规模地建设高速公路。到 20 世纪 60 年代中期，美国的高速公路网基本成形。由于国情不同，美国的土地利用政策相对宽松，因此高速公路建设具备很好的前瞻性，在公路设计和建设中坚持长远的观点。例如，美国高速公路的中央分隔带通常设计的较宽：1956 年国家州际公路和国防公路集合设计标准中规定城区高速公路中央分隔带宽 4.9m，乡村区高速公路的中央分隔带宽 11m；1967 年出版的 AASHTO 规范中推荐的最小中央分隔带宽为 18～24m，靠近城区的中央分隔带宽为 7～8m。较宽的中央分隔带既便于排水、管线布设和交通安全设施等的布置，也便于将来的道路拓宽。

随着经济的发展及交通量的不断增加，从 20 世纪 70 年代中期至 80 年代中期，美国掀起

了一股大规模的高速公路改扩建热潮。出于对环境保护的考虑,联邦政府非常赞同对旧线进行拓宽扩建。由于美国的路基拓宽改造一般在中央分隔带内进行,所以新老路面的沉降差异问题并不突出。

在此期间,对扩建方案的研究主要针对具体项目中的工程技术问题,类似我国目前所处的高速公路改扩建初期阶段。随着对高速公路扩建问题探索的深入,美国科学院交通运输研究委员会(TRB组织)于1983年在美国召开了高速公路扩建工程专题国际会议。该会议比较完整地总结了发达国家近10年来对高速公路扩建的技术方法,主要集中在结构拼接和施工方法上的总结,而对于高速公路改扩建的方案设计、比选以及线形设计等问题几乎没有涉及。1983年,美国Jack E. Leisch在ITE Journal上发表了名为《高速公路改扩建设计特点和方案研究》的论文,较为系统地论述了在高速公路改建拓宽中,几何线形设计方面普遍遇到的问题,尤其是对立交设计作了很精辟地总结。

从20世纪80年代末至今,环境与公共关系对高速公路改建项目的重要性越来越突出。美国在高速公路改扩建方面的研究,越来越多地侧重扩建项目如何减少对自然环境和公众生活的影响,如何有效地与公众进行沟通,如何在工程中利用先进的技术等方面,在改扩建项目的方案设计、比选、施工区道路安全性和施工区的交通组织等方面的技术日臻成熟。

1.2.2 日本高速公路改扩建

日本于20世纪60年代初开始建设高速公路。到了20世纪80年代,陆续建成了名神、中央、东名、首都、阪神等干线高速公路,初步形成了高速公路干线网络。此后,开始大力兴建与干线交叉的支线高标准道路。目前,日本全国高速公路总里程接近8000km,最终目标是在全国建成总长度为11520km的高速公路网络。

日本的高速公路建设也经历了高速发展、注重提高质量、兼顾维修保养出精品三个阶段。和美国一样,日本的公路部门非常重视前期的规划工作,充分体现以人为本和经济实用的原则,为后续的改扩建留有余量,提供了较好的扩建条件。在技术方面,日本国内的施工企业非常注重技术创新工作,在路基处理、路基拼接、桥梁拼接和立交拓宽等方面,总结了很多实用的技术。概括来讲,日本在高速公路改扩建中积累的经验主要有以下三个方面。

(1)路基处理技术

日本多数地区属火山地貌,少部分地区为盆地和海相沉积平原,深软土地基分布较广。由于高速公路规划建设线路多呈南北纵向分布,少量为东西横断走向。道路所穿越的地区基本为山区、峡谷,软土地基处理量较小,因此,在道路新建和扩建中对局部软土地段一般不作深层地基处理,而基本采用水泥或石灰进行土质改良、提前预压或用轻质填料进行路基填筑,以减少路基工后沉降。用轻质填料进行路基填筑是日本在高速公路扩建中总结的实用技术。目前，日本的轻质路基填料主要有两种类型：一种是空气泡沫砂浆和空气泡沫轻质稳定土；另一种是发泡聚苯乙烯块颗粒土。该技术的成功应用加快了道路新建和扩建施工进度，缩短了施工周期，具有较好的综合效益，近年来被广泛推荐使用。

(2)路基拼接技术

由于受地理条件限制，日本现已建成通车的高速公路中隧道和桥梁所占比例较大，填筑路基段大多位于山间峡谷，依山体而建。因此，根据地形条件，除少数一般的平原、丘陵挖填方路段采用两侧拼接加宽的方式外，其他路段多以单侧拼接加宽为主，局部路段的隧道、桥梁和路基采取分离新建的做法。由于对路基段的拼接应用了轻质填料技术，所以在拼接过程中一般不对原路基进行大面积开挖台阶和复压，从而加快了扩建的速度。

(3)排水性沥青混凝土路面技术

在路面新材料应用方面，目前日本正在全国范围内大力推广排水性沥青混凝土路面。路面结构为：4cm 排水性沥青混凝土面层＋6cm 沥青防水层＋20cm 沥青处治基层＋10～20cm 水泥处治底基层。其面层所用石料一般选用坚质砂岩，10～13mm 粒径石料占 70%～80%，砂占 10%～15%，矿粉占 5%，树脂沥青占 5%，空隙率达 20%。从面层渗透的水在防水层表面排至路基边沟。尽管此种路面结构的建设成本比一般沥青路面高，但由于排水性沥青混凝土路面的摩擦系数较高且能降低行车噪声，消除普通路面车辆雨天行驶产生的尾雾现象，并具有较高的抗车辙能力，从而提高了道路的安全系数和行车的舒适性。因此，日本道路公团要求所有新建及改建的路面均采用此结构。

此外，国外公路加宽工程主要还有荷兰鹿特丹(Rotterdam)—安特卫普(Antwerp)的 A16 号公路[2-4]、阿姆斯特丹(Amsterdam)—乌得勒支(Utrecht)的 A2 号公路[5]、芬兰赫尔辛基(Helsinki)—Mikonkorpi 公路[2]、韩国 1 号高速公路[6]、德国开姆尼茨(Chemnitz)—德累斯顿(Dresden)的 A4 号联邦高速公路等。

由于国外高速公路设计时充分考虑了后期交通量的增加，采用了较宽的中央分隔带，新老路基结合部带来的差异沉降问题不明显，因此，值得借鉴的地方不多。

1.3 国内高速公路加宽工程发展概况

自我国首条高速公路加宽工程——广佛高速公路加宽工程动工以来，先后有海南环岛东线、沪杭甬、哈大、沈大、沪宁、南京绕城等高速公路相继局部或全线扩建加宽。

1.3.1 广佛高速公路加宽工程

广佛高速公路加宽工程从起点至雅瑶立交段，全长 6.864km，按高速公路八车道标准加宽扩建，两侧各加宽两条车道，全宽达 41m；雅瑶立交至终点谢边段，全长 6.971km，按高速公路六车道标准加宽扩建，两侧各加宽一条车道，全宽达 33.5m。加宽工程从 1997 年 10 月开工，到 1999 年 12 月完工，成为全国首条高速公路加宽扩建工程[7-9]。其主要技术要点及效果包括以下五个方面：

(1)软基处理

广佛高速公路全线累计共有软土地基段 5562m，软土层厚度达 10～20m，主要是淤泥质细(粉)砂软弱层。老路下的软基采用袋装砂井结合砂垫层排水固结处理，经过近十年的沉降，路基范围内的软基已充分固结并趋于稳定。考虑到新路基的工期短、不可中断交通和软基范围广等特点，采用水泥粉喷桩快速固结软基，并结合砂垫层形成复合地基，提高地基整体强度。

粉喷桩施工由外向内分两阶段逐步施工：第一阶段按 1∶0.8 的坡率开挖老路边坡，整平压实形成工作面后进行外层粉喷桩施工，待粉喷桩成型检验合格后进入第二阶段施工，按 1∶0.5 的坡率继续开挖边坡，整平压实后再进行内侧粉喷桩施工。桩的直径为 50cm，桩间距分布里密外疏，其中新建路面下采用 1.2m 间距梅花桩形布置，靠近新路坡脚处采用 1.8～2.3m 的间距布置。

砂垫层严格按照设计要求施工，与老路堤的砂垫层连通。地下水丰富路段增设土工布包碎石作盲沟，确保路基排水畅通。

(2)路基处治措施

老路边坡采用清除表土后再挖台阶的方法进行衔接，严格按照施工规范中对新老路基衔接的要求开挖台阶，而且台阶数量尽可能多，为新老路基衔接提供更多接触面，更利于新老路基的结合。在部分填方较高的路段采用逐步开挖的方式施工，同时做好排水与安全防护工作。

在软基处理和填土过程中始终用塑料布封闭开挖出露的老路堤坡面。

为减小不均匀沉降和提高新路基的稳定性，使应力传递更合理，在复合地基上铺设两层土工格栅。土工格栅横向铺设，两层之间填筑 50cm 风化土。对软基与非软基接头部位用两层 15m 长土工格栅搭接过渡，其中软基处理段搭入 5m，非软基段搭入 10m。

在路槽纵向铺设 2m 宽跨施工缝的土工格栅，格栅嵌入老路面的宽度为 1.05m，以加强新老路基的横向联系，减少裂缝反射。

严格控制新老路基结合部(大型压路机的压实施工死角)的压实，对该处用打夯机分薄层压实填筑。

(3)施工动态控制

软基处理施工期从 1997 年 9 月至 12 月，施工完成后设点观测沉降量，期间每增加一层填土观测一次，填土结束后每个月观测一次，连续观测至 1999 年 10 月完工通车为止。

(4)路面处治措施

将老路面边缘 60cm 宽范围内呈疏松状态的沥青混凝土面层和水泥稳定基层挖除，在新路面施工时一起回填压实，结合路槽跨施工缝设计土工格栅来增强路面整体性。

(5)路基拼接效果

广佛高速公路加宽工程竣工投入运营后，道路通行能力大幅提高，高峰期交通量达 110000 辆/昼夜。在繁重的交通量作用下，加宽工程的质量状况良好。2000 年 11 月对加宽工程缺陷责任期路况调查资料表明，新建路基基本稳定，无显著下沉或开裂，新路面没有出现积水现象和因设计或施工原因导致的破损。2003 年 7 月，广佛高速公路路面状况明显下降，出现了横向裂缝、网裂、坑槽等病害，但基本没有出现因路基拼接、差异沉降造成的路表纵向裂缝和反坡，初步说明处理方法和措施是合适的。

1.3.2 海南环岛东线高速公路加宽工程

海南环岛东线高速公路加宽工程分两期进行，一期工程(海口—琼海段)86.15km 于 1996 年 11 月正式动工，1998 年 3 月建成通车。二期工程(琼海—三亚段)分两阶段进行，1998 年 6 月，二期工程(琼海—陵水段)108km 正式动工，2000 年 1 月建成通车；2000 年中旬，二期工程(陵水—三亚段)57km 正式动工，全部工程于 2001 年 9 月建成通车[10]。其主要技术要点及效果包括以下四个方面：

(1)软基处理

对于 3m 深度的软基，一般换填适当厚度的砂垫层或级配碎石垫层。对于 3m 以上深度的软基，采用粉喷桩、粉喷桩加反压护道或粉喷桩加预压处理。粉喷桩要求至少 7d 龄期后才可逐渐填筑土方。填土时要严格控制填土厚度和压实度标准。

(2)路基处治措施

新老路基结合部开挖台阶。在原有半幅左侧路堤边坡处，从坡脚向上挖成 1.0～1.5m、内倾 2%～4%的反向台阶。坡脚附近的台阶宽一些，通常为 2～3m。然后逐渐填筑新路基，台阶部位需及时和重点碾压。部分路段提高路基压实度标准。填方路段，把规范规定的 90%压实度区提高到 93%，93%区提高到 95%，95%区提高到 96%；挖方路段，路堑路床压实度要求达到 96%。

对于 4m 的填方路基、底基层下以及桥涵的台背处，在新老结合部设置塑料土工格栅。

(3)施工动态控制

软基路堤填筑过程中要做好沉降和稳定观测，并严格限制施工填料和加载速度。路基加载速度应控制沉降量小于 1.5cm/d，水平位移量小于 0.5cm/d，待路基沉降基本趋于稳定后才能修筑路面。

(4)路基拼接效果

2002 年 12 月,经海南省高速公路工程验收小组验收,海南环岛东线高速公路(左幅)加宽工程被评定为优良工程。加宽工程新老路基拼接处基本无异常现象,仅在大茅隧道引道分离的高填路堤处沥青路面因压实度等原因出现约 200m 纵缝及约 20 条横缝,加宽工程拼接总体效果良好。

1.3.3 沈大高速公路加宽工程

2002 年 5 月 28 日,沈阳至大连高速公路加宽改造工程全线开工。沈大高速公路原为四车道,路基宽度 26m,加宽改造后为八车道,设计时速 120km,基本沿两侧加宽,局部单侧加宽,路基宽度 42m。加宽改造工程全长 348km,投资额近 79 亿元,2004 年 9 月建成通车[11-14]。其主要技术要点及效果包括以下四个方面:

(1)软基处理

试验段采用了塑料排水板+土工布+砂砾、粉喷桩结合石渣和直接铺筑 70cm 石渣三种处理方案。

对于软土层较薄路段,采用抛石填筑;对于软土层较厚路段,采用塑料排水板或粉喷桩处理。粉喷桩桩径为 0.5m,间距为 1.4m,正三角形布置,桩长一般为 8~12m。

(2)路基处治措施

老路路基边坡面开挖成台阶状,高度不大于 80cm,底面向路中心横坡为 3%,并挖至与原路面齐平。挖到一定高度后再挖下一个台阶,避免施工时边坡塌落。原边坡垂直厚度 30cm 的边坡土一次性清除,移至加宽路基的坡脚外,做加宽路基的培肩土用。

在路基顶面以下 20cm 处铺设一层土工格栅,宽度 6m,每延米纵横断裂荷载分别为 60kN/m、20kN/m,同时路基内台阶处铺设 2~3 层土工格栅,增加新老路基的结合,并改善路基土体的应力状态。

选用与老路基相同或物理力学指标高的碎石土、砾石土、山皮土、石渣等材料填筑新路基。通过大吨位振动压路机、冲击式压路机来碾压土体以及增加碾压遍数来减少土体本身孔隙率,增加路基压实度,减少路基本身沉降。

当加宽部位路基填至路基顶面 80cm 时,把原路硬路肩挖除,然后检查原路基填料是否符合要求(表 1.1),如符合,进行填筑。

路基填料强度要求 表 1.1

路基顶面以下深度(m)	上路床	下路床	上路堤	下路堤	零填或零挖
	0~30	30~80	80~150	150 以下	—
最小强度 CBR	8	5	4	3	—
最大粒径(cm)	10	10	15	15	10

(3)施工动态控制

当填土高度在临界高度以上时，日沉降量不大于0.5cm，日侧向位移不大于0.3cm；当填土高度在临界高度以下时，日沉降量不大于1.0cm，日侧向位移不大于0.5cm。

对于填土速率，接近或不超过临界高度时，每2d填筑25cm；超过临界高度时，每4d填筑25cm。

(4)路基拼接效果

在对路基沉降、土压力、位移、孔隙水压力和测斜五个项目进行长达一年的观测后，从获取数据上分析，沉降量在最初的六个月里增长较快，基本达到21～23cm，以后增长缓慢，逐步趋于稳定，满足设计沉降要求；根据试验路横向位移的观测，路基横移量很小，只有0.5～1.8cm，同时通过观察新老路基结合部，纵向未发现裂缝，表明路基是稳定的。

1.3.4 沪杭甬高速公路加宽工程

沪杭甬高速公路浙江段全长248km，分三期实施八车道加宽建设，总投资55亿元。一期红垦—沽渎段，加宽为设港池或停车带的双向八车道，已于2000年10月开工建设。二期红垦—枫泾段，全长120km，加宽为标准双向八车道，于2003年底开工，2005年完成。三期沽渎—宁波段，于2004年开工，2007年完工[15,16]。其主要技术要点及效果包括以下五个方面：

(1)软基处理

软基主要分布在K32+100～K60+600之间，其中厚度20m以上的路段达17.6km，占软土路段的76%，软基处理路段长度为21.4km。

沪杭甬高速公路的软基路段的月沉降量目前仅1～3mm，已基本稳定。而加宽路基计算总沉降量达20～90cm。为减小新老路堤之间差异沉降对老路的影响，浙江省交通规划设计院根据不同的地基情况、填筑长度、结构物类型等因素，确定采用预应力管桩(也叫控沉疏桩)、粉喷桩、塑料排水板结合等载预压等处理形式。

①预应力管桩处理：处于硬壳层较薄、软土层深度大于10m的重点路段(桥头、结构物处理路段等)的处理使用预应力管桩。预应力管桩为先张法预应力混凝土薄壁管桩，采取锤击或静压沉桩方式，用焊接法接桩。打设深度25m以内的管桩直径为30cm，25m以上的管桩直径为40cm。桩顶现浇混凝土桩帽通过桩塞混凝土与管桩连接，桩帽为矩形，边长有90cm和100cm两种。加宽部分的路基荷载通过土工格栅和桩帽的传递，大部分由预应力管桩承担。路堤桩的平面布置采用正方形，布置间距为2.0～2.5m，打设深度为15.0～35.0m；桥头等结构物部位采用间距和打设深度分级过渡处理。

②粉喷桩处理：处于硬壳层较薄、软土层厚度小于10m的重点路段(桥头、结构物处理路段等)的处理采用粉喷桩。粉喷桩处理的平面布置采用正方形，布置间距为1.1～1.5m，打设

深度为 6.0～14.0m;桥头等结构物部位采用间距和打设深度分级过渡处理。

③塑料排水板结合等载预压处理:为控制工后沉降、保持新路路面的变形协调,除铺设一层 50cm 厚砂垫层外,一般路段按打设塑料排水板结合等载预压处理。打设深度在 15m 以内的,采用厚度为 4mm 的塑料排水板;打设深度大于 15m 时,采用厚度为 4.5mm 的塑料排水板。塑料排水板打设间距为 1.3～1.5m,最大打设深度为 25m。

(2)路基处治措施

考虑到老路的填料为宕渣,老路路基,尤其是边缘部位,压实度不足,台阶尺寸较大,控制为宽 1～2m。

老路及加宽工程的路基填料根据该区域的料源情况,均采用宕渣和砂砾作为填料,其中砂砾主要用于桥头与结构物连接部位,每层最大压实厚度为 25cm。

为协调拼接路基的变形,均化荷载,减少新老路基的不均匀沉降,粉喷桩、预应力管桩段在其上铺设一层双向土工格栅,塑料排水板结合等载预压段每级台阶上铺设一层单向土工格栅,底基层与路基之间铺设一层双向土工格栅。土工格栅铺设长度从拼接处至新路基边缘。

考虑到提高压实度的实施难度及缺乏控制标准等因素,沪杭甬高速公路加宽工程路基采用规范要求的压实度进行填筑。

(3)施工动态控制

沪杭甬高速公路在如此深厚的软基上进行加宽在国内尚属首例,没有成功的软基处理设计和施工经验做参考,因此应进行施工过程及工后的沉降和稳定动态观测。

路肩沉降观测桩埋设在老路堤路肩上,测量老路的沉降;水平沉降管水平放置在加宽路堤底部,测量加宽段沉降。

位移边桩和测斜管均埋设在路堤护坡道外侧与桥头路堤前缘,观测整个土层的水平位移。

软基路堤填土高度 3.0m 以内,按 0.2m/4d 的速率填筑,每填一层(0.2m 厚)间隔时间不得少于 4d;填筑高度大于 3m 时,按 0.2m/7d 速率填筑,水平位移控制不大于 3～4mm/d,每填一层(0.2m 厚)间隔时间不得少于 7d,同时结合沉降及水平位移速率控制。

(4)路面处治措施

为保证新老路面良好的结合,防止路面结构层积水等不良现象产生,主要采取以下措施:

路面底基层与路基的交界面铺设土工格栅;老路路面各结构层挖出台阶状,并要求结合密实;在新老路面相接处,面层下设置开级配水泥稳定碎石排水带;新老路面基层顶面洒铺封层油,在接缝处铺设宽度为 50cm 的玻纤网,并洒布热沥青作为黏层油。

(5)路基拼接效果

沪杭甬高速公路拼接段的总沉降量为 10～20cm,远小于设计的 30～90cm。拼接后新路基月沉降速率为 3～5mm。目前沪杭甬高速公路加宽工程宁波—杭州方向半幅已基本稳定,没有出现明显病害，无下沉或开裂现象。

1.3.5 京藏高速公路呼包段改扩建工程

京藏高速公路是内蒙古最主要的公路干线，呼包段是内蒙古全区最繁忙的公路区间，京藏高速公路改扩建工程总投资约114.91亿元，路线全长217.396km，起点位于呼和浩特东保合少互通处，途经呼和浩特市新城区、赛罕区、回民区、土左旗，包头市土右旗、东河区、青山区、九原区、昆区，终点止于包头西乌兰计。2010年10月20日，由内蒙古高路公司承建的呼包高速四车道改八车道工程开工建设。2013年9月28日改扩建工程全线建成。全线按双向八车道高速公路技术标准进行改扩建后，路基宽度已由原来的26m增宽至42m[17]。其主要技术要点及效果包括以下三个方面。

(1)路基处治措施

在京藏高速公路呼包段的改扩建工程中，为了降低新旧路基的不均匀差异沉降，在新旧路基的结合处主要采取的处治措施有：

①换填地基土。路堤填筑前，原地面先清除表土30cm，水浇地再换填30cm砂砾，再进行冲击碾压20遍，使得压实度不小于92%。

②开挖台阶。老路边坡先拆除坡面排水及防护污工并挖除30cm厚耕植土，然后以1∶1.5的坡率开始削坡并开挖台阶，自下而上，逐层开挖，开挖一阶及时填筑一阶，台阶设倾向内侧2%的横向坡度，台阶一般按宽度100cm控制，底部一级台阶宽度为150cm。

③铺设土工格室。一般填土路段，为了减少路基拼接的差异沉降，在路基底部和路床底面分别设置一层高强土工格室，当路基边坡高度大于4m时，在边坡中部每2m增加一层高强土工格室。受征地限制且原老路基设置路堤挡土墙的路段，为了减少路基拼接的差异沉降，路床底面及原挡土墙顶各设置一层高强土工格室。整体式高强土工格室应张拉均匀并用U形钢钉固定，钢钉用钢筋制作，长55cm，土工格室铺设至距离路基边坡0.5m处。

④增强路基土的压实度。为确保地基及路基填筑的压实度，对拓宽范围内地基采取重型冲击碾压，并每填筑2m进行冲击补压一次，路基填筑至路床底面再补压一次，每次冲击碾压遍数不少于20遍，对于新旧路基衔接台阶部位可根据实际情况适当增压。

(2)施工动态控制

路堤填筑先清除原地表土30cm，再换填30cm砂砾，然后进行冲击碾压20遍，使得压实度不小于92%。为确保地基及路基填筑的压实度，对拓宽范围内地基采取重型冲击碾压，并每填筑2m进行冲击补压一次，路基填筑至路床底面再补压一次，每次冲击碾压遍数不少于20遍，对于新旧路基衔接台阶部位可根据实际情况适当增压。

(3)路面处治措施

①改建路面结构。旧路面改建的设计弯沉值为15.5(0.01m)。原有路面代表弯沉值小于19.48路段,铣刨老路上面层4cm或5cm,其上再加5cm AC-16＋6cm AC-20两层。路线拉坡按照加铺7cm控制;原有路面代表弯沉值在19.48～22.16之间的路段,铣刨老路上面层4cm或5cm,其上再加5cm AC-16＋6cm AC-20＋11cm ATB-30三层。路线拉坡按加铺18cm控制;原有路面代表弯沉值在22.16～29.82之间的路段,挖除沥青层面,其上再加5cm AC-16＋6cm AC-20＋11cm ATB-30,再加20cm厚水泥稳定碎石四层。路线拉坡按加铺27cm控制;原有路面代表弯沉值大于29.82路段,老路全部挖除,按新建路面处理,路线拉坡不受路面强度限制。老路病害严重路段,进行路面的重建,并对基层进行补强。

②横向新老路面拼接。横向新老路面拼接主要于第三和第四车道的分界线附近,基层和底层的拼接台阶宽度为35cm,可适当增加预留宽度并进行切边处理。中面层与下面层之间、下面层与基层接缝处均设置一层2m宽的玻璃纤维土工格栅。

③老路面纵向拼接。原有旧道路的路面沿着纵向拼接时,包括不同开挖层次的路段和不同路面结构的路段进行纵向拼接时,面层和基层都需设置拼接台阶,台阶宽度为2.0m,且需要在接缝处设置一层2m宽的玻璃纤维土工格栅。

1.3.6　广清高速公路加宽工程

广州(庆丰)—清远(北江)高速公路改扩建工程,起点位于广州市白云区石井庆丰收费站,沿银盏平原、低缓丘陵区、龙塘河冲积平原、北江冲积平原北行,经清远市清城区龙塘镇与清城区横荷街,路线全长57.560km。原广清高速公路为四车道,路基宽24.5m,设计车速100km/h。本工程部分路段路基设计填土高度达到6～7m,个别路段甚至达到10.6m。沿线山涧洼地、大堰河一带广泛分布浅层软土,个别路段达到12m深。软土主要为第四系河漫滩相或沼泽相淤泥、淤泥质土、泥炭土,这类软土分布于平原区、河流谷地和山间洼地。本项目软土多具有含水量高、孔隙比大、高压缩性和低力学强度等特点。原公路对软土路基进行处理,采用了如下方式:①软土层底埋深较浅的采用抛石挤淤、换填处治;②软土层较厚的桥头软基路段采用粉喷桩处理;③对地基承载力要求较高的涵洞构造物采用预应力管桩处理;④其他软基路段采用袋装砂井处理。从目前现状调查看,全线大部分路段沉降基本稳定,仅局部桥头、涵洞路段沉降尚未稳定,出现桥头跳车的现象,老路纵断面拟合情况也证实了这一点。改扩建工程采用双向八车道整体式路基,路基宽41.0m,需要在原四车道路基两侧拓宽[18,19],其主要技术要点及效果包括以下四个方面:

(1)软基处理

原公路采用了换填、袋装砂井、粉喷桩和预应力管桩处理,从目前现状调查看,全线大部分路段沉降基本稳定,仅局部桥头、涵洞路段沉降尚未稳定,出现桥头跳车的现象。根据老路的处治方式、软土分布的特性，软基处治方案如下：软土埋深大于 3m、软土厚度大于 2m 的路段采用预应力管桩复合地基。桩顶设置两层土工格栅；当填土高度大于 4m 时，采用二次施工平台方式施工；软土埋深大于 10m、软土厚度小于 2m 的路段采用直接预压；软土埋深小于 2.5m 的弃方路段，采用换填处治，并尽量选用隧道洞渣换填，如为借方路段，则采用砂垫层堆载预压处治；软土埋深为 2.5～3.5m、软土厚度小于 1.5m 的路段采用砂垫层堆载预压处治。考虑到本工程为拼接加宽工程，对于桥头、砂垫层堆载预压、直接预压路段均采用等载预压。沉降控制标准：拼接路基施工完成后，老路基中心与新路肩的横坡度增大值应小于 0.5%。拼接路基施工后，原路中心附加沉降增量应小于 30mm，新老路基差异沉降小于 5cm。

(2)路基处治措施

清除现有道路边坡松土 50cm，然后对边坡从上至下开挖台阶，台阶高 80cm，并设向内倾 2%的斜坡。在开挖台阶处隔台阶铺设一层单向高强土工格栅，长度为 8m；对于挖方路基，对现有道路土路肩至现有道路边坡坡脚部分进行超挖 80cm，并换填粗粒土；拼接处填土采用小型夯实机具、液压式冲击压路机增强补压，提高拼接处填土的压实度。

(3)施工动态控制

为保证广清高速公路拓宽施工能顺利进行，掌握路堤在施工中的变形动态，施工期间必须动态观测路基的沉降与稳定。在如下路段设置监测断面：①软土深度较深及性质极差的路段；②填土高度最高路段或填土高度较高且软土深度较深的危险路段；③桥头搭板尾端；④距桥头 50m 左右处；⑤涵洞、挡土墙、气泡轻质土路段；⑥鱼塘等浸水路段；⑦半填半挖及纵横向软土分布变化较大的路段；⑧软土零星分布路段。除上述路段外，连续、均匀分布的一般软土路段可根据处治措施和桥涵设置情况按 100～300m 间距设置监测断面。

对重点路段试验段宜进行下列观测项目的监测：

①采用沉降板和分层沉降标进行沉降观测。

②水平位移观测：地面水平位移采用位移边桩观测；地基土体水平位移采用测斜管观测。

③土压力观测：待复合地基桩施工完毕后及时埋设土压力盒，在初读数稳定后，才可以进行其上的填筑工作。

④孔隙水压力观测：待软基处理施工完毕后、垫层顶填土前，采用钻孔埋设法及时埋设孔隙水压力计。观测频率视不同时期、填土高度和监测资料分析结果而定。

(4)路基拼接效果

广清高速公路加宽工程从目前施工状况看，上述技术正得于实现，加宽工程的质量状况良好，初步说明处理方法和措施是合适的。

1.3.7 昌樟高速公路加宽工程

昌樟高速公路改扩建工程起点位于南昌市西环高速公路昌西南枢纽互通南段，终点位于樟树市昌傅镇樟树枢纽互通南段，路线全长 86.546km，途经丰城市、高安市和樟树市。设计主线采用“两侧整体拼宽为主、局部分离”的方式进行整体扩建。昌樟高速公路改扩建工程自 2012 年 11 月正式开工进行“四改八”改扩建工程，经过两年多的施工，于 2015 年 2 月 1 日，全长 72.34km、双向八车道的昌樟高速公路一期改扩建工程（药湖大桥至樟树枢纽段）基本建成通车。其主要技术要点及效果包括以下四个方面：

（1）软基处理

昌樟高速公路沿线池塘较多，由于池塘底部淤泥较多，也就形成了软基，有必要对池塘底部进行清淤处理。主要采用好的路基土换填底部的软基。必要时也采用抛石填筑。

（2）路基处治措施

在低洼和地下水位较高的路段路堤基底设置排水隔离垫层、厚度为 30～50cm 的砂砾或碎石等透水性材料，以防止地基毛细水上升进入路堤。新老路基拼接处开挖台阶。每级台阶开挖宽度为 100～200cm。对于软弱松散台阶，进行掺灰处治，台阶最上层土和新路堤同时翻松 20cm 掺灰拌和，和新路堤同步整平压实。施工时，为防止路面水对老路基开挖台阶的冲刷，做成 2%～4%的排水横坡。由于沿线广泛分布高液限黏土，部分路段选用含水率为 w_{op}～$w_{op}+5\%$的高液限黏土直接用于下路堤的填筑，路床通过外掺 40%（质量比）的碎石填筑。

（3）施工动态控制

通过选择典型断面作为路基施工动态控制断面，严格限制施工填料和加载速度。路基加载速度应控制地基的沉降量小于 10mm/d，水平位移量小于 5mm/d，待路基沉降基本趋于稳定后才能修筑路面。

（4）路基拼接效果

通过对昌樟高速公路改扩建工程典型断面沉降观测可知，拼接段的总沉降量最大值为 45mm，最大沉降速率为 1mm/d，远小于设计要求的 10mm/d。拼接后新路基侧向位移最大值为 55mm，最大侧向位移速率为 1.42mm/d，远小于设计要求的 5mm/d。目前昌樟高速公路加宽工程路基变形已基本稳定。

1.3.8 其他改扩建的高速公路

我国其他改扩建的高速公路主要还有京港澳河北段、安新段、郑漯段、广东京珠南段、连霍高速公路郑洛段、广西柳南高速公路、广东佛开高速公路、陕西西潼高速公路、陕西西宝高速公路等，如表 1.2 所示。各改扩建工程基本都是从地基、路基和路面入手进行差异沉降控制。

前文对国外高速公路加宽工程概况进行了总结，并对国内已完成的软基上高速公路加宽工程从软基处理、路基处治、路面处治及加宽效果等方面进行了归纳，下面再对前文总结的加宽工程涉及的技术问题及对策进行分析。

国内已完成和正在规划的高速公路改扩建工程　　表1.2

序号	所在省份（直辖市）	改扩建公路名称	里程（km）	开工时间（年）	（计划）竣工时间（年）
1	新疆	吐鲁番、乌鲁木齐和大黄山连接线高速公路	326.4	2015	2017
2	新疆	乌鲁木齐至奎屯高速公路	241.5	2015	2017
3	青海	茶卡至格尔木高速公路	493.1	2012	2015
4	青海	西宁至塔尔寺高速公路	9.2	2014	2017
5	河北	黄骅至石家庄高速公路	35	1999	2001
6	河北	北京、天津和塘沽连接线高速公路	143	2008	2010
7	河北	北京至石家庄高速公路	237.1	2012	2014
8	河北	石家庄至安阳高速公路	209	2012	2014
9	河北	京港澳高速公路定州段	38.3	2012	2014
10	黑龙江	哈尔滨至大庆高速公路	133	1996	1998
11	黑龙江	齐齐哈尔至大庆高速公路	103	2000	2002
12	黑龙江	哈尔滨至方正高速公路	167	2002	2004
13	黑龙江	尚志至亚布力高速公路	77	2002	2004
14	陕西	潼关至临潼高速公路	116.3	2008	2010
15	陕西	西安至宝鸡高速公路	157	2009	2011
16	陕西	西安至铜川高速公路	60	2008	2011
17	河南	叶集至信阳高速公路	136	2003	2005
18	河南	郑州至漯河高速公路	132	2008	2010
19	河南	郑州至洛阳高速公路	113	2005	2010
20	河南	洛阳至三门峡高速公路	195	2009	2012
21	河南	漯河至驻马店高速公路	63.5	2012	2015
22	河南	驻马店至信阳高速公路	136.7	2012	2015
23	河南	郑州机场高速公路	26.4	2014	2016
24	贵州	都匀至新寨高速公路	118.8	2006	2009
25	广西	南宁至桂林高速公路	347.6	2011	2015
26	广西	泉南高速公路柳州至南宁段	248	2014	2018
27	广西	北海至南宁、钦州至防城港高速公路	138	2015	2018
28	海南	海南东干线	82.6	2015	2016
29	吉林	长春至四平高速公路	98.1	2012	2015
30	辽宁	沈阳绕城高速公路	81.9	2010	2012
31	辽宁	沈阳至四平高速公路	158	2014	2016
32	辽宁	沈阳至山海关高速公路	361	2015	2019

续上表

序号	所在省份（直辖市）	改扩建公路名称	里程（km）	开工时间（年）	（计划）竣工时间（年）
33	江苏	上海至南京高速公路	230	2003	2005
34		南京机场高速公路	24	2012	2014
35		南京至南通高速公路	66	2015	2017
36	上海	上海市宝山区至嘉定区高速公路	18.5	2012	2015
37	福建	泉州至厦门高速公路	81	2007	2012
38		厦门至漳州高速公路	143	2008	2010
39	浙江	杭州至衢州高速公路	150.8	2013	2017
40		南京至杭州高速公路浙江段	98	2015	2019
41	江西	南昌至九江高速公路	88.8	2014	2017
42	广东	大庆至广州高速公路(深圳至大名段)	220	2008	2010
43		广州至佛山三水区高速公路	28.8	2009	2010
44		广州至清远高速公路	58	2009	2013
45		深圳市布吉镇水径村至龙岗镇官井头高速公路	13.5	2009	2011
46		佛山至开平高速公路	46.6	2009	2012
47		深圳市龙华新区梅林至观澜街道黎光村高速公路	19.3	2011	2013
48		深圳至惠州高速公路	30.7	2013	2015

1.4 国内外软基上高速公路加宽工程对策分析

软基上高速公路加宽工程是一个系统工程，涉及的问题很多，由于篇幅所限，并根据本书的重点，下面仅对软基处理、新老路基结合部拼接技术、沉降控制标准及加宽工程变形特性分析方法等技术和对策进行分析。

1.4.1 软基处理

高速公路加宽工程中的软土地基处理，应将减小新老路堤的差异沉降作为设计原则，并针对不同的软基深度、填筑高度、路段位置及结构物类型等因素确定相应的处理方法。高速公路软基处理方法很多，但对于加宽工程而言，由于工期紧、施工场地狭窄，同时还要维持既有道路交通正常运营等原因，软基处理较新建高速公路具有更高的要求。目前，在加宽工程中最常用的软基处理方法有塑料排水板法[16]、粉喷桩复合地基[8]、控沉疏桩复合地基[16]等。从机理上来说，大致可以分为加快软土固结的排水法、增强土体强度的复合地基法和结合土工材料的处治方法。

由于老路软基处理方法的差异，导致不同的加宽软基处理方法对加宽工程变形特性影响不同,现有的文献资料没有考虑新老地基处理方法的交叉影响。同时,考虑到加宽工程工期短,并且加宽施工时老路要维持正常的通车,这都对加宽工程软基处理提出了更高的要求:不但要求新老路基工后差异沉降量小,还要求降低对施工期老路的扰动。因此,通过理论分析,确定合理的加宽工程软基处理方法是加宽工程综合处治措施的一个重要方面。

1.4.2 新老路基结合部的拼接技术研究

加宽工程中,老路经过长期荷载作用,必然在软基固结程度和路基刚度上存在差异,从而在新老路基交界处产生不均匀沉降,进而引起纵向开裂,并将裂缝反射到路面,影响道路的使用性能。因此,要采取有效的技术措施保证新老路基的良好衔接,使其成为一个整体,同时降低新路基在软基中产生的附加荷载,减小新老路基的差异沉降,避免或减少横向错台和纵向裂缝。新老路基结合部的拼接技术包括土工合成材料的应用、新路堤填料的选择等。

(1)土工合成材料的应用

为了使加宽路基和既有道路紧密衔接形成整体,减少新老路基的不均匀沉降,防止路面开裂,广佛、海南环岛、沈大以及沪杭甬高速公路加宽工程中均采用了土工合成材料。Juha Forsman 等[20]、杨茂等[21]、李锁平等[22]都对软基上高速公路加宽工程中土工合成材料的应用进行了分析。分析结果表明:使用土工合成材料可以有效地加强新填路基与既有路基的整体性,提高地基的承载力和控制路基的不均匀沉降;可以降低由于路基自重引起的水平应力,从而减少水平位移,有效地防止路面开裂;影响作用效果的主要因素是土工合成材料的刚度,并且刚度越高作用效果越好。

实施时通常将老路基边坡挖成一定宽度的内倾台阶后,沿道路纵向铺筑一定幅宽的土工格栅,使土工格栅一半位于老路基上,另一半位于加宽路基上(图 1.4),必要时还可采取向老路基中植入筋带的方法加强新老路基间的连接。

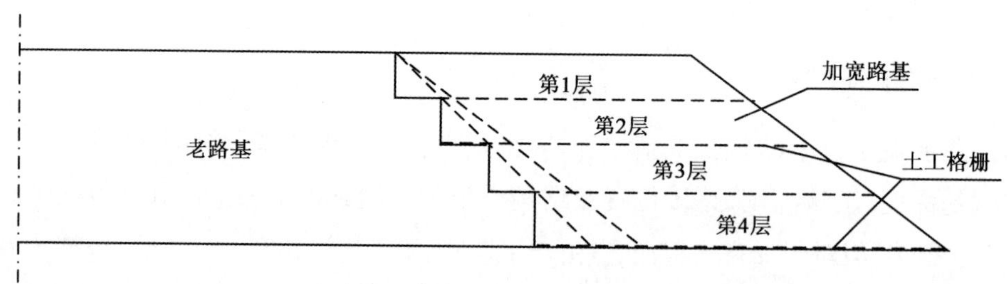

图 1.4 沈大高速公路加宽路堤土工合成材料铺设层位示意图[14]

土工合成材料铺设层数和位置存在多种不同形式,如表 1.3 所示。但其对加宽效果的影响有待进一步研究。

(2)新路堤填料的选择

软基上高速公路加宽工程路基沉降主要源于软基沉降和自身压缩,两者性能的差异导致新老路基差异沉降的产生。这就要求加宽路堤填料要具有质轻、刚度大的特点。

孙四平等[27]对301国道大庆—齐齐哈尔公路加宽工程现场观测资料分析表明,采用粉煤灰轻质填料可以显著降低新老路堤的差异沉降。

加宽或拼接工程中土工合成材料铺设层数和位置 表1.3

加宽或拼接工程	土工合成材料铺设层数和位置
广佛高速公路加宽工程[7,8]	路基底部铺设一层土工布和一层土工格栅,其中下层为土工格栅,上层为土工布,两层间距50cm,中间填砂和风化土;横向铺设,纵向搭接宽度大于200mm
沈大高速公路加宽[11] 锡澄—沪宁高速公路直接拼接段[23,24] 宁连—雍六高速公路拼接段	基底开始铺设一层土工格栅,以后每个台阶顶面均铺设一层土工格栅
沪杭甬高速公路加宽工程[15,16,25]	路基顶面铺设一层土工格栅
马芜—芜宣高速公路拼接段	路床顶铺设25cm厚土工格室装碎石,宽度为300cm,新老路基交接处左右各150cm宽
庐铜—老合铜公路拼接段	每隔50cm设置一层土工格栅;新老路基顶结合部铺设一层宽600cm、厚15cm的土工格室进行加筋,土工格室内部用级配碎石填充密实,新老路基拼接处两侧各布设300cm
广东省省道S362线沙湾至紫坭段[26]	新路基底面以上采用两层土工格栅和一层土工布,土工布位于砂垫层之上,土工格栅则位于土工布之上,间距20~50cm,并伸入老路基边坡不小于1m
海南环岛东线高速公路加宽[10]	对于4m的填方路基、底基层下以及桥涵的台背处,在新老路基结合部设置塑料土工格栅
沪宁高速公路改扩建工程	一层单向土工格栅,铺于96区顶以下20cm
安阳至新乡高速公路改扩建工程	3m路基高度4m时,在路基底部和路床底各铺一层土工格室,共二层;4m路基高度6m时,在路基底部、从下往上第三层台阶和路床底各铺一层土工格室,共三层

沪宁高速公路加宽工程中在部分深厚软基路段采用了轻质材料EPS填筑新路堤,现场观测[28]和数值分析[29]均表明EPS填料可以有效降低对软基的扰动,进而减小新老路堤的差异沉降。

尽管有文献证明了轻质填料在加宽工程中的优越性,但不同路堤填料、路堤填料的压实度(对应于工程实际中路堤的刚度)等对软基上加宽工程变形特性的影响有待进一步研究。

1.4.3 加宽工程中差异沉降的控制指标和标准研究

加宽工程中的新老路基差异沉降控制指标及其标准将直接影响软基处理和路堤填筑的难度、道路的使用性能，是加宽工程中的重要课题。

周志刚[30]运用弹性应变有限元方法对老路拓宽下路基在自重作用下的不均匀沉降规律进行了分析，指出拓宽路面在界面处开裂的原因在于应力集中和界面强度的不足。因此，必须对新老路基路面交界部位的衔接提出一些具体的设计要求和施工要点，以保证它们具有足够的界面强度。文中没有全面反映软土地基的情况，且没有考虑新老路基施工时间的差异和土体固结对沉降计算的影响，没有建立加宽工程的控制指标及其标准。汪浩[31]分析了高速公路拼接工程中不均匀沉降对半刚性基层路面结构的影响，认为路面结构性能允许的不均匀沉降的坡比为 0.4%，路面功能性要求允许的不均匀沉降的坡比为 0.15%，应适当提高新路堤的工后沉降标准，建议一般路堤匝道不超过 20cm，桥头段不超过 10cm。章定文[32]从路面结构的功能性要求和结构性要求着手，分析了软土地基上高速公路加宽工程中半刚性基层沥青路面容许的差异沉降，认为 0.4%的坡差对于路面结构性要求和功能性要求都是合适的。刘汉清等[33]通过对一条二级公路加宽工程计算后认为，0.6cm 的新老路基工后不均匀沉降值和 0.3%的沉降坡差是容许的。曾国东等[34]通过对一条二级公路加宽工程计算后认为，新老路基工后不均匀沉降值为 0.5cm，容许沉降坡差为 0.25%。张军辉[35,36]根据高速公路改扩建工程的特点，提出了施工期老路和工后新老路的差异沉降控制指标，并从功能性要求和结构性要求出发，提出了 0.25%和 0.2%的控制标准。

另外，有的加宽工程根据试验路建立了相应的控制指标及标准。

沈大高速公路改加宽工程[11]路堤加宽技术研究课题组提出了新加宽路堤工后沉降量不大于 8cm 的控制标准。河海大学[28]在沪宁高速公路加宽工程试验段地基处理中期报告中指出：拼接路基施工后，原高速公路路堤中心与新路肩的横坡度增大值应小于 0.5%，与原公路横坡相比不得出现反坡。锡澄与沪宁高速公路[23,24]拼接段设计要求：工后沉降控制年限为 15 年，对一般路段工后容许沉降量不大于 30cm，桥头段不大于 10cm，过渡段不大于 20cm，拼接路堤施工引起的横坡改变值小于 0.5%。扬州西北绕城—京沪拼接工程[37]认为，路面结构性能容许的不均匀沉降坡比为 0.4%，路面功能性要求容许的不均匀沉降的坡比为 0.15%，并建议一般路堤匝道不超过 20cm，桥头段不超过 10cm。

综上所述，对理论分析成果和实体加宽工程分析后发现，不但控制指标没能很好体现软基上加宽工程的特殊性，而且已有的控制标准差异较大，在 0.15%～0.5%之间变化。因此，深入研究加宽工程中新老路基的变形特性、找出加宽工程沉降变形规律、建立加宽工程的控制指标并提出相应的控制标准，对于我国的高速公路建设具有重要意义。

1.4.4 加宽工程中的分析方法

(1)数值方法

目前,国外多采用 PLAXIS 岩土有限元软件,利用弹塑性摩尔—库仑模型或修正 Cam-Clay 模型对加宽路基进行有限元模拟计算,如 H. G. B. Allersma 等[2]利用小型离心机模型结合 PLAXIS 有限元程序分析了加宽路基两种不同填筑方法(普通水平填筑和间隙法填筑)对加宽路基的影响。关于这一点,A. N. G. Van Meurs[5]、E. Vos[4]等人的研究工作也都得到相似的结论:加宽路基的间隙法填筑较普通水平填筑可以有效地减少既有道路的水平变形(30%),从而减小路面结构开裂的可能性,且两种施工方法对竖向变形没有明显影响。H. G. B. Allersma 等[2]还发现新老路堤之间的间隙宽度对其稳定性有很大的影响,间隙较小时,新老路堤都不易发生失稳,间隙变大时,老路堤不易发生失稳,但新路堤稳定性降低。因此,间隙法施工时,新老路堤应保持搭接[5]。R. B. J. Brinkgreve 和 P. A. Vermeer[3]针对软基上的加宽工程分析了有限元计算中本构模型的选取导致的结果差异,指出应用弹塑性摩尔—库仑模型和修正 Cam-Clay 模型计算的竖向变形比较接近,而采用后者比采用前者计算的水平变形小一些,且后者和实测资料比较一致。E. Vos 等[4]采用弹塑性摩尔—库仑模型对一个工程实例进行分析后发现,计算的沉降结果与实测值接近,而水平位移差别很大,并认为采用修正 Cam-Clay 模型可以解决这个问题。另外,A. G. I. Hjortn. s-Pedersen 和 H. Broers(1994)[33]的研究成果也证实了这一点。A. G. I. Hjortn. s-Pedersen 和 H. Broers[38]曾利用大型离心机模型试验和 PLAXIS 有限元程序分析了加宽路基施工过程中软土地基的力学特性和变形特性。离心模型试验和有限元分析具有较好的一致性,但也有一定的差异:加宽部分软土中量测的孔隙水压力较有限元分析值大 15%;离心模型试验中加宽部分刚填筑完时,实测沉降是有限元分析值的 2~2.5 倍,但固结度达到 80%时,两者又十分吻合;对于水平位移,采用弹塑性摩尔—库仑模型的计算值是实测值的 2~3 倍,而采用修正 Cam-Clay 模型的计算值和实测值比较相近。

国内也有许多学者开展了相关研究。周志刚[30]等运用弹性力学平面应变有限元法,分析了一般地基上非高速公路加宽中新路在自重作用下的沉降和应力分布规律,并根据强度理论,提出了防止新老路相接处产生裂缝的处理方法。汪浩[39]采用基于二维比奥(Biot)固结理论的平面应变有限元方法,分析了新路堤作为附加荷载对老路堤和地基的影响;加宽后路堤和地基的剪应力分布情况,最大剪应力的位置;加宽时地基的稳定状态。并结合新老路基结合部处治的特殊性,分析了粉喷桩复合地基、隔离墙、轻质路堤、路堤加筋四种处治技术的适用场合、处治机理、工程效果和参数敏感性。钱劲松[40]通过分析老路拓宽差异沉降的研究现状,指出利用分层总和法不能考虑新老路基的相互影响,无法反映出路堤顶面的实际沉降横断面图,并采用 ANSYS 软件对老路拓宽工程进行了非线性有限元分析,认为采用双侧对称加宽比单侧加宽对路面结构更为有利。章定文[32]采用摩尔—库仑理想弹塑性有限元方法对新老路堤的相互作用机理进行研究,分析了老路边坡开挖和加宽部分路堤填筑对老路沉降和侧向位移的影响,及不同软基处理条件下加宽部分路堤填筑对老路沉降和侧向位移的影响。孙伟等[41]对双侧加宽工程中的水平位移和地基沉降进行了有限元计算,分析了地基和路基模量对路基最大沉降量、最小沉降量及差异沉降的影响,认为提高地基模量可以有效降低路基沉降量,而提高路基模量对其沉降量影响不大。贾宁等[42]以杭甬高速公路拓宽为背景,分析了拓宽路堤附加应力对老路堤的影响,基于摩尔—库仑模型,研究了老路堤和拓宽路堤的沉降变形规律,与实测结果作了对比,并认为拓宽路堤路面铺设时间应以新老路堤工后差异沉降大小为控制标准。张军辉[29,43-45]分析了软土地基上高速公路单侧、双侧加宽路基变形特性,并与实测资料进行了对比,提出了软土地基处理的建议。

(2)解析解

目前,土体最简单的固结理论为假定土骨架为线弹性的固结理论,其中包括不考虑水、土变形耦合的 Terzaghi 一维及 Terzaghi-Rendulic 三维固结理论,以及考虑水、土变形耦合的 Biot 固结理论。相比较而言,Terzaghi 固结理论比较简单,而 Biot 固结理论则比较完善。一维的 Terzaghi 固结方程可以求得简洁的解析解,三维的 Terzaghi-Rendulic 固结方程只可求得轴对称情况下的解析解,其他条件下的固结问题一般采用差分法或有限元法。Biot 固结方程则只可求得几种特殊情况下的解析解,如条形荷载作用下均质地基的固结解等,但这些形式十分复杂,不便于工程应用。

陈振建[46]基于 Biot 介质,得出了瞬时点荷载、圆形面积上均布荷载及矩形面积上均布荷载作用下地基中初始有效应力和初始位移解。贾宁[47]在此基础上,将路堤假定为无限条形均布荷载,分析了老路堤和加宽路堤荷载作用下地基中的初始应力分布,并求得了地基沉降。但该方法对于加宽路堤荷载分析显得过于粗略,并且不能研究加宽路堤荷载作用下地基沉降的分布规律,只能求得沉降最大值。张军辉[48]基于 Biot 固结方程获得了半无限线弹性地基在梯形荷载作用下的初始时刻解,进而得到了梯形荷载作用下地基瞬时沉降、固结沉降和总沉降计算式。由此得到了加宽路堤荷载作用下地基的附加有效应力、超孔隙水压力和地表沉降表达式,并对各响应进行了分析。

因此,建立更为合理的加宽路堤荷载作用下地基的初始有效应力及沉降表达式,便于工程应用,并对初始有效应力及沉降分布规律进行分析非常必要。

综上所述,国内外对高速公路加宽工程中涉及的软基处理、新老路基结合部处治等问题进行了一定的研究,但研究大多建立在试验路基础之上,很多处治措施还有待时间的检验。因此有必要深入研究新老软基不同处理方法组合对加宽工程变形特性影响;加宽工程中新老路基结合部处治措施,包括土工格栅的设置层数和铺设位置、加宽路堤填料的选择等;加宽工程中新老路面衔接措施，包括路面加筋的桥联增韧作用、效果及影响因素；加宽工程的控制指标及相应的控制标准等，同时，基于 Biot 固结理论，求得加宽路堤荷载作用下地基的沉降特性，方便工程应用具有重要意义。这些都是工程实际迫切需要解决的问题。

1.5 国内外现有技术知识产权和技术标准现状及分析

1.5.1 国内外知识产权现状分析

调研可知，国内外与本项目相关的专利较少，且大部分专利内容相似，仅对道路工程加宽方法进行了阐述，未涉及路基拼接的关键技术。相关主要专利如表 1.4 所示。

国内外相关专利情况　　表 1.4

序 号	专 利 名 称	申 请 号
1	冲击压实加宽旧路路堤的方法	ZL031569463
2	一种高速公路改扩建工程路堤渗水处治系统	ZL2013102106843
3	Widened Road	JP2003403121
4	Road Widening Structure and Road Widening Method	JP2004107049
5	Lightweight Banking Structure and Road Widening Method by Lightweight Banking Structure	JP2004153892
6	Road Widening Method and Structure of Widening Road	JP2002274829
7	Method of Road Widening and the Like, and Wall Surface Panel	JP2004170094
8	Method for Widening Road Having Retaining Wall	JP2001315906
9	Road Widening Method and Method of Preventing Stone from Falling	JP2004044776
10	Road Widening Structure	JP08240599
11	Method for Widening Road, Superhighway or Railway Tunnels, without Interrupting the Traffic	EP98110881A
12	Road Widening Construction Method	JP11102638
13	Wideing of Road, and Construction Method Thereof	JP09167456
14	Wideing Construction of Road	JP06147791
15	Wideing of Road	JP02077242

1.5.2 国内外技术标准现状分析

我国涉及高速公路加宽工程的规范主要有《公路路线设计规范》(JTG D20—2006)、《公路路基设计规范》(JTG D30—2015)、《公路沥青路面设计规范》(JTG D50—2006)、《公路水泥混凝土路面设计规范》(JTG D40—2011)等[49-55]。

在路线设计方面，现行的设计规范中缺乏高速公路改扩建路线设计的原则与要求；缺乏改扩建设计的总体方案设计参数与标准;改扩建工程与既有道路的衔接及互通立交设计技术与方法有待进一步完善。在地基基础设计与构造物拼接方面,缺乏新路地基沉降预测计算方法和设计技术;缺乏新路地基沉降控制标准;缺乏过路构造物台背回填设计与施工关键技术。在路基工程方面,现行的规范中仅给出路基拓宽改建设计的指导性原则,可操作性不强;尚无成熟的改扩建工程路基设计方法。在路面工程方面,现行的规范中仅给出了路面加铺层结构设计方法;尚未形成完善的路面拼接方案和路面结构协调设计方法。

1.6 高速公路路基拼接常见病害及机理分析

1.6.1 常见病害

(1)新加宽路基失稳

新加宽路基失稳,主要表现为加宽路基沿新老路基结合面发生滑移,严重时甚至发生整体坍塌。这种病害常发生在山区陡坡地形、软弱地基、高填方路堤等加宽路段。当加宽路基沿结合面滑移量较小时,新老路基结合面会产生错台,导致新老路基结合部位的路面开裂,雨水由裂缝渗入,结合面强度急剧降低,给路基稳定性留下很大的隐患;当路基滑移量较大,甚至整体坍塌时,会造成加宽路面整体破坏[56]。

(2)新老路基差异沉降导致的路面损坏

由于新老路基之间沉降量和速率的不同,在路基加宽改造过程中出现的不均匀沉降是其典型性病害。路基的不均匀沉降作用于上部的路面结构层,从而影响了路面的使用性能,甚至导致病害出现,对路面性能的影响按照路面材料的不同表现为两种形式。

①沥青路面:沥青路面损坏主要表现为面层破碎(图 1.5)、结合料松散、道路横坡改变等症状,严重时会产生沿结合部的纵向裂缝(图 1.6)。

图 1.5　沥青面层破碎

图 1.6　沿新老路基结合部的纵向裂缝

②水泥路面:水泥路面损坏主要表现为出现唧泥(图 1.7)和脱空现象,进一步发展会引起结合面附近出现纵缝、裂缝处板块断裂以及裂缝扩展,如图 1.8 所示。

图 1.7 水泥混凝土路面唧泥

图 1.8 沿新老路基结合部的纵向断裂

当出现纵向裂缝后,路面横断面坡度随之受到相应的影响。在降水情况下,积水沿纵向裂缝下渗,从而诱发裂缝下部路基土体的强度下降,不均匀沉降进一步增大,在冬季产生冻胀等相应病害。随着上述病害的发生,道路结构性能和使用状况均产生下降。当路面状态指数、结构承载力、平整度下降到一定程度后,直接影响行车安全。

(3)新加宽路基边坡表层病害

在降水和其他自然因素的作用下,新加宽部分的路基边坡表层将出现侵蚀剥落、溜塌、浅层滑坡等现象。由于新填筑边坡部分压实度质量较难保证且坡面防护措施未能全面发挥作用,上述病害一般在竣工后两年内集中出现。

1.6.2 常见病害的机理分析

按照病害的主要类型,可以从以下三个方面分析软土地基上高速公路加宽工程病害产生机理。

(1)新加宽路基稳定性机理分析

稳定性不足是指加宽路基自身稳定性不能满足要求,或者新老路基结合部结合强度不足。

①地基坡面过陡。

在山区加宽工程中,地形条件复杂,经常需要在陡坡地基上进行加宽路基的填筑。为保证加宽路堤的稳定性,应采用重力式挡墙或者轻型挡墙的支挡结构。当原地基边坡存在潜在破裂面或滑移面时,加宽路基将沿此破裂面或滑移面产生滑移;地基土的抗剪强度会因雨水浸入湿化,在干湿循环、冻融循环等外界因素的影响下下降,从而导致整体失稳;进行支挡结构设计时,获取的道路沿线地质资料不够完整,因此挡墙设计一般以经验为主,对挡墙缺乏必要的稳定性验算,实际施工时基础埋深随意性强,影响支挡结构的稳定性。

②地基存在软弱下卧层。

当地基存在软弱下卧层时,如压缩系数大、流变性显著的软土,若新老路基结合部的结合强度不足,从而产生结合面至软弱层顶面的滑动面。另外,软弱下卧层具有流变性,侧向变形大,使软弱地基土向路堤外侧挤出,加宽路基坡脚出现起拱现象,并伴随塑性区域展开,最终导致边坡失稳。

③新老路基结合部强度不足:

首先,新老路基结合部施工工艺较复杂,施工难度较大,往往在此产生人为的质量因素,如密实度达不到标准、开挖台阶没有达到设计要求、老路基边坡没有处理完全等。

其次,在新老路基结合部没有设置土工合成材料(如土工格栅、土工格室等),或土工合成材料和填土之间的摩擦力较小,或土工合成材料埋入新老路基的长度不够,致使其未能充分发挥加筋性能。

再则,加宽路基填料较差,抗风化性能、抗侵蚀性能不足,致使加宽路基整体强度较低,稳定性降低。

最后,排水设施不完善,设施布置不合理,导致地表水下渗,形成滞水、积水和渗水,使加宽路基稳定性降低。

(2)差异沉降产生机理

既有路基、地基在自重、车辆等荷载长期作用下已达到固结稳定的状态,新加宽部分改变了原有的应力分布,增大了地基中的附加应力分布。

①新老路基的自身压缩变形。

新老路基的自身压缩变形产生的主要原因是填土的压实度不足、填石路堤咬合状态不好而发生滑移,或者路堤采用压缩性大而固结时间长的黏土。由于老路基已经使用一段时间,在堤身荷载作用下的压缩变形已基本完成,而新路基在加宽施工结束后仍发生较大的压缩变形。通常在地质条件良好,路基自身压缩变形占主导地位时,新老路基的变形不协调将导致加宽部分路面的损坏。

②新路基荷载作用下的地基固结沉降。

这种沉降主要发生在地基下卧层土质条件较差的路段,新的附加应力分布导致软弱地基中超孔隙水压力的产生,该孔压的消散需要一定的时间,从而导致路基新加宽部分新的沉降发生:若地基土质较好则所产生的新沉降在施工期间即可完成大部分,在投入使用后的工后沉降值较小,对工程性能的不利影响较小;若地基土质软弱或渗透性较差,则产生的新沉降数值较大或历时较长,从而导致较大的工后沉降。而老路基作用下的地基在老路堤自重荷载作用下固结变形已完成或基本完成,在新路堤自重荷载作用下地表发生不协调变形,老路基远离加宽路基部分产生的沉降较小,靠近加宽路基部分产生的沉降较大,这种不协调变形最终反映到路堤顶面，造成路面结构的损坏。

③地基沉降计算误差。

现行国标规范体系中关于地基沉降计算一般推荐采用分层总和法，该方法假定地基土体在无侧向变形条件下受力压缩变形。但只有在对称的路基中心线下的沉降计算才符合无侧向变形的假定。该公式忽略了地基土体中实际应力的分布状态，对存在加宽路基的情况明显有较大误差，按照该方法进行设计施工，必然为在路基加宽改造工程中出现由不均匀沉降诱发的病害埋下不利因素。

对于软基固结问题，设计规范所推荐使用的公式、数表均基于太沙基一维固结理论的结果，即假定固结沉降、渗流仅在竖向发生。对于加宽改造此类二维渗流固结问题，出现误差难以避免。

(3)新填筑路基边坡表层病害分析

新填筑路基边坡出现的溜塌、浅层滑坡等病害与设计、施工以及路基填料自身特性均相关。

①设计因素。对路基边坡表层病害具有明显影响的设计因素为防护措施与排水设施设计两方面内容。排水设施不完善、不合理导致降水不能迅速排除而渗入边坡表层，土体由于吸水而强度急剧下降，从而产生浅层滑塌等破坏；坡角处的降水汇集及排出设施尤为重要，应严格做好防渗处理，坡角处受水浸润是导致病害的一个关键因素。路基边坡可采用工程防护、生物防护等措施，为实现不同防护措施的处理效果，应对不同措施在设计阶段即予以具体分析，如生物护坡是近年兴起的可实现工程、环保、景观相统一的工程措施，但在竣工初期由于植物需要一定时间才能长成，因此此段时间防护效果较差。

②施工因素。在旧路基旁边进行加宽施工，存在作业区域狭窄，大型施工机械难以展开，较多区域需人工或小型机械进行夯实处理的问题，对边坡部位的碾压质量难于完全保证。同时，由于进行加宽改造的线路一般为主要的交通干道，因此对工期要求较紧，直接制约了具体工程措施的选用，而在实践中赶工期往往是以降低工程质量为代价的，如何实现工期与质量之间的相互协调是施工管理人员必须考虑解决的问题。此外，路基填筑完成后的刷坡处理应与后续的防护工程密切衔接，以减少外界因素直接作用在裸露的路基边坡上的时间。

③填料因素。路基填筑需大量的土石方，一般以就地取材为主，因此难以严格按照设计标准选用填料的级配、粒径以及材料本身的物理力学性能，从而难以完全确保施工质量。

1.7 本书主要内容及结构

由于我国亟待加宽改建的高速公路均在路网中占据重要位置，改扩建过程中交通必须保持畅通。同时，为节约资源、降低成本，旧路的充分利用也是改扩建工程必须考虑的重要因素，加之南方高速公路路基拼接工程常见的病害类型，可以确定其相关关键技术主要有：交通方案设计和交通组织、旧路的评价和利用、加宽路基下的软基处理、新老路基结合部处治措施、新老路面的拼接设计与施工、差异沉降控制指标与标准、加宽工程现场变形监测技术和桥涵等构造物拼接技术等。由于篇幅所限，本书仅对路基拼接的关键技术进行论述。

全书共分为 12 章。第 1 章为绪论，介绍我国南方高速公路改扩建工程的现状、技术难题、常见病害，并给出本书结构；第 2 章基于经典土力学，分析路堤拼接在地基中引起的附加应力，并给出沉降计算方法；第 3 章采用有限元方法分析路堤拼接性状；第 4 章基于第 2 章和第 3 章的研究成果，考虑高速公路路面的功能性、结构性要求，提出适用于高速公路改扩建工程的差异沉降控制指标和标准；第 5 章和第 6 章分别就拼接路基下浅层地基处理和深层地基处理技术进行研究；第 7 章为高速公路改扩建工程中涵洞通道的土压力计算方法及地基基础设计；第 8 章为基于现场人工开挖和长期湿度测试的老路基工作状态评价与加固技术；第 9 章为加筋路堤的性状分析，提出加筋处治的技术措施；第 10 章为减小路基工后沉降的堆载预压动态设计方法；第 11 章为新老路基拼接的设计与施工，尤其包括对南方分布的典型路基土填筑路堤拼接的技术措施；第 12 章为加宽工程性状的现场监测。本书结构如图 1.9 所示。

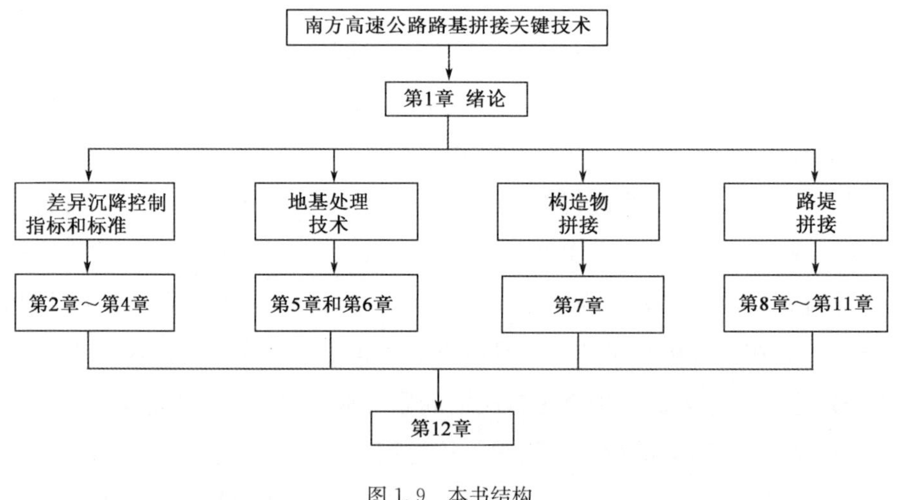

图 1.9 本书结构

本章参考文献

[1] 徐强，等. 高速公路改扩建工程技术与实践[M]. 北京：人民交通出版社，2010.

[2] H. G. B. Allersma, L. Ravenswaay, E. Vos. Investigation of road widening on soft soil

using a small centrifuge[J]. Transportation Research Record 1462，1994：47-53.

[3] R. B. J. Brinkgreve，P. A. Vermeer. Constitutive aspects of an embankment widening project[C]. Proc. International Workshop：Advances in understanding and modeling the mechanical behaviour of peat. Balkema，Rotterdam，1994:143-158.

[4] E. Vos，J. F. Couvreur，M. Vermaut. Comparison of numerical analysis with field data of a road widening project on peatysoil[C]. Proc. International Workshop：Advances in understanding and modeling the mechanical behavior of peat. Balkema，Rotterdam，1994:267-274.

[5] A. N. G. Van Meurs，A. Van Den Berg，et al. Embankment widening with the gap-method[J]. Geotechnical engineering fortransportation infrastructure，Balkema，Rotterdam，1999:1133-1138.

[6] 何通海.高速公路改扩建工程软土地基段新旧路基间的衔接技术[D].大连:大连理工大学,2003.

[7] 苏阳.广佛高速公路扩建工程软机路段施工简介[J].水运工程,2001,2:51-58.

[8] 陈海珊,胡永深.广佛高速公路加宽工程的软基处理[J].广东公路交通,1998,3:47-50.

[9] 黎志光.高速公路加宽扩建工程新老路衔接的处理措施[J].广东公路交通,2001,2:9-10.

[10] 江苏省交通科学研究院.沪宁高速公路扩建工程路基拼接设计及施工技术研究总报告[R].2004.

[11] 杨昊.沈大高速公路改建工程软土地基处理的设计思路和施工控制要点[J].东北公路,2002,25(2):11-14.

[12] 王鹏飞.加宽路堤软土地基的变形计算与分析[D].哈尔滨:哈尔滨工业大学,2003.

[13] 吉文志.塑料排水板法及其在沈大路改扩建工程软基处理中的应用[D].大连:大连理工大学,2003.

[14] 曲向进.沈大高速公路改扩建工程技术方案研究[D].大连:大连理工大学,2003.

[15] 桂炎德,徐立新.沪杭甬高速公路(红垦至沽渚段)拓宽工程设计[J].华东公路,2001,6:3-6.

[16] 桂炎德.高速公路拓宽设计方法初探[J].公路,2004,7:59-64.

[17] 王雪冬.高等级公路改扩建新旧路基路面结合部处治技术研究[D].内蒙古:内蒙古农业大学,2012.

[18] 刘事莲,彭向荣,罗旭东,等.广清高速公路改扩建工程清远段设计经验与体会[J].广东公路交通,2013,124(1):7-12.

[19] 李雪莲,张文.广清高速公路改扩建软基处理设计[J].山西建筑,2011,37(10):134-136.

[20] Juha Forsman，Veli-Matti Uotinen. Synthetic reinforcement in the widening of a road

embankment on soft ground[J]. Geotechnical Engineering for Transportation Infrastructure, Balkema, Rotterdam, 1999:1489-1496.

[21] 杨茂,张介非,杨厚小,等. 土工合成材料在喇嘛湾—大饭铺公路改建中的应用研究[J]. 内蒙古公路与运输,2001,2:5-7.

[22] 李锁平,龚成亮. 土工格栅砂砾垫层在软弱地基路基加宽段的应用设计[J]. 公路,2001,11:20-23.

[23] 徐泽中,苏超,何良德,等. 锡澄与沪宁高速公路拼接段地基处理设计[J]. 水利水电科技进展,1998,18(2):49-51.

[24] 苏超,徐泽中. 高速公路拼接段地基处理设计分析方法与工程实践[J]. 工程地质学报,2000,8(1):81-85.

[25] 孙文智,金爱国,肖质江,等. 沪杭甬高速公路拓宽工程施工[J]. 中外公路,2004,4(24):34-38.

[26] 刘桂强. 软弱地基上旧路加宽路基综合处治的设计[J]. 中外公路,2004,4:1-4.

[27] 孙四平,侯芸,郭忠印,等. 旧路加宽综合处治方案设计的几点考虑[J]. 华东公路,2002,12:7-10.

[28] 江苏省沪宁高速公路扩建工程指挥部,江苏省交通基础技术工程研究中心. 沪宁高速公路扩建工程软土地基沉降控制标准与处理技术研究[R]. 2005.

[29] 张军辉,黄晓明. 软土地基上高速公路加宽工程的数值分析[J]. 公路交通科技,2006,23(6):32-35,44.

[30] 周志刚,郑健龙. 老路拓宽设计方法的研究[J]. 长沙交通学院学报,1995,11(3):50-56.

[31] 汪浩. 新老路结合部处治技术研究[D]. 南京:东南大学,2004.

[32] 章定文. 软土地基上高速公路扩建工程变形特性研究[D]. 南京:东南大学,2004.

[33] 刘汉清,曾国东,应荣华. 老路拓宽容许工后不均匀沉降指标研究[J]. 公路,2004,3:37-38.

[34] 曾国东,应荣华,郑健龙. 老路拓宽容许工后不均匀沉降指标研究[J]. 辽宁交通科技,2004,3:30-31.

[35] 张军辉. 软土地基上高速公路加宽变形特性及差异沉降控制标准研究[D]. 南京:东南大学,2006.

[36] 张军辉. 软土地基上高速公路路基路面加宽关键技术[M]. 北京:人民交通出版社,2012.

[37] 江苏省高速公路建设指挥部. 新老高速公路结合部处治技术研究[R]. 2004.

[38] A. G. I. Hjortnæs-Pedersen, H. Broers. The behaviour of soft subsoil during construction of an embankment and its widening[C]. Proc. Centrifuge 94. Balkema, Rot-

terdam, 1994:567-574.

[39] 汪浩.新老路结合部处治技术研究[D].南京:东南大学,2004.

[40] 钱劲松,孙力彤,管旭日.老路拓宽差异沉降计算的研究[J].兰州铁道学院学报,2003,22(4):91-94.

[41] 孙伟,龚晓南,孙东.高速公路拓宽工程变形性状分析[J].中南公路工程,2004,29(4):53-55.

[42] 贾宁,陈仁朋,等.杭甬高速公路拓宽工程理论分析及监测[J].岩土工程学报,2004,26(6):756-760.

[43] 张军辉,黄晓明,彭娴.软土地基上高速公路双侧加宽工程的数值分析[J].公路交通科技,2007,24(3):20-24,29.

[44] 张军辉.不同软基处理方式下高速公路加宽工程变形特性分析[J].岩土力学,2011,32(4):1216-1222.

[45] 张军辉,黄晓明.高速公路加宽工程加筋路堤离心模型试验及数值模拟[J].公路交通科技,2011,28(4):1-11.

[46] 陈振建.饱和地基的初始沉降与孔隙水压力[J].岩石力学与工程学报,2000,19:1027-1029.

[47] 贾宁,陈仁朋,等.杭甬高速公路拓宽工程理论分析及监测[J].岩土工程学报,2004,26(6):756-760.

[48] 张军辉,黄晓明.加宽荷载下饱和地基初始孔压及沉降分析[J].湖南科技大学学报,2008,23(2):61-65.

[49] 中华人民共和国行业标准.JTG D20—2006 公路路线设计规范[S].北京:人民交通出版社,2006.

[50] 中华人民共和国行业标准.JTG D30—2015 公路路基设计规范[S].北京:人民交通出版社,2015.

[51] 中华人民共和国行业标准.JTG F10—2006 公路路基施工技术规范[S].北京:人民交通出版社,2006.

[52] 中华人民共和国行业标准.JTG D50—2006 公路沥青路面设计规范[S].北京:人民交通出版社,2006.

[53] 中华人民共和国行业标准.JTG F40—2004 公路沥青路面施工技术规范[S].北京:人民交通出版社,2004.

[54] 中华人民共和国行业标准.JTG D40—2011 公路水泥混凝土路面设计规范[S].北京:人民交通出版社,2011.

[55] 中华人民共和国行业标准. JTG F30—2003 公路水泥混凝土路面施工技术规范[S]. 北京:人民交通出版社,2003.

[56] 庞巍,周敏娟,吕鹏. 高等级公路路基加宽病害特征及技术对策研究[J]. 路基工程,2007,6:181-182.

第2章 路堤拼接引起的地基附加应力及沉降特性分析

⇨2.1 几种分布荷载作用下地基初始有效应力及超孔隙水压力分析

⇨2.2 路堤拼接引起的地基初始有效应力及超孔隙水压力分析

⇨2.3 路堤拼接引起的地基沉降特性分析

⇨2.4 本章小结

土力学计算中，一般在弹性半无限空间表面点荷载的 Boussinesq 解基础上求得路堤荷载作用下地基的总附加应力和沉降变形。该方法仅能得出路堤荷载作用下总应力的分布，而不能区分出有效应力和超孔隙水压力的变化，并且计算的初始沉降往往偏小[1]。因此，工程中常用 Terzaghi 固结方程和 Biot 固结方程进行地基应力和变形的求解。但从目前仅有的 Terzaghi 固结方程和 Biot 固结方程解答来看，求解这些方程一般较为困难，需要借助数值积分才能得到最终结果，不便于工程应用。因此，求得外加荷载瞬时作用下 Biot 介质的初始应力分布，并进一步求得地基沉降具有重要意义。

陈振建[1]基于 Biot 介质，得出了瞬时点荷载、圆形面积上均布荷载及矩形面积上均布荷载作用下地基中初始有效应力和初始位移解。贾宁[2]在此基础上，将路堤假定为无限条形均布荷载，分析了老路堤和加宽路堤荷载作用下地基中的初始应力分布，并求得了地基沉降。该方法方便了问题的讨论，对于分析老路堤荷载在地基中的附加应力是足够的，但将加宽路堤等价为一个小梯形荷载，对于加宽路堤荷载响应的分析就显得过于粗略，并且不能分析加宽路堤荷载作用下地基沉降的分布规律，只能求得最大值。

本章首先在贾宁[2]分析的基础上，将加宽后整个路堤荷载分解为加宽路堤荷载与老路堤荷载，根据条形面积上梯形荷载作用下地基中初始有效应力和超孔隙水压力计算式，得到了高速公路加宽工程加宽路堤荷载作用下地基初始有效应力和超孔隙水压力表达式，并对其分布进行了分析。其次，得到了条形面积上梯形荷载作用下地基的沉降特性，并与实测结果进行了比较。最后，推导了加宽路堤荷载作用下地基瞬时沉降、固结沉降和总沉降表达式，并考察了加宽路堤荷载作用下地表沉降特性。

2.1　几种分布荷载作用下地基初始有效应力及超孔隙水压力分析

条形面积上竖直梯形荷载可以分解为条形面积上竖直均布荷载和竖直三角形分布荷载，而这两种荷载在地基中的响应可以通过点荷载下地基响应得到。因此，在求解条形面积上竖直梯形荷载在地基中的响应之前，有必要对瞬时点荷载[1]、线荷载、条形面积矩形荷载及三角形荷载在地基中的响应进行回顾和分析。

2.1.1　瞬时点荷载作用下初始有效应力及位移

注意到初始时刻饱和土不可压缩，即体积应变 $\varepsilon_v = 0$，则轴对称条件下以位移分量表示的 Biot 固结方程可以写成

$$\left.\begin{aligned}&G\left(\nabla^2 u_s-\frac{u_s}{r^2}\right)-\frac{\partial u}{\partial r}=0\\&G\nabla^2 w_s-\frac{\partial u}{\partial z}=0\\&\frac{k}{\gamma_w}\nabla^2 u=\frac{\partial \varepsilon_v}{\partial t}\end{aligned}\right\}\tag{2.1}$$

式中：u_s、w_s——径向和垂直向位移；

u——超孔隙水压力；

G——土骨架剪切模量，$G=E/2(1+\mu)$；

k——渗透系数；

γ_w——水的重度；

ε_v——体积应变，$\varepsilon_v=-(\partial u_s/\partial r+u_s/r+\partial w_s/\partial z)$；

∇——微分算子，$\nabla^2=\frac{\partial^2}{\partial r^2}+(1/r)\frac{\partial}{\partial r}+\frac{\partial^2}{\partial z^2}$。

由初始时刻 $\varepsilon_v=0$，从式(2.1)不难导出$\nabla^2 u=0$，因此式(2.1)可写为

$$\left.\begin{aligned}&G\left(\nabla^2 u_s-\frac{u_s}{r^2}\right)-\frac{\partial u}{\partial r}=0\\&G\nabla^2 w_s-\frac{\partial u}{\partial z}=0\\&\nabla^2 u=0\end{aligned}\right\}\tag{2.2}$$

可见，初始时刻地基内超孔隙水压力分布为调和函数。

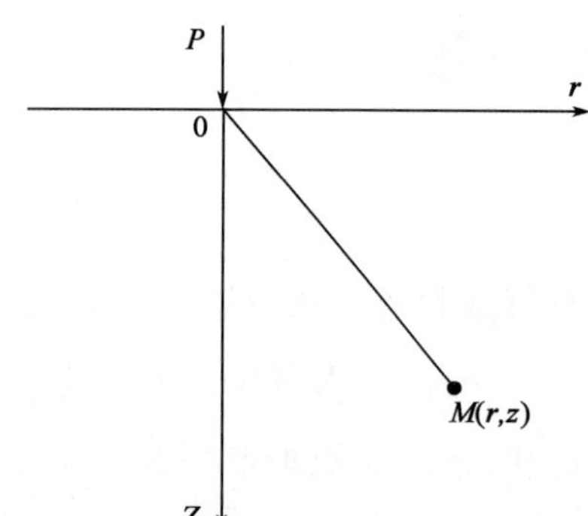

图 2.1　点荷载作用下的求解示意图

设弹性半无限空间如图 2.1 所示，其上作用垂直集中荷载 P，应力边界条件要求为

$$(\sigma'_z+u)_{z=0,r\neq0}=0\tag{2.3}$$

$$(\sigma'_{zr}+u)_{z=0,r\neq0}=0\tag{2.4}$$

$$\int_0^{\infty}(2\pi r\mathrm{d}r)(\sigma'_z+u)=P\tag{2.5}$$

借用弹性力学半逆解法，假设超孔隙水压力为调和函数 $u=A\frac{z}{R^3}$，这里 A 为待定常数，$R=\sqrt{r^2+z^2}$，将 u 代入式(2.2)中前两式，并注意到 $\varepsilon_v=0$，可得到

$$u_r=\frac{P}{4\pi G}\cdot\frac{zr}{R^3}\tag{2.6}$$

$$w_z = \frac{P}{4\pi G}\left(\frac{z^2}{R^3} + \frac{1}{R}\right) \tag{2.7}$$

$$\sigma'_{\mathrm{r}} = \frac{P}{2\pi}\left(\frac{3zr^2}{R^5} - \frac{z}{R^3}\right) \tag{2.8}$$

$$\sigma'_{\theta} = -\frac{P}{2\pi}\cdot\frac{z}{R^3} \tag{2.9}$$

$$\sigma'_z = \frac{P}{2\pi}\left(\frac{3z^2}{R^5} - \frac{z}{R^3}\right) \tag{2.10}$$

$$\tau_{z\mathrm{r}} = \frac{3P}{2\pi}\cdot\frac{zr^2}{R^5} \tag{2.11}$$

$$u = \frac{P}{2\pi}\cdot\frac{z}{R^3} \tag{2.12}$$

以上解答中 σ'_{r}、σ'_{θ} 和 σ'_z 分别为径向、环向和竖直向土骨架的有效应力，$\tau_{z\mathrm{r}}$ 为剪切应力，解答满足控制方程式(2.1)，又满足边界条件式(2.3)～式(2.5)。

2.1.2 线性荷载作用下初始有效应力及超孔隙水压力

在地表无限长直线上，作用有竖直均布线荷载 p，如图 2.2 所示，求在地基中任意点 M 引起的初始有效应力和超孔隙水压力。

根据弹性半无限空间线荷载 Flamant 解答思路，在线布荷载上取微分长度 $\mathrm{d}y$，作用在上面的荷载 $p\mathrm{d}y$ 可以看成集中力，则在地基内 M 点引起的应力按式(2.10)可写为

$$\mathrm{d}\sigma'_z = \frac{p}{2\pi}\left(\frac{3z^2}{R^5} - \frac{z}{R^3}\right)\mathrm{d}y \tag{2.13}$$

则

$$\sigma'_z = \int_{-\infty}^{+\infty} \frac{p}{2\pi}\left(\frac{3z^2}{R^5} - \frac{z}{R^3}\right)\mathrm{d}y = \frac{p}{\pi}\cdot\frac{z(z^2 - x^2)}{x^2 + z^2} \tag{2.14}$$

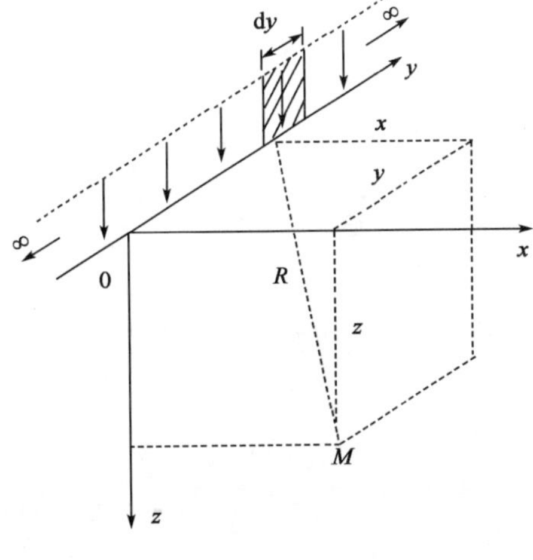

图 2.2 竖直线荷载作用下的应力状态

同理，由式(2.12)可写为

$$u = \frac{p}{\pi}\cdot\frac{z}{x^2 + z^2} \tag{2.15}$$

2.1.3 条形面积上竖直均布荷载作用下初始有效应力及超孔隙水压力

当地基表面作用宽度为 B 的条形面积竖直均布荷载 p 时(图 2.3)，地基内任意点 $M(x,z)$ 的初始有效应力和超孔隙水压力可利用式(2.14)和式(2.15)在[0,B]上积分得到。

$$\sigma'_z = \frac{p}{\pi}\left[\frac{mn}{m^2+n^2} - \frac{n(m-1)}{n^2+(m-1)^2}\right] \tag{2.16}$$

$$u = \frac{p}{\pi}\left[\arctan\left(\frac{m}{n}\right) - \arctan\left(\frac{m-1}{n}\right)\right] \tag{2.17}$$

式中：$m=x/B$，$n=z/B$。

由于积分上的困难，水平向有效应力 σ'_x 不能由式(2.8)和式(2.9)积分求得。但根据有效应力原理，可以从已知的半无限弹性地基表面作用条形荷载后，地基中的总应力减去超孔隙水压力得到。具体见式(2.18)。

$$\sigma'_x = -\frac{p}{\pi}\left[\frac{mn}{m^2+n^2} - \frac{n(m-1)}{n^2+(m-1)^2}\right] \tag{2.18}$$

2.1.4 条形面积上竖直三角形分布荷载作用下初始有效应力及超孔隙水压力

当地基表面作用宽度为 L 的条形面积三角形竖直分布荷载 p 时(图 2.4)，地基内任意点 $M(x,z)$ 的初始有效应力和超孔隙水压力可利用式(2.14)和式(2.15)在$[0,L]$上积分得到。

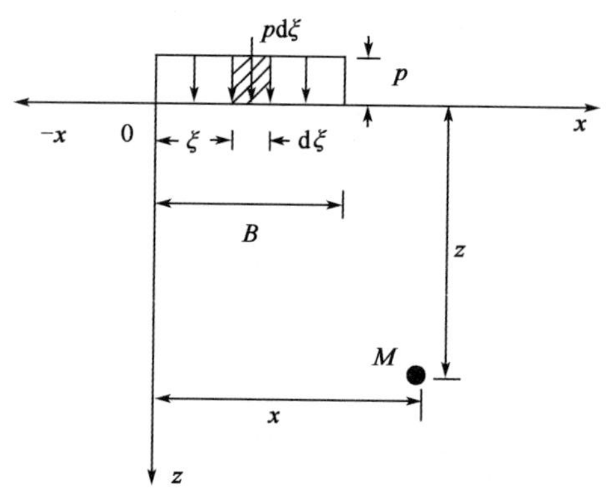

图 2.3 条形面积上竖直均布荷载作用下的应力状态

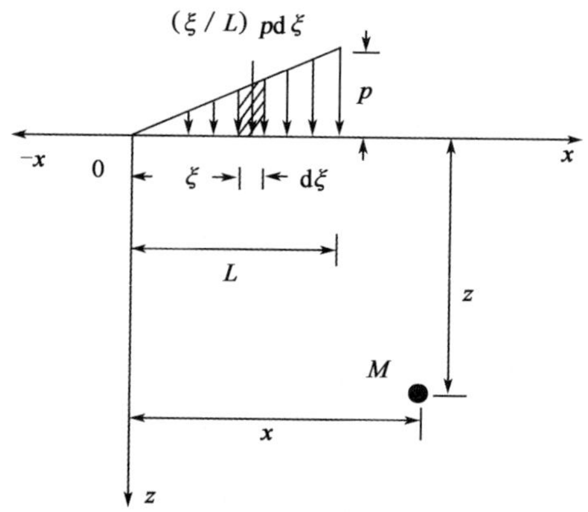

图 2.4 条形面积上三角形竖直分布荷载作用下的应力状态

$$\sigma'_z = \frac{p}{\pi}\left\{\frac{n}{2}\ln\left[\frac{m^2+n^2}{(m-1)^2+n^2}\right] - \frac{(m-1)n}{(m-1)^2+n^2}\right\} \tag{2.19}$$

$$u = \frac{p}{\pi}\left\{\frac{n}{2}\ln\frac{(m-1)^2+n^2}{m^2+n^2} + m\left[\arctan\left(\frac{m}{n}\right) - \arctan\left(\frac{m-1}{n}\right)\right]\right\} \tag{2.20}$$

式中：$m=x/L$，$n=z/L$。

同样，由于积分上的困难，水平向有效应力 σ'_x 只能根据有效应力原理，从已知的半无限弹性地基表面作用条形荷载后，地基中的总应力减去超孔隙水压力得到，具体见式(2.21)。

$$\sigma'_x = -\frac{p}{\pi}\left\{\frac{n}{2}\ln\left[\frac{m^2+n^2}{(m-1)^2+n^2}\right] - \frac{(m-1)n}{(m-1)^2+n^2}\right\} \tag{2.21}$$

2.2 路堤拼接引起的地基初始有效应力及超孔隙水压力分析

加宽后整个路堤荷载可以认为是加宽路堤荷载与老路堤荷载叠加得到，因此，在研究路堤加宽引起的地基初始有效应力前，有必要首先得到条形面积上竖直梯形荷载作用下地基响应。下文对条形面积上竖直梯形分布荷载作用下初始有效应力及超孔隙水压力表达式进行推导，并进行加宽路堤荷载作用下的初始有效应力及超孔隙水压力分析。

2.2.1 条形面积上梯形竖直分布荷载作用下初始有效应力及超孔隙水压力

梯形可以看成两个三角形和一个矩形的组合，因此，条形面积上梯形竖直分布荷载下地基中的初始有效应力和超孔隙水压力，可以根据前文推导的结果求得。计算时，建立如图 2.5 所示的坐标系，x 轴原点位于梯形底边的中心处，考虑实际路堤对称，取左右两边三角形底边均长为 L。

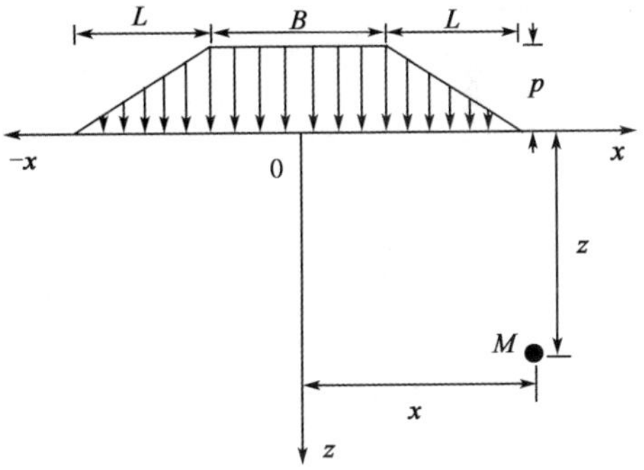

结合坐标变换，将式(2.16)和式(2.17)中的 m 的表达式变为 $m=(x+B/2)/B$，即可求得图 2.5 所示的条形面积上竖直均布荷载下的有效应力和超孔隙水压力。

图 2.5 条形面积上梯形竖直分布荷载作用下的应力状态

分别将式(2.19)和式(2.20)中的 m 的表达式变为 $m=(x+B/2+L)/L$ 和 $m=(-x+B/2+L)/L$，n 的表达式变为 $n=z/L$，即可求得路堤左侧三角形和右侧三角形荷载下的有效应力和超孔隙水压力。

将左右两侧三角形荷载和中间均布荷载作用下有效应力和超孔隙水压力叠加，即为梯形荷载作用下地基中的有效应力和超孔隙水压力。有效应力可简化为

$$\sigma'_z = \frac{P}{\pi}(K_\sigma^1 + K_\sigma^2 + K_\sigma^3) \tag{2.22}$$

式中：K_σ^i——竖向初始有效应力分布系数($i=1$、2、3)，即

$$K_\sigma^1 = \frac{m_1 n}{m_1^2+n^2} - \frac{n(m_1-1)}{n^2+(m_1-1)^2} \quad \left(m_1 = \frac{x+B/2}{B}, n=\frac{z}{B}\right) \tag{2.23}$$

$$K_\sigma^2 = \frac{n(1-m_2)}{(m_2-1)^2+n^2} + \frac{n}{2}\ln\left(\frac{m_2^2+n^2}{(m_2-1)^2+n^2}\right) \quad \left(m_2 = \frac{x+B/2+L}{L}, n=\frac{z}{L}\right) \tag{2.24}$$

$$K_\sigma^3=\frac{n(1-m_3)}{(m_3-1)^2+n^2}+\frac{n}{2}\ln\left(\frac{m_3^2+n^2}{(m_3-1)^2+n^2}\right)\quad\left(m_3=\frac{-x+B/2+L}{L},n=\frac{z}{L}\right)\tag{2.25}$$

超孔隙水压力可简化为

$$u=\frac{P}{\pi}(K_u^1+K_u^2+K_u^3)\tag{2.26}$$

式中:K_u^i——超孔隙水压力分布系数(i=1、2、3),即

$$K_u^1=\arctan\left(\frac{m_1}{n}\right)-\arctan\left(\frac{m_1-1}{n}\right)\quad\left(m_1=\frac{x+B/2}{B},n=\frac{z}{B}\right)\tag{2.27}$$

$$K_u^2=\frac{n}{2}\ln\frac{(m_2-1)^2+n^2}{m_2^2+n^2}+m_2\left[\arctan\left(\frac{m_2}{n}\right)-\arctan\left(\frac{m_2-1}{n}\right)\right]\quad\left(m_2=\frac{x+B/2+L}{L},n=\frac{z}{L}\right)\tag{2.28}$$

$$K_u^3=\frac{n}{2}\ln\left[\frac{(m_3-1)^2+n^2}{m_3^2+n^2}\right]+m_3\left[\arctan\left(\frac{m_3}{n}\right)-\arctan\left(\frac{m_3-1}{n}\right)\right]\quad\left(m_3=\frac{-x+B/2+L}{L},n=\frac{z}{L}\right)\tag{2.29}$$

2.2.2 路堤拼接引起的地基初始有效应力及超孔隙水压力

某高速公路老路堤宽 26m,全线平均高度 3.7m,两侧对称加宽 8.25m,左右两侧坡比均为 1:1.5,重度为 20kN/m^3,为计算方便,取路堤高度为 4m。根据式(2.22)和式(2.26),并将加宽后整个路堤荷载响应看作加宽路堤荷载响应与老路堤荷载响应的叠加,可得加宽路堤荷载作用下地基中初始有效应力和超孔隙水压力,如图 2.6 所示。

从图 2.6a)看出,初始有效应力受另一侧加宽荷载的影响较大,小于 5kPa 的等值线明显不对称,但路堤正下方的等值线仍然保持一侧路堤单独作用时的形状。同时,加宽路堤下方出现了高应力区,并沿深度呈减小→增大→减小的变化规律,最大值发生在加宽路堤断面形心垂线位置地表以下 10m 深度处。因此,在进行软基处理时,加宽路堤下方为重点处治区,并且从老路边坡向外侧最好采用渐变的处治方式,以既能满足要求,又经济合理。

图 2.6b)为加宽路堤荷载作用下地基中的超孔隙水压力等值线图。从图中看出,路堤一侧加宽荷载对另一侧的超孔隙水压力也有较大影响,小于 10kPa 等值线出现了明显不对称现象,随深度增加影响程度增加。加宽路堤中心线下方地基中超孔隙水压力最大值出现在地表,并沿深度迅速减小。

为考察加宽宽度对地基中应力分布的影响,图 2.7 绘出了加宽 4.5m 时的等值线图,其余计算参数同前。从图中可知,加宽 4.5m 时地基中初始有效应力和超孔隙水压力分布规律与加宽 8.25m 时基本相同,但加宽 4.5 时应力和超孔隙水压力明显小于加宽 8.25m 时的值,这

是上覆荷载较小的缘故。比较还发现，加宽宽度增加，最大应力值和超孔隙水压力值出现的位置向外推移，并基本保持在加宽路堤断面形心垂线位置。同时，加宽 4.5m 时，应力小于 3kPa 的等值线和超孔隙水压力小于 6kPa 的等值线明显不对称，地基中初始有效应力和超孔隙水压力值受另一侧加宽路堤影响较加宽 8.25m 时小。由此得出，当加宽宽度相对于原有路堤宽度较小时，计算可以不考虑另一侧路堤的影响。

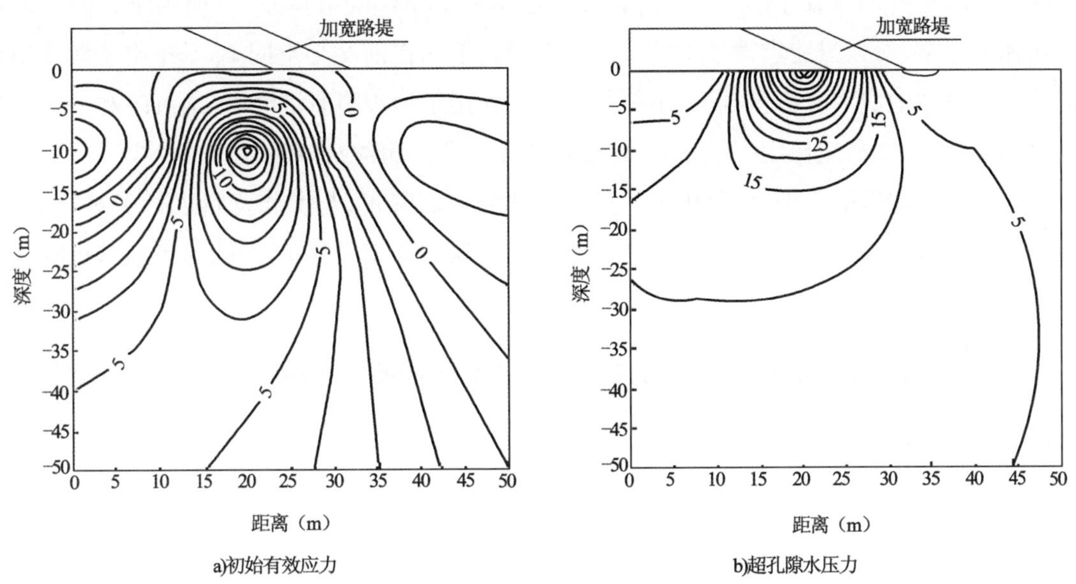

图 2.6　加宽 8.25m 时加宽荷载作用下等值线图(单位:kPa)

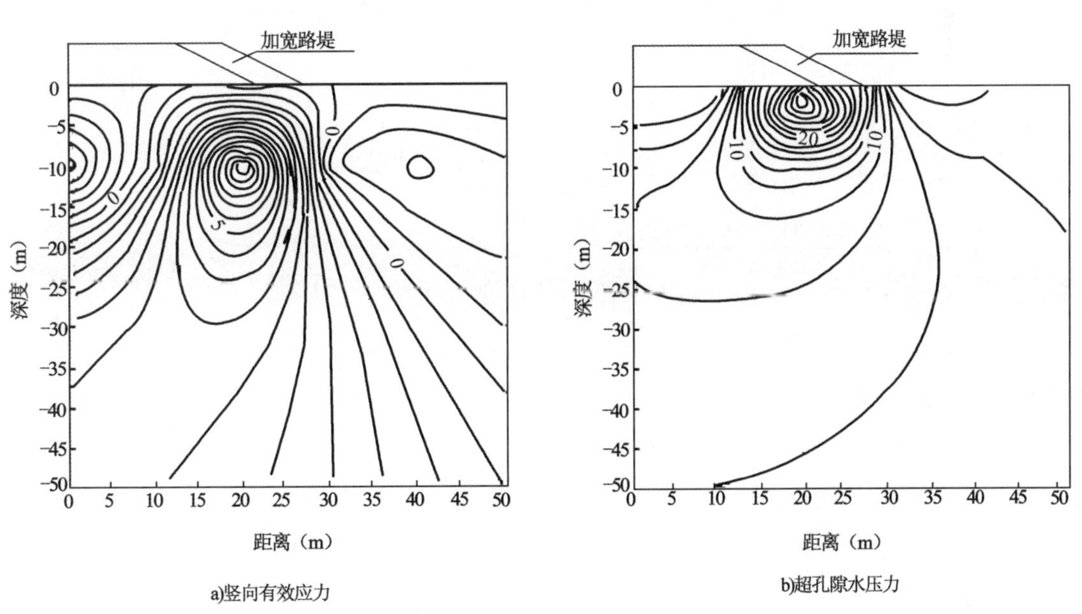

图 2.7　加宽 4.5m 时加宽荷载作用下等值线图(单位:kPa)

由图 2.6 和图 2.7 可知，加宽路堤荷载在地基中产生的超孔隙水压力沿深度迅速衰减，因此，当采用排水板处理地基时，下部排水效果较上部差。

2.3 路堤拼接引起的地基沉降特性分析

弹性地基在外加荷载作用下的沉降计算一般可由 Boussinesq 解求得，但由于它假定地基为均质弹性地基，所以只能求得地基的最终沉降量。下面在前文半空间 Biot 介质表面作用梯形荷载后地基中的应力分析基础上，求解梯形荷载作用下地表瞬时沉降、固结沉降和最终沉降量，并推导加宽路堤荷载作用下地表瞬时沉降、固结沉降和最终沉降量表达式。

为验证沉降解答的合理性，分析了沪杭甬高速公路沉降量，与实测资料进行了对比分析。同时，分析了高速公路加宽工程加宽路堤荷载作用下地表的位移分布，并探讨了地基沉降特性随加宽宽度的变化规律。

2.3.1 条形面积上竖直梯形分布荷载作用下地基沉降特性

(1)瞬时沉降

瞬时沉降是由于外加荷载作用后地基中附加有效应力发生变化而引起的，若要计算瞬时沉降，只需对附加有效应力引起的竖向应变积分即可。考虑水平向附加应力 σ'_x 的作用，路堤荷载作用下的瞬时沉降可以通过式(2.30)在压缩层范围内积分求得。

$$\varepsilon_z = \frac{1-\mu^2}{E}\left(\sigma'_z - \frac{\mu}{1-\mu}\sigma'_x\right) \tag{2.30}$$

把式(2.16)和式(2.18)代入式(2.30)积分得图 2.3 所示条形面积上竖直均布荷载作用下地基瞬时沉降 $S_d{}^1$，即

$$S_d^1 = pB\,\frac{1+\mu}{\pi E}C_d^1 \tag{2.31}$$

$$C_d^1 = (m_1-1)\ln\left[\sqrt{\frac{(m_1-1)^2}{(m_1-1)^2+D_1^2}}\right] - m_1\ln\left(\sqrt{\frac{m_1^2}{m_1^2+D_1^2}}\right) \qquad \left(m_1 = \frac{x+B/2}{B}, D_1 = \frac{H}{B}\right) \tag{2.32}$$

式中：C_d^1——瞬时沉降系数；

B——路堤宽度；

μ——土骨架泊松比；

E——土骨架杨氏模量。

$m=x/B$，x 为计算点横坐标；$D=H/B$，H 为压缩层厚度。

把式(2.19)和式(2.21)代入式(2.30)，积分得图 2.4 所示条形面积上竖直三角形分布荷

载作用下地基瞬时沉降 S_d^2。

$$S_d^2 = pL\frac{1+\mu}{\pi E}C_d^2 \tag{2.33}$$

$$C_d^2 = \frac{1-m_2^2-D_2^2}{4}\ln[(m_2-1)^2+D_2^2]+\frac{m_2^2+D_2^2}{4}\ln(m_2^2+D_2^2)+\frac{m_2^2-1}{4}\ln(m_2-1)^2-\frac{m_2^2}{4}\ln m_2^2 \quad (m_2=\frac{x+B/2+L}{L},D_2=\frac{H}{L}) \tag{2.34}$$

式中：C_d^2——瞬时沉降系数；

L——三角形底部宽度；

其余符号意义同式(2.31)。

结合坐标变换，将式(2.31)中 m 的表达式变为 $m=(x+B/2)/B$，可求得图 2.5 所示的条形面积上竖直均布荷载作用下地基瞬时沉降。

将式(2.32)中 m 的表达式分别变为 $m=(x+B/2+L)/L$ 和 $m=(-x+B/2+L)/L$，D 的表达式变为 $D=H/L$，即可求得图 2.5 所示路堤左侧和右侧三角形荷载下的地基瞬时沉降。

将左右两侧三角形荷载和中间均布荷载作用下地基瞬时沉降叠加，即为梯形荷载作用下地基瞬时沉降，可简化为

$$S_d = p\frac{1+\mu}{\pi E}(BC_d^1+LC_d^2+LC_d^3) \tag{2.35}$$

式中：C_d^3——瞬时沉降分布系数，即

$$C_d^3 = \frac{1-m_3^2-D_3^2}{4}\ln[(m_3-1)^2+D_3^2]+\frac{m_3^2+D_3^2}{4}\ln(m_3^2+D_3^2)+\frac{m_3^2-1}{4}\ln(m_3-1)^2-\frac{m_3^2}{4}\ln m_3^2 \quad (m_3=\frac{-x+B/2+L}{L},D_3=\frac{H}{L}) \tag{2.36}$$

(2)固结沉降

地基固结沉降是超孔隙水压力消散的结果。由于 Mandel 效应，在固结过程中，超孔隙水压力的消散量并不等于有效应力的增加量，但当固结结束后，地基中超孔隙水压力完全转化为有效应力，所以固结完成后，地基有效应力的增加量等于加荷时地基中的超孔隙水压力[2]。

考虑水平向应力的影响，把式(2.30)中的 σ'_z 和 σ'_x 均以超孔隙水压力式(2.17)代替，并在压缩层范围内积分，即得图 2.3 所示的竖直荷载作用下地基中的固结沉降 S_c^1。

$$S_c^1 = \frac{pB(1-2\mu)(1+\mu)}{\pi E}C_c^1 \tag{2.37}$$

$$C_c^1 = D_1\left[\arctan(\frac{m_1}{D_1})-\arctan(\frac{m_1-1}{D_1})\right]-(m_1-1)\ln\sqrt{\frac{(m_1-1)^2+D_1^2}{(m_1-1)^2}}+m_1\ln\sqrt{\frac{m_1^2+D_1^2}{m_1^2}} \quad (m_1=\frac{x+B/2}{B},D_1=\frac{H}{B}) \tag{2.38}$$

式中：C_c^1——固结沉降系数；

其余符号意义同式(2.31)。

同理，考虑水平向应力的影响，把式(2.30)中的σ'_z和σ'_x均以超孔隙水压力式(2.20)代替，并在压缩层范围内积分，即得图2.4所示的竖直三角形荷载作用下地基中的固结沉降S_c^2。

$$S_c^2 = \frac{pL(1-2\mu)(1+\mu)}{\pi E}C_c^2 \tag{2.39}$$

$$C_c^2 = \frac{D_2^2 - m_2^2 + 1}{4}\ln[D_2^2 + (m_2-1)^2] + \frac{m_2^2 - D_2^2}{4}\ln(D_2^2 + m_2^2) + \frac{m_2^2 - 1}{4}\ln(m_2-1)^2 - \frac{m_2^2}{4}\ln m_2^2 + m_2 D_2\left[\arctan(\frac{m_2}{D_2}) - \arctan(\frac{m_2-1}{D_2})\right] \quad (m_2 = \frac{x+B/2+L}{L}, D_2 = \frac{H}{L}) \tag{2.40}$$

式中：C_c^2——固结沉降系数；

L——三角形底部宽度；

其余符号意义同式(2.31)。

结合坐标变换，将式(2.37)中m的表达式变为$m=(x+B/2)/B$，可求得图2.5所示的条形面积上竖直均布荷载下地基固结沉降。

将式(2.38)中m的表达式分别变为$m=(x+B/2+L)/L$和$m=(-x+B/2+L)/L$，D的表达式变为$D=H/L$，即可求得图2.5所示路堤左侧和右侧三角形荷载下的地基固结沉降。

将左右两侧三角形荷载和中间均布荷载作用下地基固结沉降叠加，即为梯形荷载作用下地基固结沉降，可简化为

$$S_c = \frac{p(1-2\mu)(1+\mu)}{\pi E}(BC_c^1 + LC_c^2 + LC_c^3) \tag{2.41}$$

式中：C_c^3——固结沉降分布系数，即

$$C_c^3 = \frac{D_3^2 - m_3^2 + 1}{4}\ln[D_3^2 + (m_3-1)^2] + \frac{m_3^2 - D_3^2}{4}\ln(D_3^2 + m_3^2) + \frac{m_3^2 - 1}{4}\ln(m_3-1)^2 - \frac{m_3^2}{4}\ln m_3^2 + m_3 D_3\left[\arctan(\frac{m_3}{D_3}) - \arctan(\frac{m_3-1}{D_3})\right] \quad (m_3 = \frac{-x+B/2+L}{L}, D_3 = \frac{H}{L}) \tag{2.42}$$

不考虑固结过程中土骨架的塑性变形和流变，并根据式(2.33)和式(2.39)，则路堤梯形荷载作用下的总沉降S可表示为

$$S = S_c + S_d \tag{2.43}$$

(3)实例分析

沪杭甬高速公路老路堤顶面宽26m，高3.7m，坡度为1∶1.5，路堤填料重度为20kN/m³，

压缩层厚度为 47.6m,以各土层厚度为权计算出的压缩层范围内土骨架平均杨氏模量为 3.7MPa,土骨架泊松比为 0.25[2]。将各参数代入式(2.33)、式(2.39)和式(2.43),求得老路堤荷载中心线瞬时沉降为 320mm,固结沉降为 266mm,总沉降为 586mm。贾宁[2]将梯形荷载简化为条形荷载,条形荷载大小不变,为 74kPa,宽度取为 31.55m,根据其中给出的计算方法得出的瞬时沉降为 289mm,固结沉降为 266mm,总沉降为 555mm。

沪杭甬高速公路实体工程加荷共历时 56d,路堤填筑加荷曲线及中心线实测沉降曲线如图 2.8 所示。加荷结束时,路堤中心线实测沉降为 341mm,加荷 1000d 固结基本完成后的沉降为 730mm,并且沉降仍在持续发展。由此可见,本书计算的瞬时沉降与实测值较为接近,固结沉降小于实测值,这是计算中假定地基为均质弹性 Biot 介质,而没有考虑土体的塑性和流变性质所致。另一个原因就是,现场土层性质差别非常大,最大模量为 7.97MPa,而最小值为 2.45MPa。对于性质较均匀且塑性和流变性质较弱的地质条件,应用本书提出的方法应能得到与实测值接近的结果。同时,本书计算结果比文献[2]结果与实测值更接近。

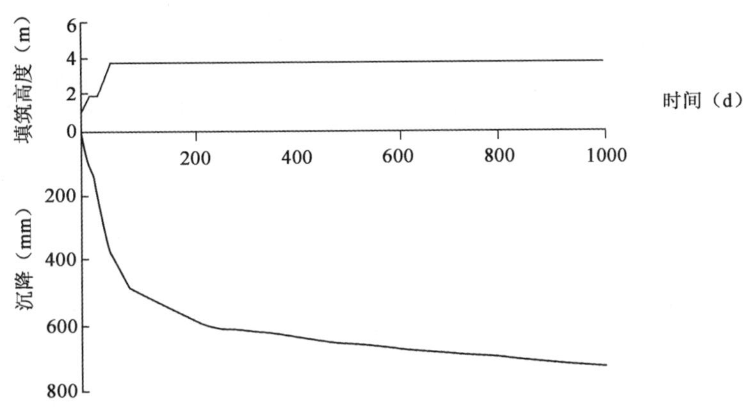

图 2.8 路堤中心线实测沉降曲线[2]

2.3.2 路堤拼接引起的地基沉降特性分析

软基上高速公路加宽路堤沉降计算是一个复杂的问题。一方面,老路堤下地基土体在上部荷载的作用下,逐渐排水固结,孔隙比减小,强度提高;另一方面,加宽路堤荷载作用下,既有瞬时沉降,也有后续的排水固结沉降,而且加宽路堤荷载作用下地基土体的塑性变形和流变变形还与老路堤荷载大小、作用时间有关。下面仅以弹性 Biot 介质地基为基础,分析加宽路堤荷载作用下地表沉降特性。

取老路堤宽 26m,高 4m,两侧对称加宽 4.5m,坡比均为 1∶1.5,路堤填料重度为 20kN/m^3,压缩层厚度为 50m,压缩层范围内土骨架平均杨氏模量为 3.7MPa,土骨架泊松比为0.25。把以上参数代入式(2.33)、式(2.39)和式(2.43),并将加宽后整个路堤荷载响应看作加宽路堤荷载响应与老路堤荷载响应的叠加,即可求得加宽路堤荷载作用下地表瞬时沉降、固结沉降和总沉降。

图 2.9 给出了加宽 4.5m 时，加宽路堤荷载作用下地表瞬时沉降、固结沉降及总沉降变化曲线。从图中可以看出，各沉降均在距道路中心线约 19m 处(基本为加宽路堤断面形心垂线位置)出现了最大值；同时，瞬时沉降在总沉降中占的比重较大，并且在最大值两侧出现了隆起现象，这是加宽路堤下地基土体向两侧推挤所致。

为考察加宽宽度对地基变形特性的影响，图 2.10 给出了加宽 8.25m 时地表沉降曲线。从图中可以看出，沉降曲线变化规律与加宽 4.5m 时基本一致，并且瞬时沉降最大值两侧的隆起量增加了，这是由于加宽宽度增加，增大了地基承受的荷载，从而导致隆起量增加。另外，对比发现，加宽 8.25m 时，各沉降最大值出现的位置向道路外侧推移，从加宽 4.5m 时距道路中心线 19m 左右，变化到了约 21m 处，但仍保持在加宽路堤断面形心垂线位置。由此表明，加宽路堤荷载作用下，地表沉降在路堤中心处最小，在加宽路堤断面形心垂线位置最大，这与沪宁高速公路加宽试验段的实测资料是一致的[3]，贾宁[4]和 A. G. I. Hjortnæs-Pedersen[5]也得出了同样的结论。同时，这也与图 2.6 中的应力分布规律相符。

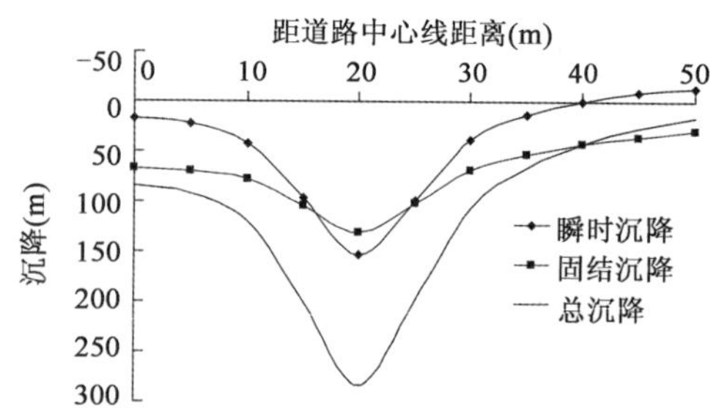

图 2.9　加宽 4.5m 时地表沉降曲线

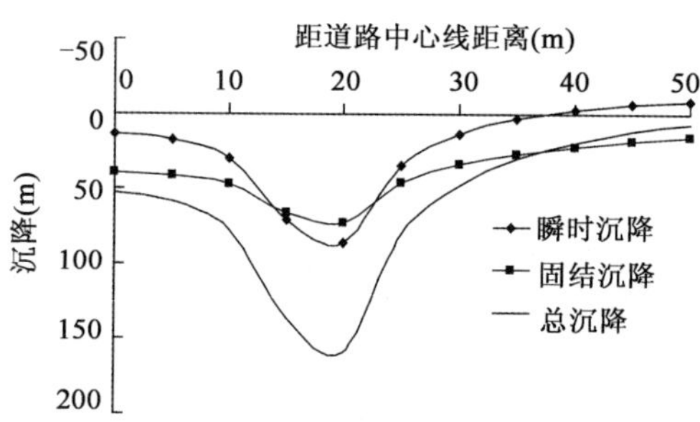

图 2.10　加宽 8.25m 时地表沉降曲线

另外，从图 2.9 和图 2.10 还可以看出，加宽路堤荷载作用下地基中存在差异沉降，其反映到路基表面，必然导致路面结构的破坏，影响路面的行车性能。因此，采取适当的地基处理措施减小差异沉降，并建立合理的差异沉降控制标准是软基上高速公路加宽工程亟须解决的问题。

从式(2.33)、式(2.39)和式(2.43)可以看出，影响地基瞬时沉降、固结沉降和总沉降的参数，除应力、加宽宽度及地基模量外，还有泊松比及压缩层厚度。图 2.11 绘出了加宽 8.25m 时地基最大瞬时沉降和固结沉降值随泊松比和压缩层厚度变化的曲线，其他参数同前。

从图 2.11 看出，地基瞬时沉降随泊松比和压缩层厚度增加线性增加；固结沉降随泊松比增加迅速减小，随压缩层厚度增加而增加，但泊松比较大时，固结沉降随压缩层厚度增加的幅度减小，当泊松比增大到 0.5 时，固结沉降为零，瞬时沉降等于总沉降，超孔隙水压力消散并未引起固结沉降。这一点可以从式(2.30)得到解释，计算固结沉降时，σ'_z 和 σ'_x 分别用超孔隙水压力代替，所以，当泊松比为0.5时，固结并不引起竖向沉降。

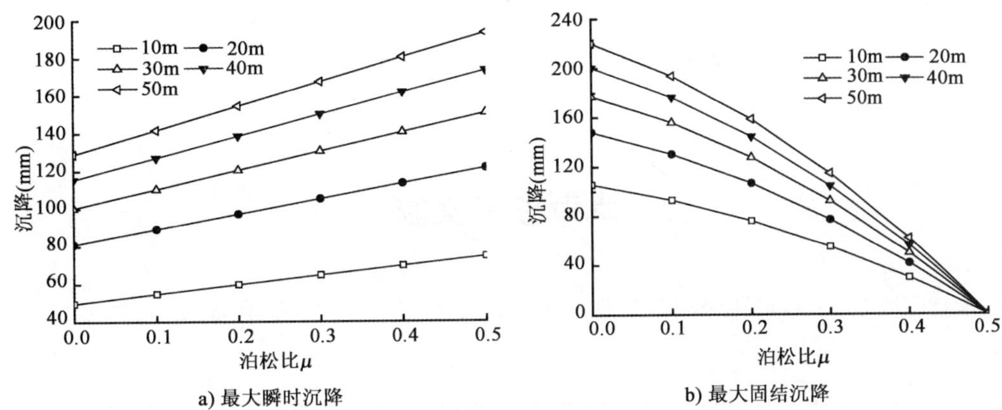

图2.11　加宽8.25时最大瞬时沉降和固结沉降随泊松比及压缩层厚度变化曲线

图2.9和图2.10表明，瞬时沉降在总沉降中占较大比重。考虑到泊松比和压缩层厚度对加宽荷载作用下地基沉降影响较大，图2.12给出了加宽8.25m时地基瞬时沉降与总沉降的比值R随泊松比及压缩层厚度的变化曲线，其他计算参数同前。

从图2.12中可以看出，瞬时沉降与总沉降的比值R受泊松比的影响很大，随泊松比的增大而增加，且泊松比大于0.3时，增加的速率变大；同时，R值随压缩层厚度增大而增加，当泊松比大于0.3时，增加的速率减小。另外，当泊松比大于0.22时，R值大于0.5，表明此时瞬时沉降已在沉降中占较大比重。

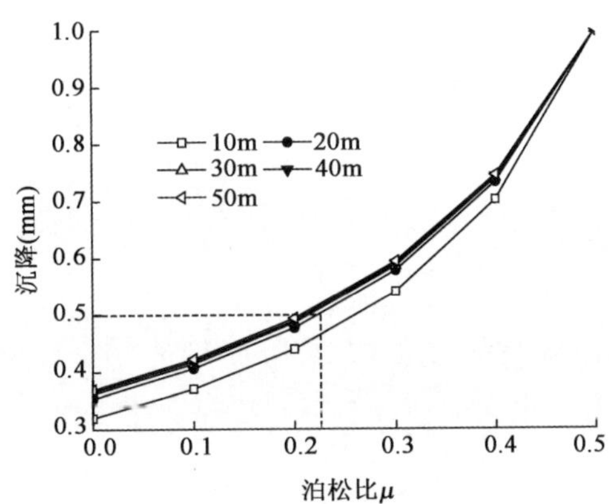

图2.12　瞬时沉降与总沉降比值R随泊松比及压缩层厚度变化曲线

2.4　本章小结

在前人工作的基础上，推导了拼接路堤荷载作用下地基中初始有效应力、超孔隙水压力及沉降计算式，并对各响应进行了分析。研究表明，拼接路堤荷载作用下，地表沉降呈现路堤中心处最小、拼接路堤断面形心垂线位置最大的分布形式，变化规律和现场实测资料及其他研究成果一致；随拼接宽度增加，地表沉降最大值出现位置向道路外侧推移，但基本保持在加宽路堤中心线下。

本章参考文献

[1] 陈振建. 饱和地基的初始沉降与孔隙水压力[J]. 岩石力学与工程学报，2000，19：1027-1029.

[2] 贾宁. 软土地基高速公路拓宽的沉降特性及处理研究[D]. 浙江：浙江大学，2004.

[3] 江苏省沪宁高速公路扩建工程指挥部，江苏省交通基础技术工程研究中心. 沪宁高速公路扩建工程软土地基沉降控制标准与处理技术研究[R]. 2005.

[4] 贾宁，陈仁朋，等. 杭甬高速公路拓宽工程理论分析及监测[J]. 岩土工程学报，2004，26(6)：756-760.

[5] A. G. I. Hjortnæs-Pedersen，H. Broers. The behaviour of soft subsoil during construction of an embankment and its widening[C]. Proc. Centrifuge 94. Balkema，Rotterdam，1994：567-574.

第3章 软土地基上路堤拼接性状的有限元分析

⇨3.1 计算方法
⇨3.2 有限元基本理论及计算模型的建立
⇨3.3 计算结果分析
⇨3.4 路堤拼接变形特性的影响因素分析
⇨3.5 本章小结

软基上的加宽工程，由于土体本构模型、加载历时、边界条件等的复杂性，采用解析解远不能满足工程需求。有限元法能充分考虑土体固结特性、应力应变非线性、复杂边界条件和加荷条件等，已在岩土工程中广泛应用。

本章采用大型有限元软件 ABAQUS 分析了软基上路堤加宽的性状。首先，研究了加宽荷载作用下软基中的附加应力场、位移场和超孔隙水压力分布场，加宽施工期老路堤表面沉降、新老路堤表面沉降、横坡比及新老路堤坡脚水平位移等，并与现场实测资料进行对比分析。其次，考察了加宽路堤几何参数（宽度和高度）、加宽路堤填料性质（刚度和重度）、软土地基性质（深度和刚度）及老路固结程度等因素对加宽性状的影响。为了对路堤加宽性状进行较为全面的研究，分析中不涉及地基处理、加筋等处治措施，这些将在后面章节中进行研究。

3.1 计算方法

由于加宽工程加荷条件的复杂性，文中考虑应力路径的影响，并采用增量法对加宽路堤性状进行分析，同时模拟施工的全过程，即先按老路堤的加载、预压和路面结构逐渐施加，然后进行新路堤的修筑，以求得任意时刻的位移、应力及超孔隙水压力等的变化。为模拟施工的全过程，计算中采用时间步（Time Step）来控制路堤加载的分级情况。其方法是：设置每级荷载与时间步对应；在每个时间步，如有填土荷载施加，相应网格单元被激活，对应时间步模拟自重应力的施加；如无填土荷载施加，对应时间步模拟施工间歇期或填筑后的预压。在初始分析步中，移去路堤填土单元，施加土体自重应力，软件采用迭代方法来获得指定边界条件及荷载作用下的平衡状态，并将此状态作为后续计算的初始条件。

3.2 有限元基本理论及计算模型的建立

3.2.1 土体本构关系的选择

实践表明，土体本构模型性能的好坏，除了其本身能否较为全面、真实地模拟土体的变形性状之外，参数取值的影响也非常大，当参数取值合理时，用非线性弹性模型也能较好地反映土的应力—应变规律，并且更加简单。在非线性弹性模型中，Duncan-Chang 双曲线模型因其参数物理意义明确且易于确定、适用土的范围广等优点而受到广泛应用。因此，综合该模型的优点和由于实际试验条件的限制，本书在分析时拟采用 Duncan-Chang 非线性弹性模型进行土体的模拟，同时，考虑到有限元软件 ABAQUS 材料库中不含该模型，根据文献[1,2]的思路，本书进行了 Duncan-Chang E-μ 模型子程序的开发，用于后续的分析。E-μ 模型中，切线弹

性模量为

$$E_t = \left[1 - \frac{R_f(1-\sin\varphi)(\sigma_1-\sigma_3)^2}{2c\cos\varphi + 2\sigma_3\sin\varphi}\right] K p_a \left(\frac{\sigma_3}{p_a}\right)^n \tag{3.1}$$

切线泊松比为

$$\mu_t = \frac{G - F\lg\left(\frac{\sigma_3}{p_a}\right)}{(1-A)^2} \tag{3.2}$$

式中：$A = \dfrac{D(\sigma_1-\sigma_3)}{Kp_a\left(\frac{\sigma_3}{p_a}\right)^n\left[1-\frac{R_f(1-\sin\varphi)(\sigma_1-\sigma_3)}{2c\cos\varphi+2\sigma_3\sin\varphi}\right]}$。

卸荷条件下，用回弹模量 E_{ur} 代替式(3.1)中切线弹性模量 E_t。E_{ur} 为

$$E_{ur} = K_{ur} p_a \left(\frac{\sigma_3}{p_a}\right)^n \tag{3.3}$$

上述公式中，c、φ、K、n、R_f、G、F 和 D 八个参数均可由常规三轴试验确定，确定方法参考文献[3]。而 $K_{ur}=(1.2\sim3.0)K$，对于密砂和硬黏土，$K_{ur}=1.2K$；对于松砂和软土，$K_{ur}=3.0K$；一般土介于其间[3]。

3.2.2 计算假定

(1)路堤足够长，按平面应变问题考虑；路堤加宽时，假定对称布置在老路堤两侧，且同时施工。

(2)假设软基土体沿路堤横断面均匀分布，也就是不考虑软土地基的横向不均匀性。

(3)将路面荷载考虑为路堤的 1m 填土荷载。

3.2.3 交通荷载的静力等效计算

交通荷载作用下路基路面动力响应较为复杂。为简化计算过程，在道路结构的传统设计中，通常采用作用于路表的等效均布荷载来替代交通荷载的作用效应。Peck 和 Kutara 研究认为等效均布荷载大小应为 11.5kPa，相当于 0.6m 高填土产生的自重应力[4,5]；而 Kim 和 Barker 依据等效弯矩法以及路面轮胎压力分布规律，得到了相应的等效荷载大小计算公式[4]；根据大量实际工程情况，Han 和 Gabr 则认为采用 10kPa 的等效荷载替代交通荷载对路堤路面的作用，计算所得变形结果与实测较为一致[6]。本书有限元计算中，将车辆荷载等效为 10kPa 静荷载。

3.2.4 计算断面和参数

如图 3.1 所示，双向四车道高速公路顶面宽 26m，在原道路两侧同时对称加宽 8.25m。路

堤高 4m(包括路面结构等代荷载 1m)，新老路边坡坡率均为 1∶1.5，老路采用砂垫层处理，加宽部分路堤砂垫层与老路接通。考虑到问题对称性，取一半结构进行研究。由勘察报告可知，沪宁高速公路加宽工程昆山试验段属河湖或海相沉积平原。该段总体以软弱黏土为主，软土为淤泥质粉质黏土夹粉砂或互层。为研究软基上加宽工程变形规律，在试验段选取 K0+710 断面进行高压固结试验，试验参数如表 3.1 所示。路堤填料和砂垫层参数如表 3.2 所示[7]。软基深度为 50m，经试算，横向取 50m。

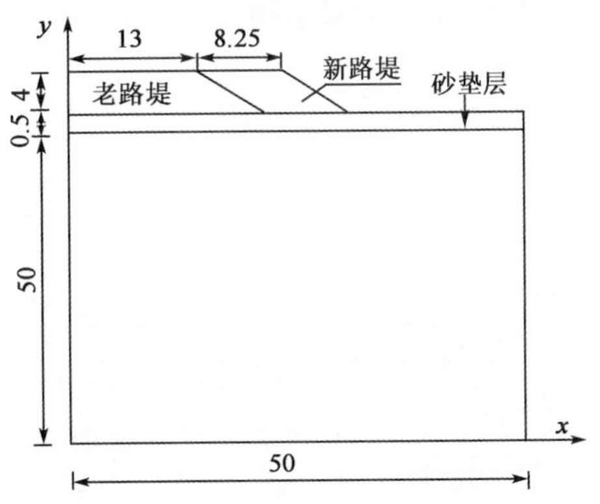

图 3.1　有限元计算模型(尺寸单位:m)

软基 Duncan-Chang 参数　　表 3.1

土层号	埋深 (m)	γ (kN/m³)	φ_d (°)	c (kPa)	R_f	K	n	G	F	D	k_x (10^{-7}cm/s)	k_y (10^{-7}cm/s)
1	2.7	19.2	24.5	2.0	0.72	99	0.23	0.31	0.10	2.20	1.40	5.46
2	11.2	18.5	25.0	19.8	0.56	32	0.71	0.16	0.03	3.36	6.20	8.01
3	14.1	17.7	24.3	2.0	0.54	20	0.76	0.08	0.09	3.40	2.75	3.84
4	15.0	19.3	25.9	47.0	0.64	100	0.24	0.21	0.01	2.60	20.0	21.33
5	19.4	19.4	37.6	6.0	0.65	87	0.69	0.34	0.16	2.10	4.73	7.28
6	24.6	17.5	24.9	6.0	0.51	47	0.44	0.14	0.13	3.90	4.70	4.96
7	35.8	19.1	29.3	8.7	0.51	57	0.53	0.19	0.09	3.70	4.67	5.64
8	50	19.1	32.0	4.0	0.56	48	0.85	0.22	0.06	2.70	6.04	6.32

其他材料 Duncan-Chang 参数　　表 3.2

材料	厚度 (m)	γ (kN/m³)	φ_d (°)	c (kPa)	R_f	K	n	G	F	D	k_x (10^{-7}cm/s)	k_y (10^{-7}cm/s)
砂垫层	0.5	18.0	34.0	0.0	0.60	280	0.80	0.24	0.002	2.7	透水	透水
路堤填土	4.0	19.0	28.0	30.0	0.8	150	0.40	0.35	0.01	1.0	透水	透水

3.2.5　边界条件和单元选择

结构左右边界分别为横向固定约束，无水平位移；底部为横向和竖向固定约束，无水平和竖直位移；地下水位线为地表下 0.5m 深度，水位线以上软基土体和路堤填土孔隙水压为零，砂垫层底部为排水边界；其余为不透水边界。软基土体采用平面应变减缩积分孔压/应力耦合单元，路堤填料采用平面应变减缩积分单元。

3.2.6 加荷历时

根据文献[7,8]确定有限元计算加荷历时，如表 3.3 所示。

新老路堤的加荷历时 表 3.3

老　路　堤	施工(d)	预压(d)	新　路　堤	施工(d)	预压(d)
第一级(0.5m)	30		第一级(1.0m)	30	
第二级(0.5m)	30		第二级(1.0m)	30	
第三级(0.5m)	30		第三级(1.0m)	30	
第四级(0.5m)	30				60
第五级(0.5m)	30		第四级(1.0m)	30	
第六级(0.5m)	30	360	车辆荷载		5475
第七级(0.5m)	30				
第八级(0.5m)	30				
车辆荷载		5475			

3.3 计算结果分析

3.3.1 软基附加应力分析

软土地基在老路堤荷载作用下，主固结基本完成，沉降趋于稳定。新路堤直接和老路堤拼宽后，软基中将产生附加应力和超孔隙水压力，从而引发软基土体的再次固结沉降。

图 3.2 给出了加宽完工后相对于加宽前软基中的附加应力分布等值线图。从图中看出，竖向附加应力最大值位于新路堤断面形心垂线位置下地表处，随深度增加迅速衰减，影响深度在 25m 以内，因此，该位置为软基处理的重点区域；对水平附加应力的考察发现，加宽路堤荷载作用下，分别在老路堤和新路堤下地表产生了两个方向相反的水平附加应力区，其影响深度较浅，在 15m 左右。另外，加宽荷载作用的地方，刚好是老路堤附加剪应力集中区，加上加宽荷载本身是一个窄顶梯形，这样的荷载形式也将产生较大的附加剪应力集中区[图 3.2c)]，所以剪应力将对新老路堤的变形产生重要影响。在主固结和次固结阶段，由于堤脚下剪应力引起不断的侧向变形，使路堤沉降增大[9]。同时，加宽荷载作用下，在新老路堤下方软基中均有超孔压产生，并在老路坡脚下方产生了一个高孔压区。

比较图 3.2 和图 2.7 可以看出，加宽荷载作用下竖向附加应力和超孔压分布不尽相同。有限元计算出的竖向附加应力最大值出现在新路堤断面形心垂线位置地表，高孔压区出现在该位置以下一定深度处；而第 2 章基于 Biot 固结介质瞬时荷载作用下的计算结果恰好相反。

出现的原因为:有限元计算出的是加宽路堤完工后的结果,允许软基土体固结,且地表为排水边界,瞬时荷载产生的超孔压迅速衰减,使高孔压区向地表以下移动;同时,超孔压的消散使软基中有效应力增加,因此,在地表出现了竖向附加应力最大值。

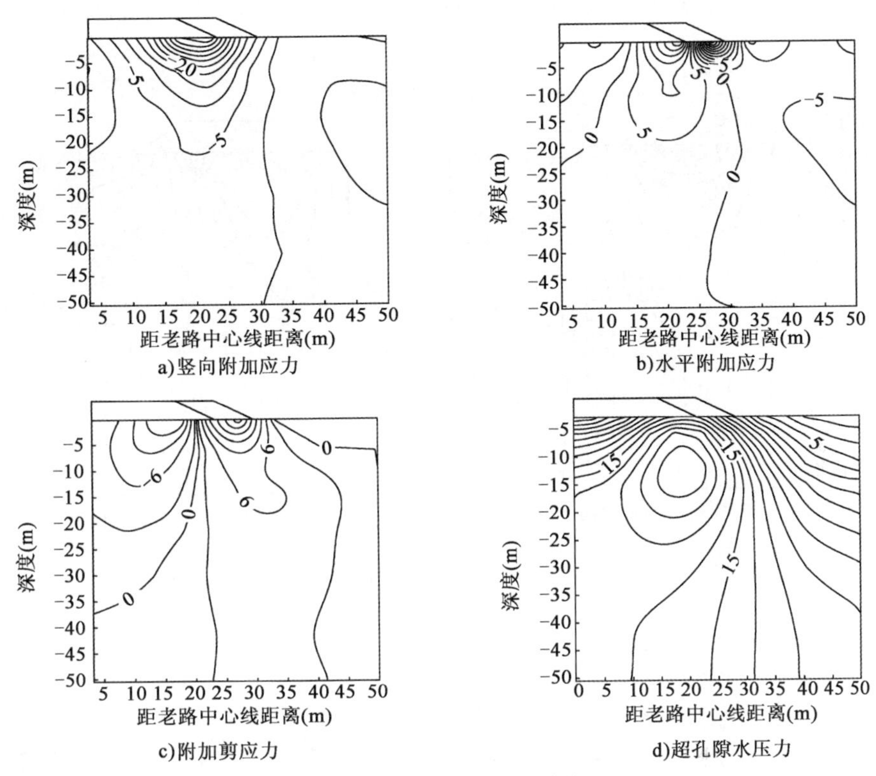

图 3.2 软基附加应力分布等值线图(单位:kPa)

3.3.2 软基变形

加宽工程中沉降观测大多通过在软基中埋设水平横剖管、测斜管等进行,实测资料从新路堤修筑进行统计,为将计算结果与实测资料进行对比,验证本书计算方法的合理性,对软基中变形进行了计算。

图 3.3 为加宽完工后相对于加宽前软基中沉降(U_2)和水平位移(U_1)等值线图。从图中可以看出,加宽荷载作用下,软基中的沉降最大值发生在新路堤断面形心垂线位置下地表位置,这与第 2 章中的分析是一致的。随深度增加,沉降量减小,在 30m 深处,小于 1cm。对软基中水平位移的考察发现,软基中发生了方向相反的水平位移,老路堤下水平位移指向道路内侧(负值),新路堤下水平位移指向道路外侧(正值),这是由图 3.2 中水平附加应力分布引起的;且正负等值线的切线大致与地表成 45°角。

为更直观地与实测资料进行比较,图 3.4 给出了加宽完工后相对于加宽前地表沉降和水平位移曲线。从图中可以看出，加宽完工后道路中心地表隆起，新路堤下地表发生沉降；随时间增加，地表均发生沉降，并呈现路堤中心处最小、加宽路堤断面形心垂线位置最大的分布形式，变化规律和实测资料一致[10]，文献[11,12]也得出了同样的结论，从而表明本书的计算是合理的。同时，在加宽1年内，软基沉降量占总沉降的一半以上，随时间增加，软基固结速度变慢。

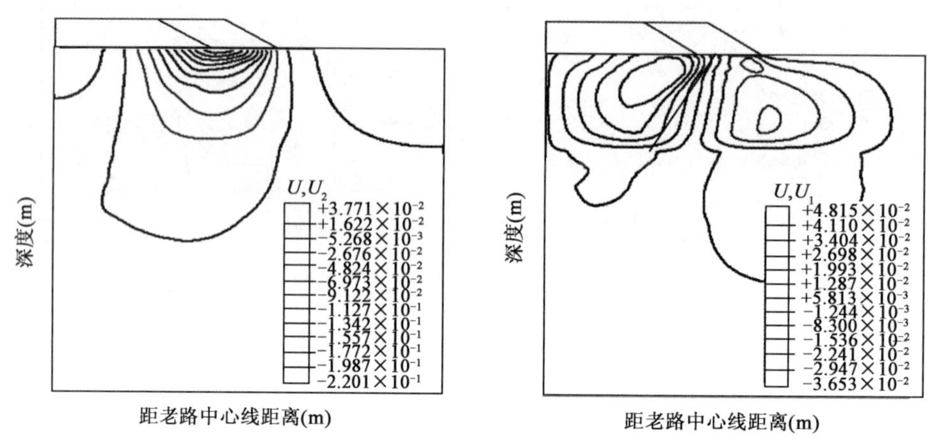

图3.3 软基中的沉降(U_2)和水平位移(U_1)等值线图

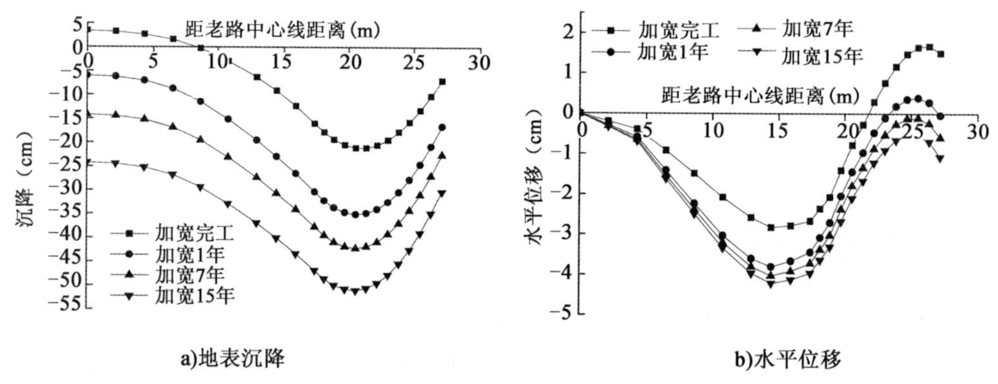

图3.4 地表沉降和水平位移曲线

对水平位移考察发现，加宽初期，老路堤下地表水平位移指向道路内侧（负值），新路堤下水平位移指向道路外侧（正值），这与图3.3中得出的结论是一致的。同时，随时间增加，指向道路内侧的水平位移增加，指向道路外侧的水平位移减小，地表发生向道路内侧的水平位移。这是因为，加宽初期，加宽路堤荷载作用下，软基内产生的超孔压来不及消散，使得新路堤两侧软基土体有向两侧移动的趋势；随时间增加，超孔压消散，加宽路堤渐渐刺入软基，从而使向道路外侧的水平位移减小，向内侧的水平位移增加。

高速公路加宽工程中，软基中的水平位移变化反映了道路的稳定性，图3.5绘出了老路堤坡脚(a 断面)和新路堤坡脚(b 断面)两个断面在加宽后相对于施工前软基中水平位移随深度变化曲线。

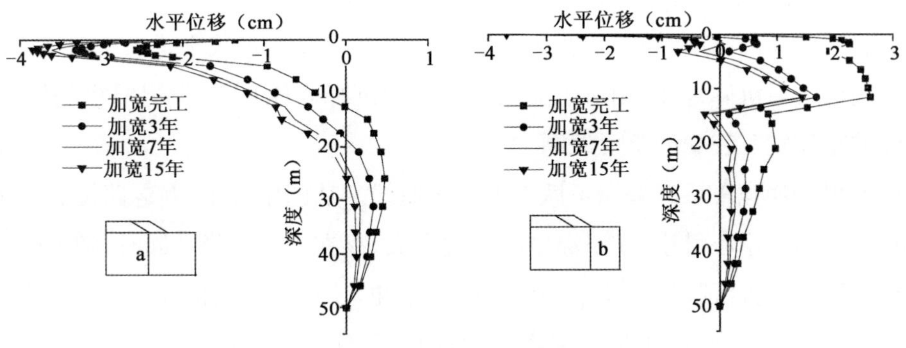

图 3.5 软基中的水平位移曲线

对于 a 断面，软基浅层发生了向道路内侧的水平位移，深层发生了向道路外侧的水平位移，且随时间增加浅层水平位移增加，深层水平位移减小，方向转换点增加。对于 b 断面，软基土体水平位移基本指向道路外侧，这是新路堤刺入软弱软基土体所致；随时间增加水平位移减小，在后期，浅层水平位移指向道路内侧。因此，加宽工后，新路堤坡脚处向道路外侧的水平位移最大，对道路的稳定不利。

3.3.3 软基中的超孔隙水压力

软基上高速公路加宽工程中，超孔隙水压力是一个非常重要的指标，新路堤荷载下软基土体的各种响应无不与超孔隙水压力有着紧密的联系。

图 3.6 绘出了地表以下 4.5m 深水平方向上超孔压随新路堤施工变化曲线。图中表明，加宽荷载作用下，软基中新老路堤结合部下方出现了高孔压区，加宽后 3 年和 7 年，高孔压区基本消失，加宽后 15 年，超孔压完全消散；同时，随新路堤施工，超孔压逐渐变大，但由于计算水平面靠近砂垫层，排水畅通，增加量并不很明显；由于第四层施工前，有一个预压期，第四层施工后的超孔压比第三层施工后略有增加。

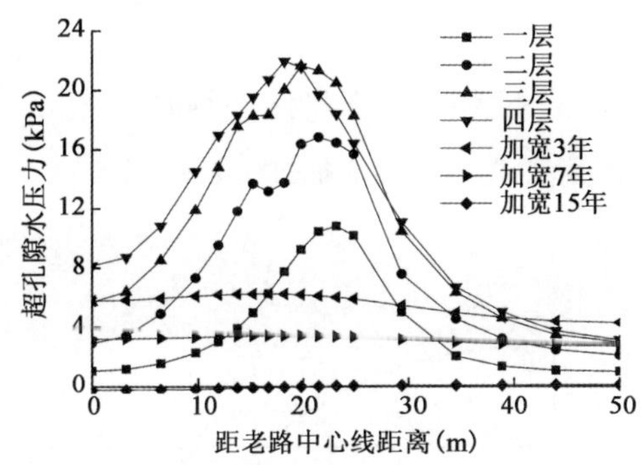

图 3.6 软基中超孔压随新路堤施工变化曲线

3.3.4 路堤表面变形

由计算可知，加宽前老路已经稳定，其下软基土体固结完成，随距老路中心线距离增加，土体强度降低[13]，这就是应力路径导致的土体各向异性。因此，新路堤修筑时，软基土体强度的不均匀性必然在新老路堤之间产生差异沉降。并且,老路堤在自重和车辆荷载作用下,强度提高,压缩性降低,压缩性高的新路堤会加剧差异沉降的产生。差异沉降反映到路表,将改变道路的横坡比,影响行车舒适性,严重时导致路面开裂。同时,考虑到目前加宽工程中,通常在老路面上罩面以组成新的路面结构,加宽施工期差异沉降可以通过找平进行弥补,因此,考察加宽工程路堤表面工后沉降规律(相对于加宽完工后的沉降规律),并结合路面结构确定容许的差异沉降标准是加宽工程中的重要课题。

图 3.7 给出了加宽工后沉降和工后水平位移曲线。从图中看出,新老路堤表面沉降呈"马鞍形"分布,在老路堤中心最小,新路堤中心位置最大,存在差异沉降。同时,随时间增加,老路中心沉降与新路堤最大沉降均变小,加宽 1 年、7 年和 15 年三个时间点老路中心沉降分别为 9.4cm、17.6cm、27.7cm,新路堤最大沉降分别为 14.7cm、22.1cm、31.4cm。

从图 3.7b)中给出的水平位移看出,新老路堤结合部两侧水平位移方向相反,老路堤发生了向道路外侧的水平位移,新路堤发生了向道路内侧的水平位移,这是由于新路堤断面形心垂线位置下软基产生了最大的沉降,新路堤填土向下移动进行填充所致。同时,随时间增加,向外侧的水平位移减小,向内侧的水平位移增加,转折点位置向内移动。

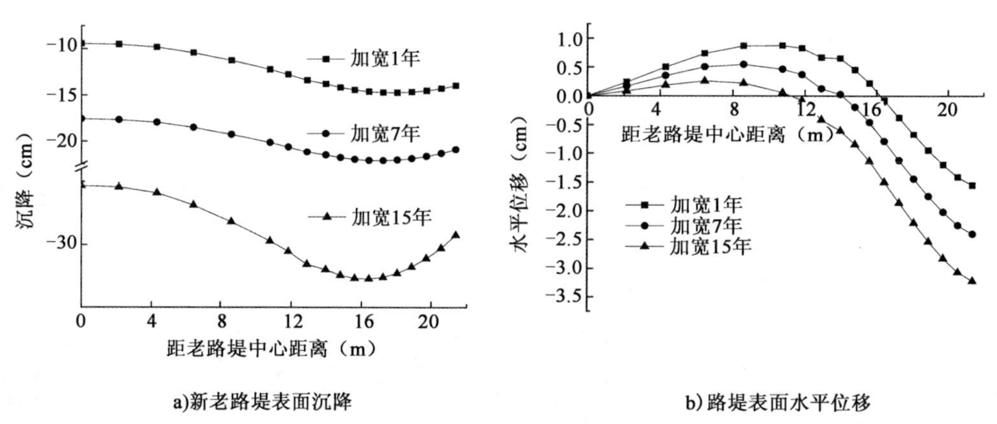

a)新老路堤表面沉降　　b)路堤表面水平位移

图 3.7　路堤表面沉降和水平位移曲线

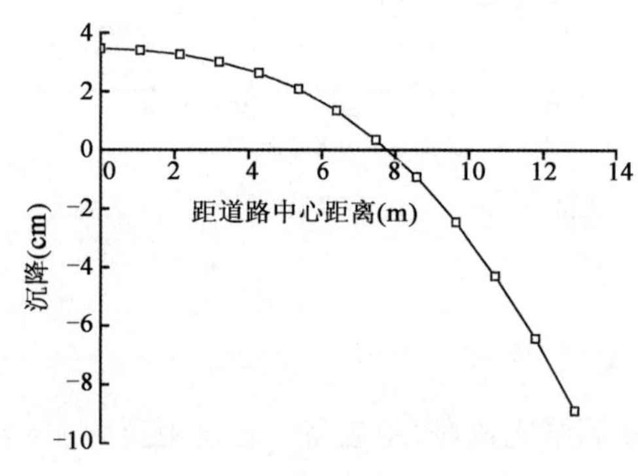

图 3.8　加宽施工期老路堤表面沉降曲线

由于加宽施工过程中,老路一直承担交通荷载。因此,加宽施工对老路的影响应控制在一定范围之内,从而,加宽施工期老路的沉降也应作为考察的一个重要指标。图 3.8 给出了加宽施工期老路堤表面沉降曲线。从图中可知,在加宽荷载作用下,老路沉降呈中心小、路肩处大的反"弯沉盆"形分布,道路中心与路肩差异沉降达 12.35cm,坡差改变量为 12.35cm/13m＝0.95%,这样必然会导致老路面产生结构性破坏，影响其路用性能。因此，新老路软基处理，也应以限制施工期老路差异沉降作为评判处治方式成功与否的一个标准。

对于公路工程而言，横坡比是一个非常重要的工程指标。从前文分析可知，加宽工程软基处治方式的成败可以从能否限制加宽施工期老路差异沉降和加宽工后新路差异沉降去评判。因此，应着重考察这两个横坡比变化量。同时，如果能限制好加宽施工期老路堤差异沉降，再考虑到加宽施工期软基沉降基本完成50%～75%[7]，就可以很好保证老路部分路面结构不出现结构性破坏。然后，若再能控制加宽部分路面不出现破坏，加宽工程中的差异沉降控制问题就能较好地得以解决。因此，下面着重考察加宽施工期老路横坡比改变量(道路中心与老路肩之间差异沉降)和加宽工后新路横坡比改变量(新路肩与最大沉降点之间差异沉降)。

对加宽工后新路堤横坡比改变量考察后发现，随软基固结沉降，新路堤横坡比改变量逐渐增加，在加宽完工后最小，为0.23%；工后7年，为0.29%；工后15年最大，为0.35%。

3.3.5 现场实测资料分析

(1)地表沉降变形规律

在沪宁高速公路加宽工程中，为研究路堤横断面沉降变形规律，分别分析了各重点观测断面路堤横剖管的沉降，并结合原路表面沉降观测，对加宽工程横断面的沉降变形规律进行了研究。同时为了预测路面结构层和动荷载作用下引发的沉降增量，在南、北加宽试验路填筑到95层顶时，在试验段疏桩和EPS处理的段落分别设置了两个断面进行超载试验，加载高度2m，相当于超载1m。具体布置情况见表3.4[10]。

重点加载断面布置[10] 表3.4

加载断面	路堤高度(m)	加载高度(m)	加载长度(m)	处理方法	间距(m)	垫层类型
K0+380北	3.25	2.0	30.0	控沉疏桩无桩帽	2.5	40cm碎石+钢筋网
K0+710南	2.93	2.0	30.0	控沉疏桩有桩帽	2.5	40cm碎石+灰土
K1+340南	3.60	2.0	30.0	EPS	—	—
K1+420北	4.24	2.0	30.0	EPS	—	—

加载断面K0+380断面沉降沿横向分布曲线见图3.9。从图中可以看出，在加宽荷载作用下，地表沉降呈现老路堤中心处最小、加宽路堤断面形心垂线位置最大的分布形式，变形规律与计算结果一致(图3.4)。需要说明的是，数值模拟时假定两侧加宽同时进行，而实际工程中北侧先加宽，所以仅对北侧的测试结果与计算进行了对比。EPS处理断面横断面沉降变形规律也与此基本一致，变化曲线见图3.10。图3.11给出了杭甬高速公路加宽工程地表横断面沉降变化规律，从图中可知，变形规律与图3.4一致。从以上资料与本书理论分析结果对比分析看出，两者具有良好的一致，表明了本书理论计算结果的合理性。

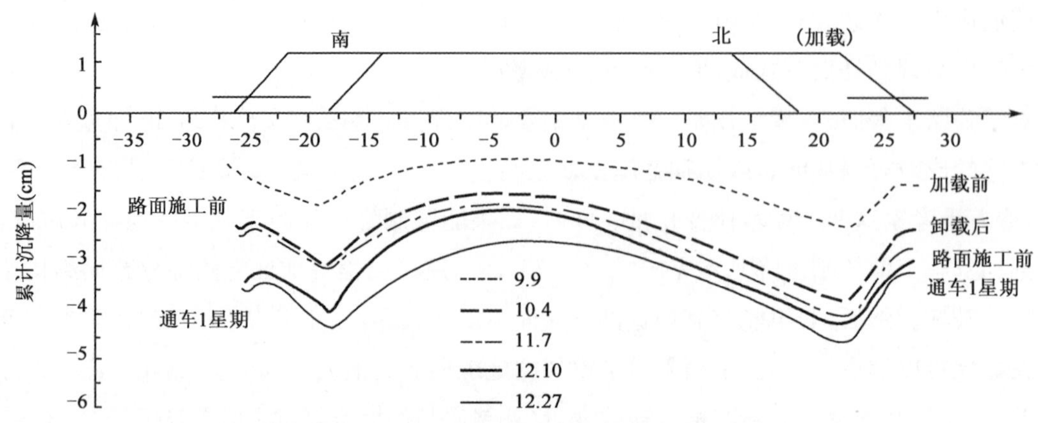

图 3.9 K0+380 断面地表横断面沉降变化规律(控沉疏桩)[10]

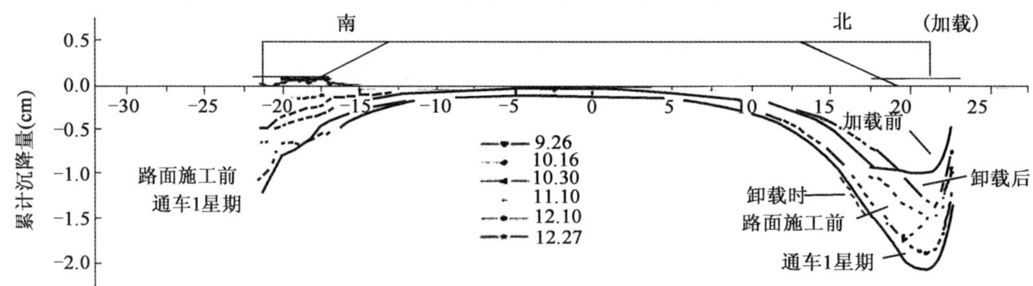

图 3.10 K1+420 断面地表横断面沉降变化规律(EPS)[10]

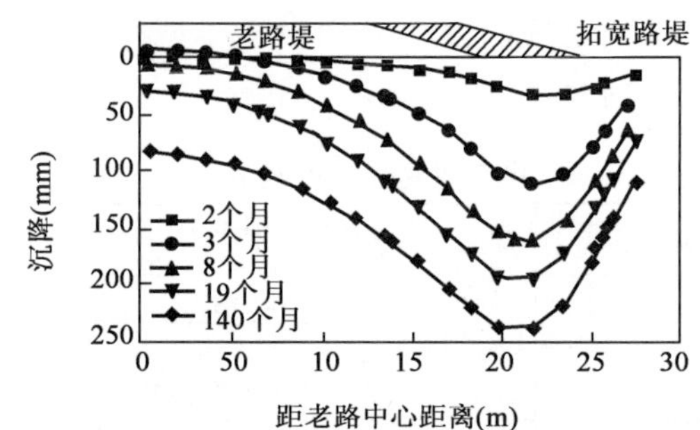

图 3.11 杭甬高速公路加宽工程地表横断面沉降变化规律[12]

(2)新老路堤横坡变化率分析

为了对新老路基的横坡比变化情况进行分析,在试验段共设置了 16 个观测断面,每个断面南、北侧在新加宽路段分别设置了 4 个点,从而可以比较准确地分析新加宽路基的横坡比变化规律。各个断面不同位置两点间的横坡比变化关系见表 3.5。

由于实际工程中南北两侧路堤高度不同、软基地质条件不同,从而导致两侧实测的道路横坡比不同。但从表 3.5 可以看出,基本在加宽路堤中心位置(距道路中心距离±17.1m)处的横坡比最大,表明加宽中心位置与相邻点间差异沉降最大,这与图 3.7 中的理论分析结果是一致的。

从前面对沉降变形和横坡比的实测值与计算结果对比分析可知,理论分析和实测结果规律是一致的,从而表明本书理论分析的合理性,进而可以进行下文的分析。

相邻两点横坡表(%)　　表 3.5

桩号 \ 距中心距离(m)	北加宽路段			老路	中分带		老路	南加宽路段		
	−20.4	−17.1	−15.25	−13	−1.5	1.5	13	15.25	17.1	20.4
K0+115	0.83	3.30	0.76	1.33			1.72	1.41	1.95	0.86
K0+130	1.02	3.79	0.94	1.86			1.71	2.13	2.55	0.97
K0+380	1.55	4.00	0.74	1.51			2.10	1.68	2.32	0.92
K0+635	0.99	2.61	1.77	1.52			1.65	1.84	2.25	0.92
K0+648	1.25	3.10	1.43	1.55			1.77	2.09	2.19	1.24
K0+710	1.68	4.83	2.31	1.93			1.77	1.64	2.09	1.02
K1+195	1.01	2.86	2.84	2.17			1.90	2.32	2.68	1.22
K1+340	1.37	3.07	2.20	1.58			2.01	2.43	2.31	0.87
K1+379	1.40	2.91	1.89	1.29			1.84	2.07	2.41	1.02
K1+423	1.19	3.06	2.14	1.51			2.59	2.43	1.68	0.61
K1+429	1.37	3.09	2.24	2.08			2.32	2.36	1.76	−0.02
K1+500	1.35	3.46	2.39	1.52			1.86	2.14	2.87	1.33
K1+506	1.03	2.69	2.44	1.46			2.07	2.36	3.44	1.27
K1+550	1.88	3.77	2.23	1.93			1.97	2.24	2.63	1.20
K1+690	0.70	2.82	2.68	1.49			2.16	1.81	2.38	1.33
K1+702	1.22	3.05	2.10	1.45			2.23	1.96	2.75	1.63
平均值	1.24	3.28	1.94	1.64			2.06	2.39	1.02	1.24

3.4　路堤拼接变形特性的影响因素分析

路堤加宽性状的影响因素很多,主要有:加宽路堤几何参数(宽度和高度)、加宽路堤填料性质(刚度和重度)、软土地基性质(深度和刚度)及老路固结程度等。为进一步阐述各因素对加宽荷载施加时新老路堤之间变形特性的影响,下面对其进行分析。分析时对单因素逐个考虑,其他参数同前,并保持不变。分析集中在新老路堤表面位移、施工期老路堤横坡比、加宽工后新路堤横坡比、地表位移和新老路堤坡脚水平位移等反映变形特征的重要指标上。计算中,考虑到施工期路堤沉降可以通过铺筑路面时进行调整,新老路堤表面沉降为加宽工后沉降(相对于加宽完工时的沉降),软基变形为加宽完工时相对于加宽前的变形;施工期老路堤横坡比和加宽工后新路堤横坡比(为方便,下文称为老路堤和新路堤横坡比)均为最大值。

3.4.1　拼接路堤几何参数的影响分析

拼接路堤几何参数的影响分析主要包括加宽路堤宽度和高度的影响。

(1)加宽路堤宽度的影响分析

计算中考虑四车道高速公路(半幅宽 13m)两侧分别加宽 4.5m、8.25m 和 12.5m 三种情况,其他参数同前。

图 3.12 为不同加宽宽度时的计算结果。从图 3.12a)中看出,新老路堤表面沉降呈“马鞍形”分布,在老路堤中心最小,新路堤中心位置最大,这和前文的分析是一致的。随加宽路堤宽度增加,老路堤中心沉降增大,分别为 19.7cm、27.7cm、34.7cm,新路堤最大沉降也增大,分别为 21.0cm、31.4cm、42.6cm。同时,从图 3.12b)中看出,随加宽宽度增加,老路堤和新路堤横坡比均变大,老路堤横坡比分别为 0.62%、0.82%、0.92%,新路堤横坡比分别为 0.22%、0.32%、0.59%。

图 3.12c)表明,随加宽宽度增加,加宽完工时地表老路中心隆起量和沉降最大值均增加,隆起量分别为 1.5cm、3.4cm、5.7cm,最大沉降值分别为 14.4cm、21.4cm、26.5cm。这是因为,加宽宽度增加,软基承受的荷载增大,从而使得远离新路堤的地表隆起量及其下沉降量增加。

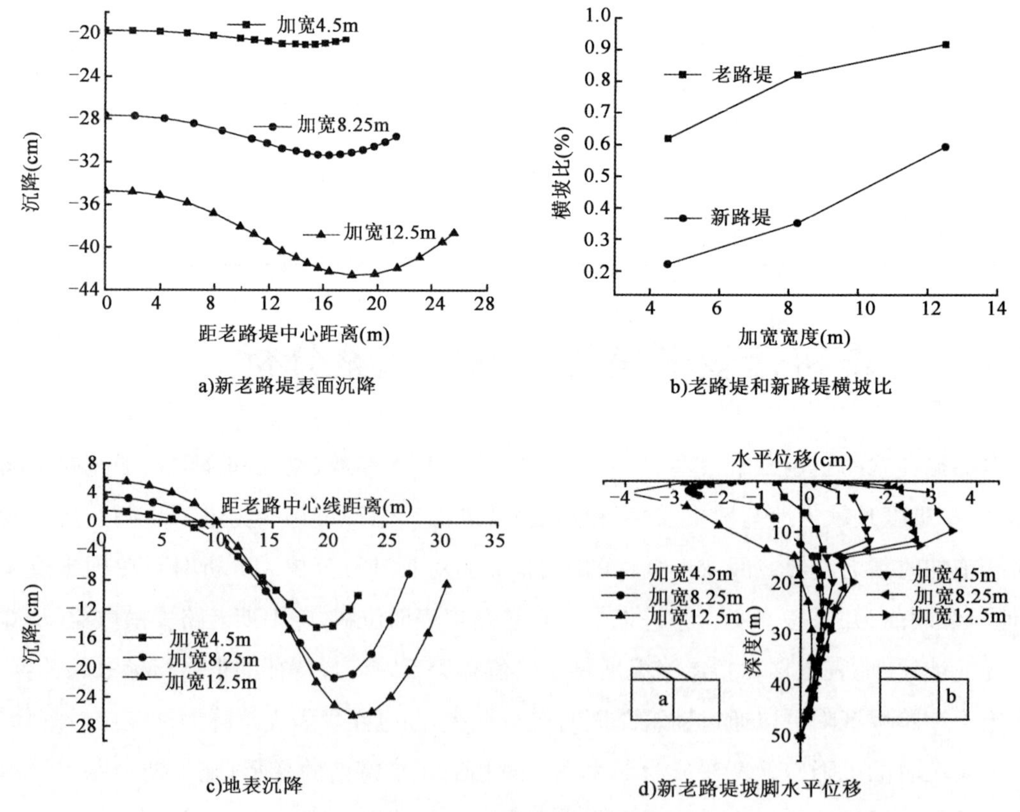

图 3.12　加宽路堤宽度的影响

从图 3.12d)看出，随加宽宽度增加，新路堤下软基承受荷载增加，从而使其下方土体向两侧的水平位移增加，表现为 a 断面和 b 断面在浅层的水平位移增大。因此，加宽宽度越大，对软基的稳定性越不利。

(2)加宽路堤高度的影响分析

同一条高速公路不同路段，路堤高度可能不同，有必要分析加宽路堤高度的影响。计算中分别考虑了路堤高度(包括路面等代荷载)为 3m、4m 和 5m 三种情况，其他参数同前。

从图 3.13 看出，随路堤高度增加，新老路堤表面工后沉降增大。路堤高度分别为 3m、4m 和 5m 时，老路堤中心沉降分别为 17.4cm、27.7cm、34.8cm，新路堤最大沉降为 21.8cm、31.4cm、38.6cm。这是软基土体承受的荷载增加所致。同时，随加宽高度增加，老路堤横坡比变大，分别为 0.62%、0.82%、0.86%；新路堤横坡比变小，分别为 0.35%、0.34%、0.28%。并且，老路堤横坡比对加宽高度的变化较为敏感。这是因为，加宽高度增加，加宽路堤刺入软基程度增加，对老路堤的拖拉作用使结合部老路堤的沉降增加，从而增大了老路堤的横坡比；对于新路堤，其下软基土体向外侧的推挤，使得路堤填土向下移动进行填充，使得新路堤表面出现了差异沉降，并且，路堤高度越大，差异沉降越小。

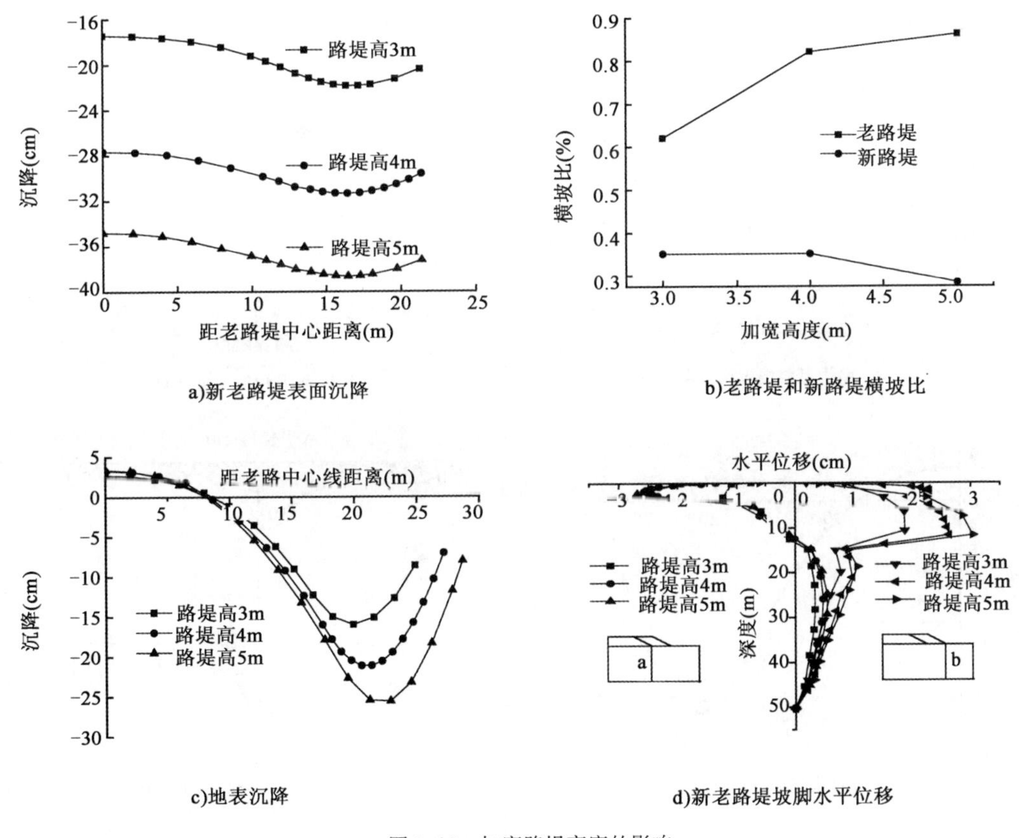

a)新老路堤表面沉降

b)老路堤和新路堤横坡比

c)地表沉降

d)新老路堤坡脚水平位移

图 3.13　加宽路堤高度的影响

对地表沉降的考察表明，路堤高度增加，地表老路中心隆起量略有增加，但变化不大，分别为2.7cm、3.3cm、3.4cm。而新路堤最大沉降变化较大，随路堤高度增加，分别为16.0cm、21.1cm、25.6cm；并且，最大值出现的位置随路堤高度增加向外侧略有推移。图3.13d)中给出的软基内水平位移的变化规律表明，随加宽路堤高度增加，a、b断面水平位移变大，并且a断面水平位移变化没有b断面水平位移变化明显。

3.4.2 拼接路堤填料性质的影响分析

拼接路堤填料性质的影响分析主要包括加宽路堤填料刚度和重度的影响。

(1)加宽路堤填料刚度的影响分析

Duncan-Chang模型中K值的物理意义为围压$\sigma_3=100$kPa时的初始模量E_i，K值越高，土体的工程性质越好[14]，并且变形特性对K值的变化较为敏感[15-19]，因此，变化K值以反映材料刚度具有可行性。为考察加宽路堤刚度对路堤加宽变形特性的影响，这里分析了三种路堤刚度，将初始计算中的填料刚度记为K，另外两种刚度分别为$2K$和$3K$。不同加宽路堤刚度下的计算结果如图3.14所示。

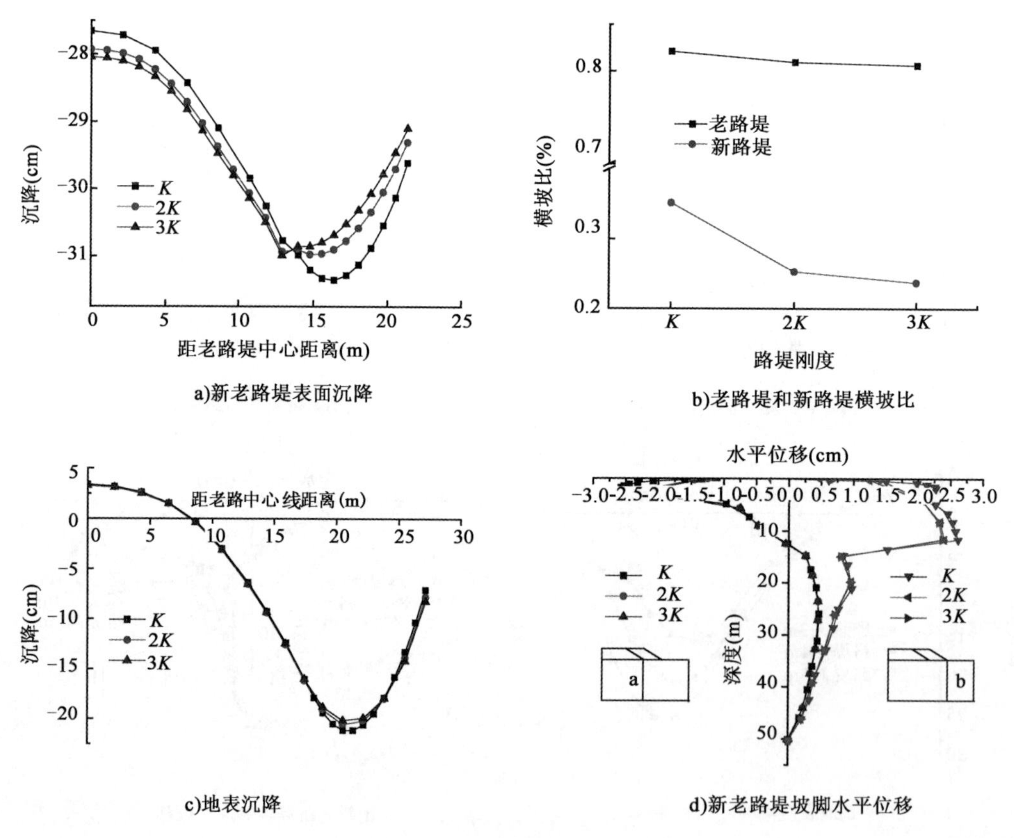

图3.14 加宽路堤刚度的影响

从图中看出，随加宽路堤刚度增加，老路堤中心沉降略有增加，分别为 27.7cm、27.9cm、28.1cm；新路堤最大沉降减小，分别为 31.4cm、31.0cm、30.9cm，表明加宽路堤刚度增加，其扩散荷载的能力增强，从而使老路堤中心沉降增加，新路堤最大沉降减小，路堤表面沉降趋于平缓。同时，老路堤和新路堤横坡比表明，随加宽路堤刚度增加，老路堤横坡比略有减小，分别为 0.82%、0.81%、0.80%，而新路堤横坡比明显减小，分别为 0.35%、0.25%、0.24%，表明新路堤横坡比对加宽路堤刚度的变化较为敏感。

从图 3.14c)可知，加宽路堤刚度变化对地表沉降影响较小。随刚度增加，老路中心处沉降略有减小，分别为 3.4cm、3.3cm、3.2cm，新路堤最大沉降减小，分别为 21.1cm、20.5cm、20.1cm。另外，随加宽路堤刚度增加，a、b 断面水平位移均有所减小。

(2)加宽路堤填料重度的影响分析

分别考察 $\gamma_1=1\mathrm{kN/m^3}$、$\gamma_2=10\mathrm{kN/m^3}$ 和 $\gamma_3=19\mathrm{kN/m^3}$ 三种加宽路堤填料重度下加宽路堤的变形性状，以模拟 EPS、粉煤灰和一般填土路堤填料。图 3.15 给出了计算结果。

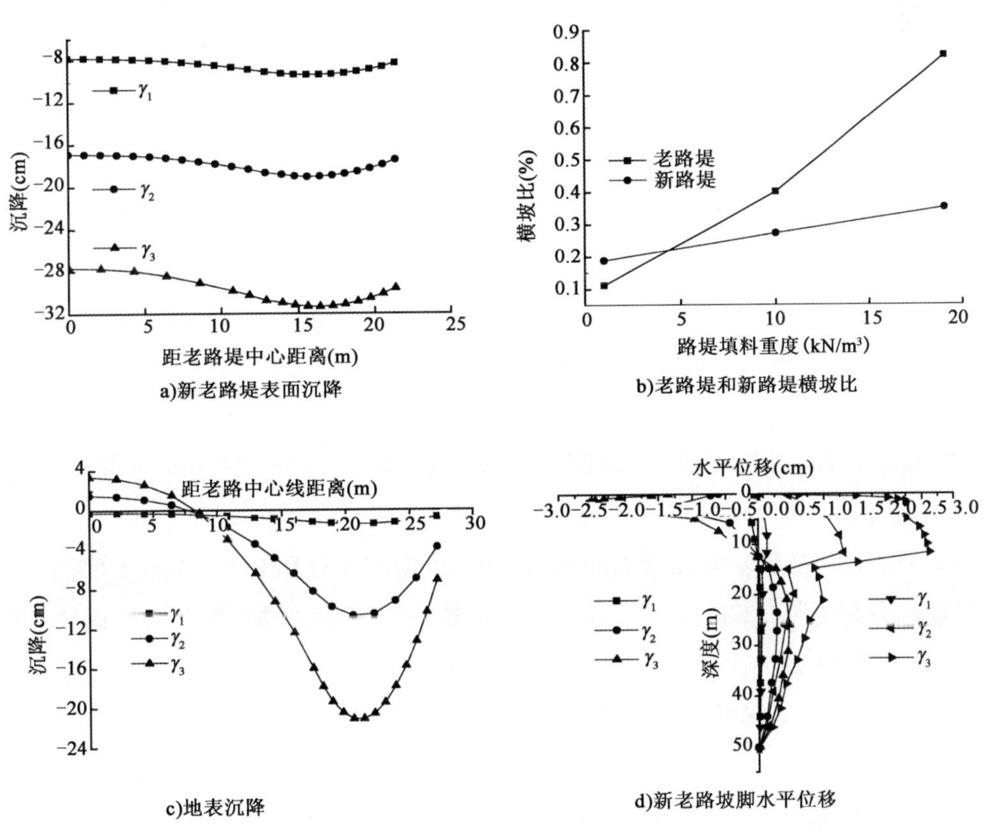

图 3.15　加宽路堤填料重度的影响

从图中可知，随加宽路堤填料重度增加，老路堤中心沉降和新路堤最大沉降均增加，分别为 7.8cm、16.9cm、27.7cm 和 9.4cm、19.1cm、31.4cm。老路堤和新路堤横坡比也随加宽路堤填料重度增加而变大，三种重度下，老路堤横坡比分别为 0.11%、0.40%、0.82%，新路堤横坡比分别为 0.19%、0.27%、0.35%，表明老路堤横坡比对加宽路堤重度变化更为敏感。另外，从计算中发现，$\gamma_1=1\mathrm{kN/m^3}$ 时老路堤横坡比最大值仅为 0.11%，新路堤横坡比为 0.19%，表明使用轻质路堤填料不但可以降低新路堤横坡比，还可以大大降低对老路的影响，这对于加宽施工期仍开放交通的老路是异常重要的。

图 3.15c)中地表沉降也表明，随加宽路堤重度增加，地表沉降/隆起量显著增加，老路中心地表隆起量分别为−0.2cm(沉降)、1.5cm、3.4cm，新路堤最大沉降分别为 1.4cm、10.7cm、21.1cm，且差异沉降变大，分别为 1.2cm、12.2cm、24.5cm。同时，a、b 断面水平位移也随加宽路堤重度增加迅速增大，表明加宽路堤重度增加，道路的稳定性降低。

从上述分析可知，采用轻质路堤填料(如 EPS)可以显著减小路堤表面工后沉降并使其趋于平缓，降低老路堤和新路堤横坡比以提高道路的使用性能，减小新老路堤坡脚水平位移以增强道路稳定性，降低对施工期老路的影响以保证交通正常运行等。这是因为，使用轻质路堤填料可以减小软基承受的荷载，并降低对软基的扰动。因此，在加宽工程中采用轻质路堤填料是一种合理的选择[20-22]。

3.4.3 软土地基性质的影响分析

软土地基性质的影响分析主要包括软土地基深度和刚度的影响。

(1)软基深度的影响分析

计算中根据土层分布情况，分别考虑了软基深度为 11.2m、24.6m 和 50m 三种情况。考虑到软基深度不同，进行 a、b 断面水平位移分布规律的比较意义不大，对此不进行研究。计算结果如图 3.16 所示。

随软基深度增加，新老路堤表面沉降增大，软基深度为 11.2m、24.6m 和 50m 时，老路堤中心沉降分别为 8.4cm、21.8cm、27.7cm，新路堤最大沉降为 15.1cm、25.6cm、31.4cm。老路堤和新路堤横坡比均随软基深度增加而变大，老路堤横坡比分别为 0.60%、0.80%、0.82%，新路堤横坡比分别为 0.32%、0.34%、0.35%，可见，软基深度增加，对老路堤横坡比影响较大，而对新路堤横坡比影响较小。

地表沉降表明，软基深度增加，老路中心地表隆起量变大，分别为 2.6cm、3.8cm、4.2cm；新路堤最大沉降增加，分别为 17.7cm、20.5cm、21.2cm，最大值发生的位置基本不变，位于距老路中心线 20.6m 处。

(2)软基刚度的影响分析

同前文分析一样，仅变化 Duncan-Chang 模型参数中的 K 值以模拟软基刚度的变化。为便于分析，将初始计算中的软基刚度为 K，分别将其放大到 $1.5K$ 和 $2K$ 进行计算。

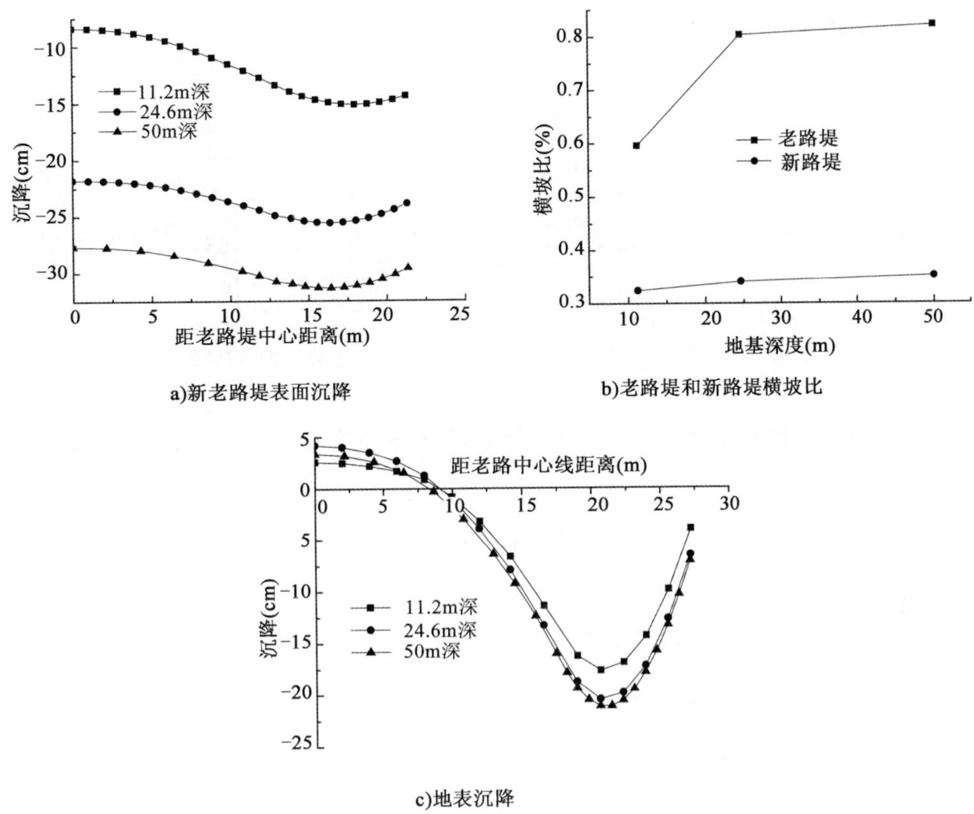

图 3.16 软基深度的影响

图 3.17 为不同软基刚度的计算结果。路堤表面沉降随软基刚度的增加而减小，随刚度增加，老路堤中心沉降分别为 27.7cm、18.3cm、13.5cm，新路堤最大沉降分别为 31.4cm、20.7cm、15.4cm。老路堤和新路堤横坡比也迅速减小，老路堤横坡比为 0.82%、0.58%、0.46%，新路堤横坡比为 0.35%、0.31%、0.24%，并且，老路堤横坡比对软基刚度变化更为敏感。

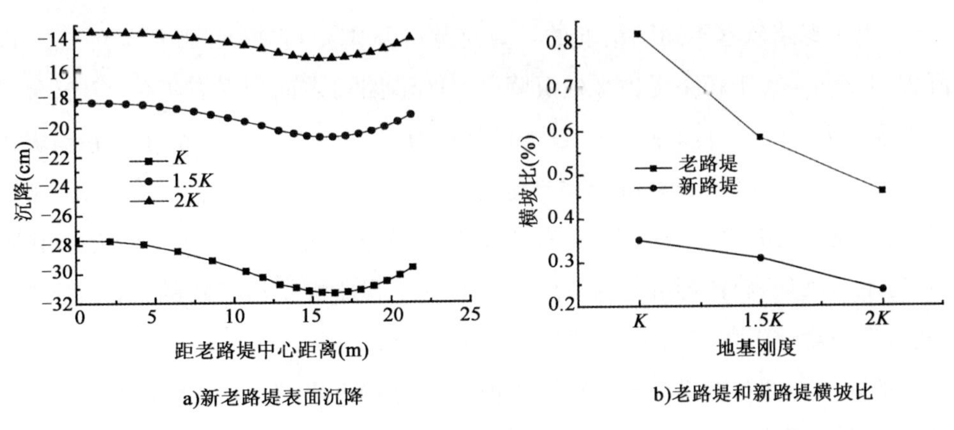

图 3.17

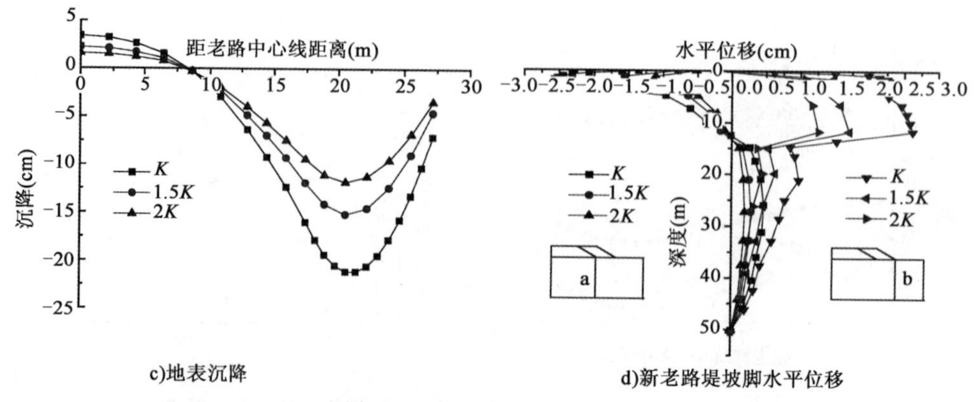

图 3.17　软基刚度的影响

地表沉降表明，软基刚度增加，老路中心隆起量和新路堤最大沉降均减小，隆起量分别为 3.4cm、2.2cm、1.6cm，最大沉降分别为 20.6cm、15.2cm、11.8cm。对 a、b 断面水平位移考察后发现，随软基刚度增加，软基内水平位移减小。从而表明，软基土体工程性质较好时，路堤稳定性增强。

因此，综合不同软基刚度下路堤加宽变形性状分析可知，对软基进行处理，提高其刚度，可以有效降低路堤沉降，减小新老路堤差异沉降，增强路堤稳定性。

3.4.4　老路下软土地基固结程度的影响分析

加宽工程中老路稳定状况对路堤加宽性状的影响非常大。当老路稳定时，加宽路堤下软基横向变形较小，可以根据一维方法进行近似计算。但当老路本身存在固结沉降时，新路堤荷载下必然使老路堤下软基土体承担的荷载增加，进而引起其进一步的沉降变形，此时，新老路堤相互作用十分复杂。因此，有必要分析老路下软基不同固结程度路堤加宽的变形特性。分析中假定软基最终固结度为 U(为 100%)，分别分析了老路下软基固结度为 $0.6U$、$0.8U$ 和 U 时的路堤加宽变形特性。

图 3.18 给出了老路软基不同固结度的计算结果。从图中可知，固结度为 $0.6U$ 时，老路堤中心沉降为 40.8cm，大于新路堤边缘处沉降 39.1cm，路堤表面变形有近似“弯沉盆”特点。当固结度增加为 $0.8U$ 和 U 时，老路堤中心沉降分别为 32.9cm 和 27.7cm，小于新路堤边缘处沉降 33.7cm 和 29.6cm，路堤表面沉降呈现老路堤中心最小、新路堤中心位置最大的“马鞍形”分布。从而可见，老路下软基固结状态对加宽工程路堤表面沉降特性影响较大，其固结程度较低时，路堤工后沉降具有“弯沉盆”特点，呈现新建工程路堤工后沉降的特性；固结程度高时，路堤工后沉降与新建工程差别很大，为“马鞍形”分布。

老路下软基固结程度对老路堤和新路堤横坡比也有较大影响。随固结度增加，老路堤横坡比缓慢增大，新路堤横坡比迅速减小，表明新路堤横坡比对其下软基固结程度较敏感。

随老路下软基固结程度增加，地表隆起量增加，但新路堤下软基最大沉降差别不大。对a、b断面的水平位移考察发现，老路下软基固结度对a断面水平位移影响很小，对b断面水平位移影响较大，固结度增加，向道路外侧的水平位移变大。

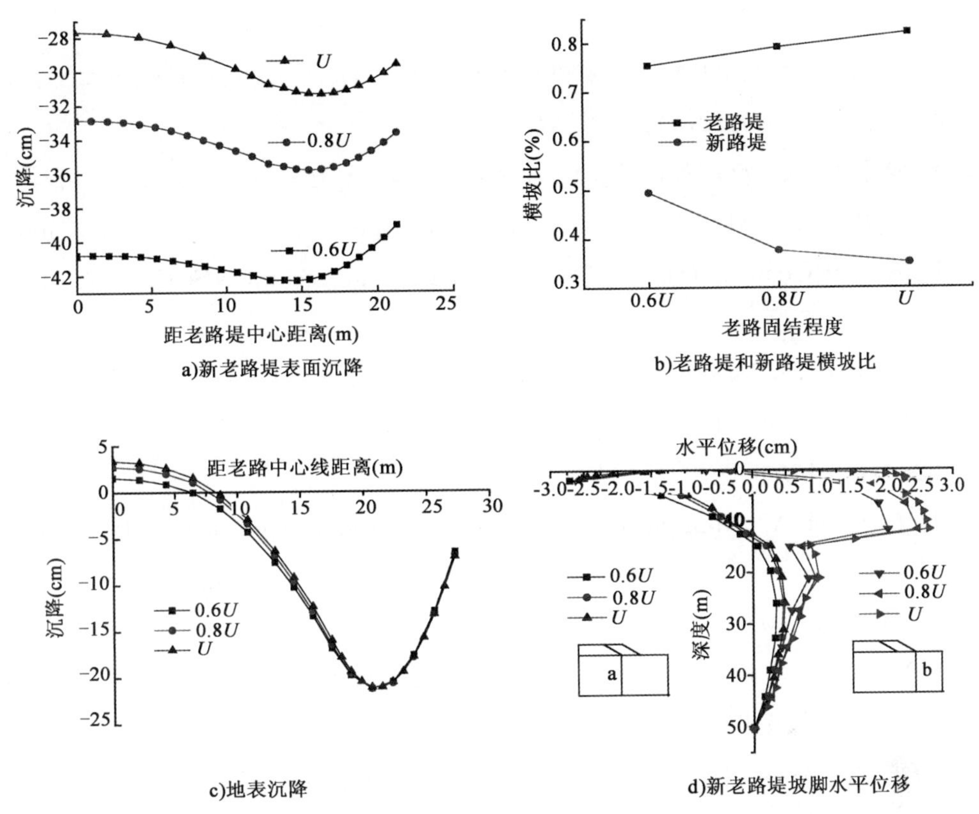

图3.18 老路下软基固结程度的影响

3.5 本章小结

本章采用有限元软件ABAQUS对加宽路堤性状进行了分析，主要有以下结论：

(1)新老路堤表面沉降呈“马鞍形”分布，在老路堤中心最小，新路堤中心位置最大，与实测资料一致。同时，加宽施工期老路堤表面沉降呈老路堤中心最小、老路肩处最大的反“弯沉盆”分布。

(2)提高加宽路堤压实度，进而增大其刚度，可以增强加宽路堤扩散荷载的能力，从而减小新老路堤差异沉降，降低老路堤和新路堤横坡比。同时，采用轻质路堤填料，可以显著减小路堤表面工后沉降，降低对施工期老路的影响。此外，提高软基刚度对于减小差异沉降、增强道路稳定性效果非常显著。

本章参考文献

[1] 徐远杰,王观琪,李健,等.在ABAQUS中开发实现Duncan-Chang本构模型[J].岩土力学,2004,25(7):1032-1036.

[2] 张欣,丁秀丽,李术才.ABAQUS有限元分析软件中Duncan-Chan模型的二次开发[J].长江科学院院报,2005,22(4):45-47,51.

[3] 钱家欢,殷宗泽.土工原理与计算[M].北京:中国水利水电出版社,1995.

[4] Kim J S., Barker R M. Effect of live load surcharge on retaining walls and abutments [J]. Journal of Geotechnical and Geoenviroment Engineering, ASCE, 2002, 128(10): 439-448.

[5] Kutara K, Miki H, Mashita Y, et al. Settlement and countermeasures of the road with low embankment on soft ground[J]. Technical Reports of Civil Engineering, JSCE, 1980, 22(8): 12-16.

[6] Han J, Gabr M A. Numerical analysis of geosynthetic-reinforced and pile-supported earth platforms over soft soil[J]. Journal of Geotechnical and Geoenvironmental Engineering, ASCE, 2002, 128(5): 44-53.

[7] 江苏省沪宁高速公路扩建工程指挥部,江苏省交通基础技术工程研究中心.沪宁高速公路路基拓宽综合处治技术研究成果总结报告[R].2004.

[8] 江苏省沪宁高速公路扩建工程指挥部,江苏省交通基础技术工程研究中心.沪宁高速公路老路工后沉降成果与分析报告[R].2004.

[9] 周镜.谈谈路基工程中天然软土地基沉降预测中的某些问题[J].路基工程,2001,(5):1-8,75.

[10] 江苏省沪宁高速公路扩建工程指挥部,江苏省交通基础技术工程研究中心.沪宁高速公路扩建工程软土地基沉降控制标准与处理技术研究[R].2005.

[11] A. G. I. Hjortnæs-Pedersen, H. Broers. The behaviour of soft subsoil during construction of an embankment and its widening[C]. Proc. Centrifuge 94. Balkema, Rotterdam, 1994: 567-574.

[12] 贾宁,陈仁朋,等.杭甬高速公路拓宽工程理论分析及监测[J].岩土工程学报,2004,26(6):756-760.

[13] Sharma J S, Bolton M D. Finite element analysis of centrifuge tests on reinforced embankments on soft clay [J]. Geotextiles and Geomembranes, 1996, 19 (1): 1-17.

[14] 王志亮,殷宗泽,李永池. 邓肯—张模型有限元分析路堤沉降实用方法[J]. 岩土力学,2005,26(7):1085-1089.

[15] 何昌荣,杨桂芳. 邓肯—张模型参数变化对计算结果的影响[J]. 岩土工程学报,2002,24(2):170-174.

[16] 陈斌,吉林,张旭晖. 邓肯模型参数敏感性分析[J]. 华北水利水电学报,2002,23(4):10-13.

[17] 陈斌,周力军,张旭晖. 对邓肯模型参数敏感性的讨论[J]. 中国港湾建设,2003,4:30-33.

[18] 孔德志,朱俊高. 邓肯—张模型几种改进方法的比较[J]. 岩土力学,2004,25(6):971-974.

[19] 尹蓉蓉,朱合华. 邓肯—张模型参数敏感性分析[J]. 地下空间,2004,24(4):434-437.

[20] Beinbrech G, Hillmann R. EPS in road construction-current situation in Germany[J]. Geotextiles and Geomembranes, 1997, (15): 39-57.

[21] Thompsett D J, Walker A. Design and construction of expanded polystyrene embankments practical design methods and used in the United Kingdom[J]. Construction and Building Materials, 1995, 9(6): 403-411.

[22] Duŝkov M, Koehorst B A H. Monitoring and response analysis of highway lightweight structures with EPS geofoam[C]. In: Delmas, Gourc, Girard, eds. Seventh International Conference on Geosynthetics,2002:165-168.

第4章 加宽工程差异沉降控制指标及标准研究

⇨4.1 加宽工程差异沉降指标的建立
⇨4.2 高等级公路加宽工程路面功能要求分析
⇨4.3 高等级公路加宽工程路面结构要求分析
⇨4.4 加宽工程差异沉降控制标准研究
⇨4.5 加宽工程差异沉降控制标准的适用性分析
⇨4.6 本章小结

软基上道路工程中差异沉降控制标准，分为施工期动态控制标准和工后的静态控制标准。施工期动态控制标准主要从沉降速率和保证路堤稳定性两个方面进行研究，即沉降速率的控制标准，是保证路基拼接施工稳定的关键。由于不同道路工程，地质条件千差万别，动态控制标准应根据实际工程中的沉降观测合理确定。静态控制标准即对加宽工后路基变形的控制标准，以防止路基出现过大的变形导致失稳或致使路面开裂。通过软基上高速公路加宽工程中动、静控制标准的综合应用，不但可保证路基拼接时的安全与稳定，而且能使加宽工后设计服务年限内不产生过大的变形。但对已有理论成果和实体加宽工程分析后发现，不但差异沉降控制指标没能很好体现软基上加宽工程变形的特殊性，而且已有的控制标准差异较大，在0.15%～0.5%之间变化[1-4]。因此，在对加宽工程新老路基变形特性分析之后，本章基于加宽工程路面的功能和结构要求，提出其差异沉降的控制指标和标准，并与现有成果进行了对比，验证了其合理性。

4.1 加宽工程差异沉降指标的建立

软基上高速公路加宽工程中新老路基间必然存在差异沉降，差异沉降过大时，将导致新的路面结构产生结构性破坏，进而影响路面的使用性能，因此，应将加宽工程新路面结构的工后最大差异沉降(相对于加宽完工后的沉降)作为加宽工程差异沉降的一个控制指标。

同时，根据图3.8的分析可知，加宽施工期老路堤表面沉降呈老路堤中心小、老路肩处大的反“弯沉盆”分布，差异沉降非常大，达12.35cm，横坡比为12.35cm/13m=0.95%，远远超过新建道路0.5%的差异沉降标准[5]。考虑到加宽施工期老路一直承担交通荷载，加宽施工必然会对老路面产生不利影响，严重时影响交通的正常运营。因此，加宽工程不同于新建工程，除了新路面结构的容许差异沉降外，还应选取加宽施工期老路的最大差异沉降作为加宽工程的控制指标。

因此，对于加宽工程，应建立两个差异沉降控制指标：加宽施工期老路最大差异沉降和加宽工后新路最大差异沉降。

4.2 高等级公路加宽工程路面功能要求分析

在软基上修筑高等级公路，不可避免地会产生一定量的沉降，为满足设计高程，其纵坡、横坡、平整度的变化，不应超出公路等级规定的技术标准。否则纵向坡度的变化，会使原设计的纵断面凹凸不平，使公路曲线不顺，引起行车不畅。横向坡度的变化，亦会使路面上的雨水不能排出，影响路面的使用。再则差异沉降会引起路面的不平整，影响汽车的行驶质量，降低服务水平。根据 AASHTO 试验路设计指南，路面的平整度与现时服务指数 PSI 关系最大，所以，路面的平整度越差，服务水平越低。本节将从公路路面功能要求着手分析，得出在保证满足路面功能要求的前提下，加宽工程路基容许发生的差异沉降[2,5]。

4.2.1 高等级公路加宽工程的纵坡要求分析

由差异沉降引起的纵坡度变化，不应超出公路等级规定的技术标准。我国交通运输部《公路工程技术标准》(JTG B01—2014)规定的不同设计速度下最大纵坡限制见表 4.1。高速公路加宽前后道路纵坡都必须满足其要求。从表 4.1 中可知，各设计速度之间仅相差 1%。因此，高速公路加宽设计公路纵坡时，考虑到地基沉降而降低纵坡标准不得超过 1%，否则会降低公路等级。由于地质条件的复杂性，同时考虑其他一些不利因素，建议以 0.5%的变坡作为由于软基差异沉降所引起的坡度变化容许值。

最 大 纵 坡 表 4.1

设计速度(km/h)	120	100	80	60	40	30	20
最大纵坡(%)	3	4	5	6	7	8	9

4.2.2 高等级公路加宽工程的横坡要求分析

设计横坡的目的是及时将降水排出路面，以保证行车安全。差异沉降发生后，路面结构的横坡不应超过公路等级规定的标准。通常，在路基横断面方向，土层的性质变化不大，因此，可以认为路基的差异沉降主要是由其自重所引起的。但是在高速公路加宽工程中，老路地基在老路堤荷载作用下固结过程几乎完成，而加宽部分地基在加宽部分路堤作用下将发生较大的固结沉降，路基的横向沉降不同于新建道路的沉降盆，典型的加宽工程沉降曲线如图 4.1 所示。可见加宽工程完工以后，在路堤荷载作用下地基的剩余沉降呈路中心最小、加宽路堤断面形心垂线位置最大的分布形式，从而使得路拱坡度不断增大。因此，在软土地基加宽工程设计路拱坡度时，如果采用较大值(2%)，随着加宽部分路基的固结，路拱坡度将不断增大，这虽然有利于路面排水，但是路拱坡度增大，不利于行车安全，降低道路等级。如果路拱坡度采用较小值(1%)，又不利于路面排水。同时，我国交通运输部《公路工程技术标准》(JTG B01—2014)规定六车道、八车道的高速公路宜采用较大的路面横坡。因此，高速公路加宽工程路拱坡度的设置可以采用中间值 1.5%。待沉降稳定后，路面横坡既有利于路面排水，又能够满足技术指标要求(不高于上限 2%)。由此可得横向坡差为 0.5%。

4.2.3 高等级公路加宽工程的平整度要求分析

高等级公路，就是为了使汽车能够快速行驶，因而提高了社会经济效益。为了确保车辆能够高速行驶，必须满足许多条件。如平面线型中的平曲线，纵断面竖曲线，最大、最小纵横坡度的限制等。除此以外，还有一个非常重要的技术指标——道路的平整度。在一般的路面工程中，由于车速较低，因此对平整度也只是一般的要求。但对高等级公路，由于车速快，道路稍不平整，就会造成车辆的严重颠簸，行车舒适性降低，同时也会给驾驶员带来不安全感，迫使驾驶员减速，以致达不到快速的目的。对于高等级公路的平整度，各国都有较高的技术要求，但是标准并不统一，而且测量平整度的仪器又多种多样。如反应类平整度仪（美国的 PCA 平整度仪、May 平整度仪等），断面类平整度仪（美国的 GMR 断面仪、法国的 APC 惯性断面仪）。由于道路的复杂性，各种仪器测定的指标不易相互转换和比较。因此，平整度这个对道路的服务性能有极大影响的指标很难统一规定。在国内有规定：高速公路、一级公路路面完工后 $\delta\leqslant 1.5$（δ为平整度测定的标准偏差），其他公路路面 $\delta\leqslant 2.5$；如果采用国际平整度指数 IRI，高速公路、一级公路路面完工后 IRI≤2.5m/km，其他公路路面 IRI≤4.2m/km。周虎鑫[6]采用了 3m 的直尺，而《公路质量检验评定标准》(JTG F80/1—2004)对高速公路、一级公路未做规定，只是对其他公路规定为不平整度不得超过 5mm/3m。这个指标是针对新建的道路而言，只是为了检验工程的施工质量，并不是在道路使用期间的平整度指标。鉴于目前我国的情况，参照机场道面的有关规定，根据《民用航空运输机场飞行区技术标准》(MHJ1-85)道面的平整度用 3m 直尺对除变坡处以外的任何方向及位置检查新路面，直尺与表面间隙不得大于 3mm；对已使用的路面，直尺与表面间隙应不大于 10mm，并且不积水，考虑到“平战”结合，世界上许多国家在高等级公路上可直接起降飞机，因此可以认为利用机场跑道的平整度指标作为高等级公路的平整度指标[6]。

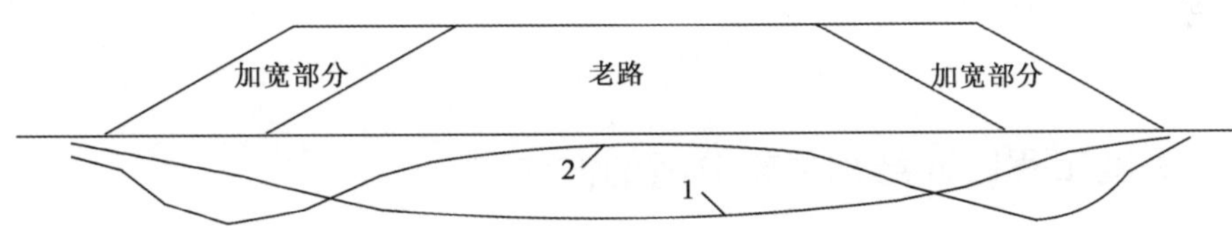

图 4.1　路基附加沉降分布曲线示意图

1-老路基形成的沉降分布曲线；2-加宽形成的沉降分布曲线

在路面使用期间，平整度变坡为

$$\frac{10-3}{3000/2}\approx 0.46\%$$

式中：3000——代表检测平整度的 3m 直尺。

高速公路加宽完工以后，使用期限内的平整度因沉降产生的变坡要求可以取 0.46%为限值。

综上所述，把纵坡、横坡、平整度指标要求列于表 4.2。

加宽工程功能要求表 表 4.2

功　　能	变　坡　(%)
纵坡要求	0.5
横坡要求	0.5
平整度要求	0.46

由表 4.2 可知，平整度对差异沉降指标要求最严，因此，把较严格的限值作为路面功能指标要求。考虑到地基的复杂性，取 0.4% 的差异沉降坡差作为高等级公路加宽工程路面功能要求，即在不影响路面功能的条件下，可以容许 0.4% 的沉降坡差。

4.3 高等级公路加宽工程路面结构要求分析

软土具有高塑性、高含水量、低强度、低渗透性、高灵敏性、显著流变形等特点[7]，因而软土地基上进行高等级公路的加宽工程时，首先面临的问题是软土地基将发生固结和次固结沉降，而且这种沉降往往是不均匀的。显然，差异沉降的发生将会在路面结构内引起应力重分布和相对附加应力，如果这种附加应力和车辆荷载产生的荷载应力之和大于路面结构层的容许应力，则路面结构层将发生破坏，如路面的沉陷、纵向裂缝、翻浆等。相关资料[8]表明，软土地基上路基的差异沉降都使路面结构产生了较严重的早期破坏。然而，我国现行规范在路面设计时主要考虑了行车荷载的影响，没有考虑路基差异沉降所引起的路面结构层的附加应力。

本节应用平面有限元理论对路基差异沉降引起的路面结构层中附加应力进行多层路面结构体系分析，从而，从路基路面结构要求方面，求解软土地基上高速公路加宽工程中的容许差异沉降，以保证路面结构在使用年限内不发生结构破坏，确保路面的正常使用。

4.3.1 加宽工程路面结构要求分析的方法

计算时，考虑到加宽工程工况的复杂性，很难根据实际工况进行路面结构施工的模拟，进而分析其在不同差异沉降下路面结构内应力。而目前有关新建工程中差异沉降在路面结构内引起的附加的分析表明，分析时将土基处理为半无限地基增加了计算的复杂性，且数值分析表明[9]，不考虑土基与考虑土基计算出的基层最大拉应力结果非常接近，故可将路面结构层取出作为分析对象，不考虑土基。因此，计算加宽工程中差异沉降在路面结构内引起的附加应力实质为求解给定位移的结构内应力。该处理方法使得计算大大简化，并不失问题的合理性，在求解差异沉降引起的路面结构附加应力计算中被广泛采用[5,10]。本书也采用该方法对加宽工程中路面结构内差异沉降引起的附加应力进行分析。

计算中采用如下假定：

(1)路面各结构层为连续均质、各向同性线弹性材料，力学特性用弹性模量 E 和泊松比 μ 表征。

(2)路面各结构层在垂直方向完全连续，即路基不均匀沉降随使用时间缓慢增长，路面各结构层在交通荷载与自重作用下随之下沉，层间不会出现脱空现象；沥青面层、基层和底基层间为连续接触条件，考虑到底基层材料与路基之间变形的不协调性，其层间处理为光滑接触条件。

(3)均匀的路基下沉对路面结构的影响不大，故只考虑差异沉降引起的附加应力。

(4)按平面应变问题分析。

4.3.2　加宽施工期老路路面结构要求分析

(1)加宽施工期老路差异沉降分布模式

从前文分析可知，加宽荷载作用下老路堤沉降呈反“弯沉盆”形分布，最大沉降发生在老路肩处，最小值位于老路中心位置，显然存在差异沉降。将沉降曲线进行平移，使顶点与坐标轴原点重合，可得到加宽施工期老路堤差异沉降曲线(图4.2)，进而分析差异沉降在路面结构内引起的附加应力。从图4.2可知，差异沉降可用式(4.1)拟合。

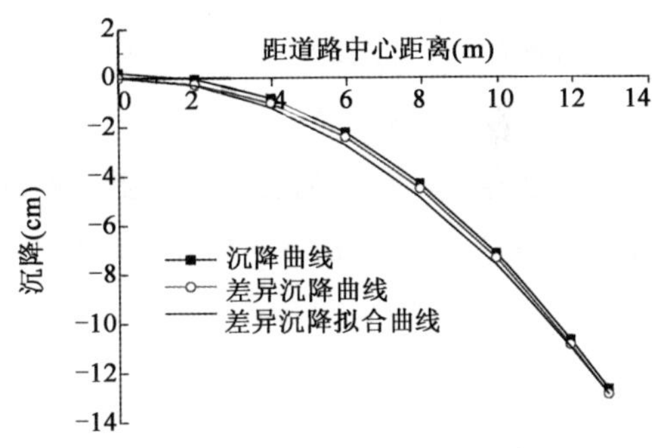

图4.2　加宽施工期老路堤差异沉降分布及其拟合曲线

$$u_1 = -a\left(\frac{x}{l_1}\right)^2 \tag{4.1}$$

式中：u_1——老路在加宽施工阶段的差异沉降量(cm)；

a——最大差异沉降值(cm)；

l_1——老路堤宽度的一半(m)；

x——路堤表面各点坐标(m)。

(2)老路面结构要求分析

沪宁高速公路老路面结构及结构层参数如表4.3所示。为安全考虑，模量取《公路沥青路面设计规范》(JTG D50—2006)规定的上限值，同时，考虑到材料老化及水损坏等不利因素，各结构层抗拉强度取下限值。

根据式(4.1)编写子程序DISP1并对路面结构进行分析，试算发现，面层和基层最大拉应力出现在道路两侧边缘内侧，为考虑轮载的影响，在道路最外侧施加轮载，以考虑最不利情况，其中荷载大小为0.7MPa，荷载作用范围 $2r=2\times15.0$cm。应力计算结果如表4.4所示，应力计算时应考虑老路面被中央分割带分开，从而确定符合实际情况的边界条件。

沪宁高速公路老路面结构及结构层参数　　表 4.3

路面结构层	厚度(cm)	模量(MPa)	泊松比 μ	抗拉强度(MPa)
沥青混凝土	16	2000	0.25	0.7
二灰碎石	40	1700	0.25	0.5
二灰土	20	900	0.35	0.2

沪宁高速公路老路面结构应力计算结果(单位:MPa)　　表 4.4

位置 / a(cm)	沥青混凝土			二灰碎石			二灰土		
	4	10	16	26	41	56	62	69	76
6	0.373	0.307	0.243	0.406	0.233	0.018	0.016	0.013	0.013
7	0.393	0.335	0.277	0.462	0.268	0.022	0.019	0.016	0.016
7.5	0.403	0.354	0.294	0.491	0.285	0.023	0.021	0.017	0.017
8	0.423	0.373	0.311	0.520	0.302	0.025	0.022	0.018	0.018

我国现行的《公路沥青路面设计规范》(JTG D50—2006)规定,以设计弯沉值计算路面厚度,对高速公路、一级公路、二级公路沥青混凝土面层和半刚性材料的基层、底基层应验算拉应力是否满足容许拉应力的要求。因此,这里对面层、基层和底基层拉应力进行验算。从表 4.4 可知,当最大差异沉降值 a=7cm 时,二灰碎石基层顶面最大拉应力为 0.462MPa;最大差异沉降值 a=7.5cm 时,基层顶面最大拉应力为 0.491MPa;两者都小于二灰碎石基层抗拉强度 0.5MPa。面层和底基层拉应力远小于各自的抗拉强度。考虑到老路面结构材料老化、水损害等不利因素影响,其抗拉强度必将大大降低,尽管材料参数分别取模量的上限和抗拉强度的下限,仍不一定能完全反映现场的情况。因此,可取 7cm 作为老路面最大差异沉降容许值。即当老路中心和老路肩的最大差异沉降小于 7cm 时,老路面不会产生结构破坏。沪宁高速公路加宽工程实践表明,从加宽开始到施工至 96 区顶面,实际发生的沉降量已占总沉降量的 50%~75%(前者适用于不处理和浅层处理情况,后者适用于疏桩处理情况)[11]。因此,保守考虑,可取加宽施工期老路面最大容许差异沉降为 7cm×50%=3.5cm,此时,差异沉降坡差为3.5cm/13m=0.27%,可取加宽施工期老路最大容许差异沉降坡差为 0.25%。

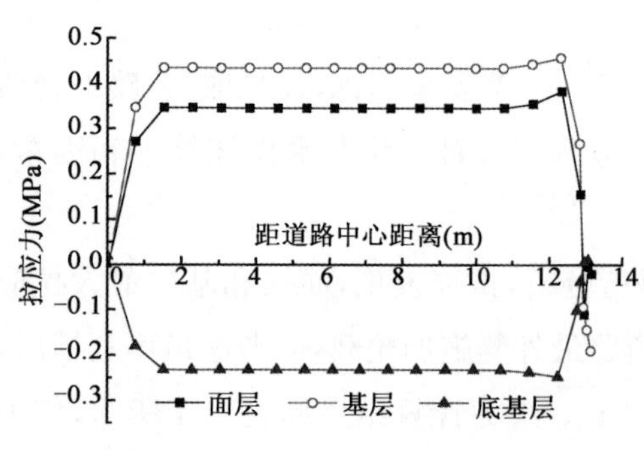

图 4.3　沪宁高速公路老路面拉应力分布曲线

图 4.3 绘出了最大差异沉降 a 为 7cm 沪宁高速公路老路面拉应力分布曲线。从图中可以看出,底基层基本处于受压状态,面层和基层均受拉,并在道路边缘向内 1m 左右处拉应力达到最大值。因此,若新老路软基处治方式不合理,会使加宽施工期的老路产生很大的差异沉降,并在老路边缘内侧 1m 左右处产生最大的拉应力,从而使得该处产生拉裂破坏。同时,只要加宽施工期老路存在反

"弯沉盆"形差异沉降,即使在铺筑新路面时对老路面进行整平,依然不能使老路面内的最大拉应力完全释放,在加宽完工后,当此处拉应力过大时,必然会导致路面开裂,并反射到路面表面,这也是为什么实际工程中发现拼接段的裂缝一般不出现在接缝处,而位于接缝向内1~2m的原因[1]。这种破坏形式在加宽工程中是很普遍的[12,13]。因此,在进行高速公路加宽时,应对新路软基进行合理的处治,进而降低老路面拉裂的可能性,同时应在老路肩处采取适当的措施,比如开挖一条纵向切口等[14],对老路面进行保护。

4.3.3　加宽工程后新路面结构要求分析

根据前文所述,加宽工程不同于新建工程,应建立两个差异沉降控制指标:加宽施工期老路最大差异沉降和加宽工程后新路最大差异沉降。本节将沿袭加宽施工期老路最大差异沉降的分析思路,对加宽工程完工后新路的最大差异沉降进行结构分析。

(1)加宽工程后新路差异沉降分布模式

由于加宽前老路基本处于稳定状态,加宽路堤的施工必然使老路承担偏心荷载,由于近荷载处道路沉降量大,远荷载处沉降量小,从而使得新老路堤表面沉降呈"马鞍形"分布,在老路堤中心最小,在新路堤中心位置最大,加宽8.25m时的新老路堤差异沉降曲线如图4.4所示。前文对老路差异沉降进行了分析,本节将对加宽部分路面结构进行结构分析。

从图4.4可知,加宽部分差异沉降基本呈抛物线分布,并将A点与B点间差异沉降根据图4.5进行拟合,进而进行加宽部分路面的结构分析。加宽部分差异沉降可用式(4.2)拟合。

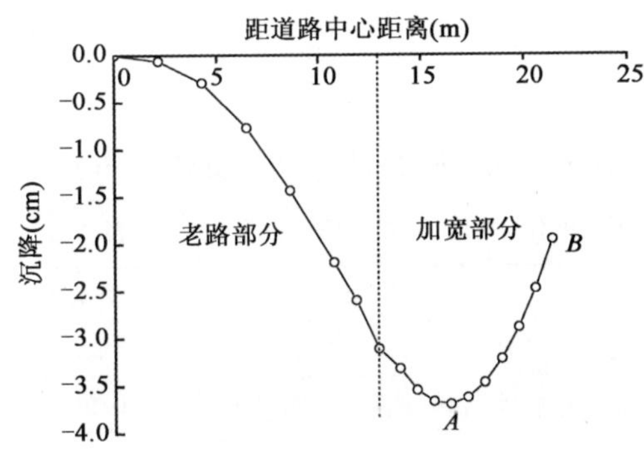

图4.4　加宽工程后新老路堤差异沉降曲线

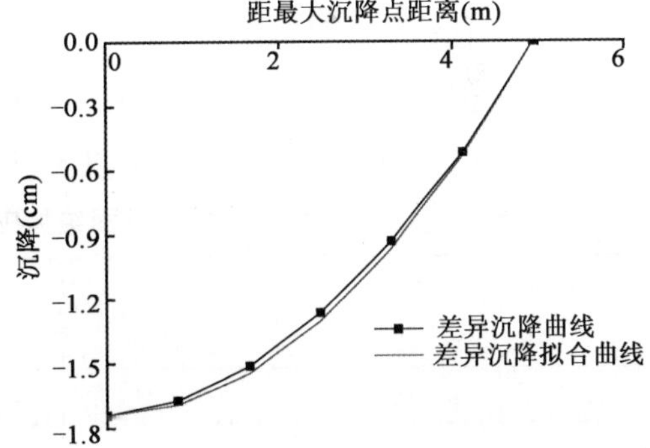

图4.5　加宽完工后新路堤差异沉降分布及拟合曲线

$$u_2 = b\left[\left(\frac{x}{l_2}\right)^2 - 1\right] \tag{4.2}$$

式中:u_2——老路在加宽施工阶段的差异沉降量(cm);

b——最大差异沉降值(cm);

l_2——新路肩与最大沉降点之间的距离(m);

x——计算点距最大沉降点距离(m)。

(2)加宽路面结构要求分析

沪宁高速公路实体加宽工程采用了半刚性路面结构，为了充分利用原有老路刨铣下来的旧料，有的结构层采用旧料再生后进行铺筑，计算时路面结构中沥青混凝土面层模量取实测值[15]，其他参数根据《公路沥青路面设计规范》(JTG D50—2006)取值，路面结构及结构层参数如表 4.5 所示。

半刚性路面结构及结构层参数 表 4.5

路面结构层	厚度(cm)	模量(MPa)	泊松比 μ	抗拉强度(MPa)
改性沥青 SMA-13(玄武岩)	4	890	0.25	1.0
改性沥青 SMA-20(石灰岩)	8	1720	0.25	1.0
改性沥青 SMA-25(石灰岩)	8	2550	0.25	1.0
水稳碎石	40	2500	0.2	0.6
水稳废料	20	300	0.2	0.2

我国现行的《公路沥青路面设计规范》(JTG D50—2006)规定，以设计弯沉值计算路面厚度，对高速公路、一级公路、二级公路沥青混凝土面层和半刚性材料的基层、底基层应验算拉应力是否满足容许拉应力的要求。因此，这里对面层、基层和底基层拉应力进行验算。从表 4.6 可知，当最大差异沉降值 a=1.0cm 时，水稳碎石基层底面最大拉应力为 0.563MPa，小于其抗拉强度 0.6MPa。其他结构层层底拉应力均远小于各自的抗拉强度。因此，可取 1.0cm 作为加宽施工过程新路面最大差异沉降容许值。即当新路肩与最大沉降点的最大差异沉降小于 1.0cm 时，加宽工程新路面不会产生结构破坏。差异沉降为 1.0cm 时的沉降坡差为 1.0cm/4.75m=0.21%，因此，可取加宽工程工后最大容许差异沉降坡差为 0.20%。

根据式(4.2)编写子程序 DISP2 并对新路面结构进行分析，应力计算结果如表 4.6 所示。

半刚性路面结构应力计算结果(单位:MPa) 表 4.6

位置 / a(cm)	SMA-13	SMA-20	SMA-25	水稳碎石		水稳废料
	4	12	20	40	60	80
0.5	0.003	0.004	0.005	0.067	0.282	0.060
1.0	0.006	0.008	0.010	0.134	0.563	0.120
1.5	0.008	0.012	0.014	0.202	0.845	0.180

4.4 加宽工程差异沉降控制标准研究

前文分别从路面功能要求和结构要求两个方面分析了加宽工程路面结构的容许差异沉降控制标准，分析结果如表 4.7 所示。

加宽工程差异沉降控制标准　　表4.7

功能指标(%)			结构指标(%)		备　注
纵坡	横坡	平整度	施工期老路	加宽工后新路	施工期老路差异沉降为老路中心与老路肩之间沉降差;新路差异沉降为新路肩与最大沉降点之间沉降差
0.5	0.5	0.46	0.25	0.20	

加宽工程路面结构差异沉降控制标准应取功能指标要求和结构指标要求中两者的低值，从而可以确定加宽工程容许差异沉降标准:加宽施工期老路容许差异沉降标准为0.25%(老路中心与老路肩的沉降差);加宽工后新路容许差异沉降标准为0.20%(新路肩与最大沉降点差异沉降)。

4.5 加宽工程差异沉降控制标准的适用性分析

4.5.1 与PSI法的对比分析

为了验证本书沉降标准的适用性，考察了基于PSI法(Present Serviceability Index)的路面结构差异沉降控制标准。PSI法是美国各州公路者学会于1962年建立的一种路面服务功能的评价方法，是在实测数据和主观评价之间建立起一定的统计关系所得到的一个相对指标。它反映了路面对汽车行驶质量(行驶舒适性)影响的程度。

对刚性路面，PSI计算表达式为

$$\mathrm{PSI} = 5.41 - 1.80\lg(1 + \mathrm{SV}) - 0.288\sqrt{c + f} \tag{4.3}$$

对柔性路面，PSI计算表达式为

$$\mathrm{PSI} = 5.03 - 1.91\lg(1 + \mathrm{SV}) - 0.032\sqrt{c + f} - 0.21\mathrm{RD}^2 \tag{4.4}$$

$$\mathrm{SV} = \frac{\sum_{i=1}^{n} y_i^2 - \frac{1}{n}\left(\sum_{i=1}^{n} y_i\right)^2}{n - 1} \tag{4.5}$$

式中:PSI——现时服务能力指数;

SV——两条轮迹的平均坡度方差，它反映路面的平整度，按式(4.5)计算;

y_i——间距为1ft(1ft=0.3048m)路面的高差;

n——测点数;

c——以裂缝为中心的1m范围内损坏的面积(m/100m);

f——包括已修补和等待修补的面积(m/100m);

RD——车辙深度(cm)。

作为评价路面使用性能好坏的指标，PSI被广泛应用于世界各国。从路面使用功能出发，按其 PSI 的大小把路况的好坏分成五个等级，见表 4.8。

PSI 与路况等级[16]　　表 4.8

等　级	PSI
优	PSI>4
良	3<PSI<4
好	2.5<PSI<3
差	1.5<PSI<2.5
最差	PSI<1.5

从式(4.4)和式(4.5)可以看出，路面平整度对 PSI 的影响，也就是对道路使用性能的影响是最重要的因素。如果能够确定由于路面不平整引起的 PSI 减小量，就可以确定 SV，从而确定坡差 i。

对于高等级刚性路面，假定刚修好时的初始服务能力为 4.5，终端服务能力为 3.0，并且其中 95%是由于路面不平整引起的服务能力下降，根据式(4.3)得

$$SV = 10^{\frac{4.5-3.0\times95\%}{1.801}} - 1 = 0.725\%$$

则

$$i=\sqrt{SV}=0.269\%$$

对于高等级柔性路面，假定刚修好时的初始服务能力为 4.2，终端服务能力为 2.5，并且其中 80%是由于路面不平整引起的服务能力下降，根据式(4.4)有

$$SV = 10^{\frac{4.2-2.5\times80\%}{1.911}} - 1 = 1.317\%$$

则

$$i=\sqrt{SV}=0.363\%$$

通过 PSI 法可近似确定坡差，虽然不能直接作为加宽工程路面的差异沉降控制标准，但由于 PSI 是建立在对路面使用性能大量调查的基础上，因而合理的加宽工程路面结构差异沉降控制标准应与其接近。从表 4.7 可知，加宽施工期老路容许差异沉降标准为 0.25%，加宽工后新路容许差异沉降标准为 0.20%，与基于 PSI 法得到的值接近，这说明了两种方法都可确定加宽工程的差异沉降控制标准。但是 PSI 法没有考虑到加宽工程变形的特殊性，并从路面结构功能要求和结构要求两方面进行分析，只能作为参考值。

4.5.2　与现有其他成果的对比分析

高速公路加宽工程差异沉降控制标准的确定是一个较为复杂的技术、经济问题，涉及施工期投资与开放交通后道路养护投资的分配问题，施工期投资和道路养护投资存在此消彼长关系。因此，加宽工程沉降控制标准的确定要通过经济、技术分析和实体工程验证的方法来实现。以下结合国内外研究成果、相关设计以及实体工程的现场调研资料，与本书提出的差异沉

降控制标准进行对比分析，以便进一步论证本书控制标准的可靠性和适用性。

表4.9给出了国内外研究人员得到的加宽工程差异沉降控制标准，该值变化较大，在0.15%~0.40%之间。并且，都只有一个沉降指标，不能全面反映加宽工程的变形特点。

加宽工程差异沉降控制标准比较 表4.9

提出人员	汪浩	章定文	刘汉清	曾国东	规范[17]	本书
坡差(%)	0.15	0.40	0.30	0.25	0.5	0.25① 0.20②
工后沉降(cm)	一般路堤≤20cm 桥头≤10cm	—	0.6	0.5	—	—
差异沉降位置	道路中心与新路肩	道路中心与新路肩	新、老路肩	新、老路肩	原有路基与加宽路基的路拱横坡度	①道路中心与老路肩； ②新路肩与最大沉降点
备注	高等级公路	高等级公路	二级公路	二级公路	—	高等级公路

另外，有的加宽工程也根据试验路建立了相应的控制指标及标准。

沈大高速公路改扩建工程路堤加宽技术研究课题组提出了新加宽路堤工后沉降量不大于8cm的控制标准[14]。河海大学(2003)在沪宁高速公路加宽工程试验段地基处理中期报告中指出：拼接路基施工后，原高速公路路堤中心与新路肩的横坡度增大值应小于0.5%，与原公路横坡相比不得出现反坡[18]。锡澄与沪宁高速公路[19,20]拼接段设计要求：工后沉降控制年限为15年，对一般路段工后容许沉降量≤30cm，桥头段≤10cm，过渡段≤20cm，拼接路堤施工引起的横坡改变值小于0.5%。扬州西北绕城—京沪拼接工程[21]认为，路面结构容许的不均匀沉降坡比为0.4%，路面功能容许的不均匀沉降的坡比为0.15%，并建议一般路堤匝道不超过20cm，桥头段不超过10cm。

分析表明，本书提出的差异沉降控制标准位于合理取值范围之内，并能较全面地反映加宽工程的变形特点。

4.6 本章小结

本章根据加宽工程变形特点，提出了加宽工程差异沉降控制指标。通过路面功能要求、结构要求分析，并考虑到地基的复杂性，得出了差异沉降的控制标准。通过与美国AASHTO的PSI法和国内外对于加宽工程差异沉降标准的理论研究，以及部分实体工程根据沉降观测提出的加宽工程差异沉降标准比较发现，本书提出的差异沉降控制标准位于合理取值范围之内，并能较全面地反映加宽工程的变形特点。

本章参考文献

[1] 汪浩. 新老路结合部处治技术研究[D]. 南京:东南大学,2004.

[2] 章定文. 软土地基上高速公路扩建工程变形特性研究[D]. 南京:东南大学,2004.

[3] 刘汉清,曾国东,应荣华. 老路加宽容许工后不均匀沉降指标研究[J]. 公路,2004,3:37-38.

[4] 曾国东,应荣华,郑健龙. 老路加宽容许工后不均匀沉降指标研究[J]. 辽宁交通科技,2004,3:30-31.

[5] 何兆益,周虎鑫. 高等级公路软土地基容许工后不均匀沉降指标研究[J]. 重庆交通学院学报,1996,15(1):48-54.

[6] 周虎鑫. 软土地基上修筑高等级公路工后沉降指标的研究[D]. 南京:东南大学,1993.

[7] 张军辉. 连云港海相软土流变特性研究及其工程应用[D]. 南京:东南大学,2003.

[8] 沙庆林. 高速公路沥青路面早期破坏现象及预防[M]. 北京:人民交通出版社,2001.

[9] 曹东伟,胡长顺. 多年冻土区路基冻融沉变形的附加应力[J]. 重庆交通学院学报,2001,20(3):57-61.

[10] 毕艳祥. 半刚性基层沥青路面设计研究[D]. 上海:同济大学,2001.

[11] 江苏省沪宁高速公路扩建工程指挥部,江苏省交通基础技术工程研究中心. 沪宁高速公路扩建工程软土地基沉降控制标准与处理技术研究[R]. 2005.

[12] H. G. B. Allersma, L. Ravenswaay, E. Vos. Investigation of road widening on soft soil using a small centrifuge[J]. Transportation Research Record 1462, 1994:47-53.

[13] 邓永锋. 水泥土搅拌桩桩土相互作用理论与应用研究[D]. 南京:东南大学,2005.

[14] A. N. G. Van Meurs, A. Van Den Berg, et al. Embankment widening with the gap-method[J]. Geotechnical Engineering for Transportation Infrastructure, Balkema, Rotterdam, 1999:1133-1138.

[15] 江苏省沪宁高速公路扩建工程指挥部,同济大学道路与交通工程研究所. 沪宁高速公路扩建工程半刚性基层沥青路面结构分析[R]. 2005.

[16] 陶向华. 路桥过渡段差异沉降控制标准与人车路相互作用[D]. 南京:东南大学,2006.

[17] 中华人民共和国行业标准. JTG D30—2015 公路路基设计规范[S]. 北京:人民交通出版社,2015.

[18] 陈海珊,胡永深. 广佛高速公路加宽工程的软基处理[J]. 广东公路交通,1998,3:47-50.

[19] 何通海. 高速公路改扩建工程软土地基段新旧路基间的衔接技术[D]. 大连:大连理工大学,2003.

[20] 苏阳. 广佛高速公路扩建工程软基路段施工简介[J]. 水运工程,2001,2:51-58.

[21] 江苏省高速公路建设指挥部. 新老高速公路结合部处治技术研究[R]. 2004.

第5章 拼接路基硬壳层软土地基工程特性研究

⇨5.1 硬壳层软土地基竖向附加应力计算研究
⇨5.2 附加应力任意分布的双层地基一维线性固结理论研究
⇨5.3 基于统一强度理论硬壳层软土地基承载力的确定
⇨5.4 本章小结

高速公路加宽工程中的软基处理，应将减小新老路基的差异沉降作为设计原则，是路基加宽的关键技术之一。但对于加宽工程而言，由于工期紧、施工场地狭窄，同时还要维持既有道路交通正常运营等原因，软基处理较新建工程具有更高的要求。当加宽路基下软土较薄且埋深较浅时，通常可以采用浅层地基处理方法，如换填、抛石挤淤等。同时，张军辉和江唯伟等的研究表明，软土地基表面的硬壳层对软土地基的变形、固结和承载力产生显著影响[1-4]。因此，对硬壳层软土地基内竖向附加应力、固结和承载等特性的研究，有利于为充分利用天然硬壳层和人工构筑硬壳层提供理论依据。

5.1 硬壳层软土地基竖向附加应力计算研究

在硬壳层软土地基中，由于硬壳层的存在，软土地基的附加应力受到不同程度的影响。而在沉降计算中，土中附加应力分布是一个重要因素。传统的 Boussinesq 应力分布是在土层均质各向同性的弹性半无限空间体的假设下得到的，因此不能考虑硬壳层的扩散效应。轴对称荷载作用下成层地基的应力场与位移场已有理论解答[5-8]，但对于属于平面应变问题的路堤荷载或其他条形荷载作用下的双层地基附加应力计算，由于该类问题应力函数的复杂性还没有弹性理论解答，目前只停留在数值计算阶段[9-10]，虽能计算出结果，但对于推广应用而言，还有一段距离。

本节首先采用有限元法对条形均布荷载及三角形荷载作用的双层地基问题进行数值模拟，分析了各参数对层间附加应力系数的影响，得到了影响的主要因素为厚宽比与模量比；然后通过二元回归分析得到了两个参数与层间附加应力系数的近似函数关系，所得函数具有很好的相关性。通过对比分析各种计算附加应力分布的方法，推导出计算附加应力较为实用的计算公式，至此得到的条形荷载作用下（条形均布荷载与三角形荷载）的硬壳层软土地基竖向附加应力计算简明公式将有利于工程的应用。最后对梯形荷载作用下的双层地基附加应力分布进行了研究。

5.1.1 条形均布荷载下硬壳层软土地基层间竖向附加应力计算

（1）有限元模型的建立与验证

为进行硬壳层软土地基附加应力分布分析，假定土体为各向同性、均质的理性线弹性体，且层间完全连续，并采用有限元程序 Ansys10.0 建立数值模型。根据试算，水平宽度与深度分别取 160m 和 80m。考虑到模型的对称性，取一半进行建模，如图 5.1 所示。模型的左右边界水平向位移为零，底部为竖向和水平向约束。加载为条形均布荷载，单元采用高阶二维八节点单元。

为验证模型合理性，取上下土层性质相同，模拟均质地基情况，数值模拟结果与 Boussinesq 解如图 5.2 所示。从图中可知，条形荷载作用下，荷载中心下任意一点的附加应力系数(任意一点的竖向应力与表面荷载的比值)的解析解与数值解非常接近，说明计算模型合理，可用于进一步的计算。

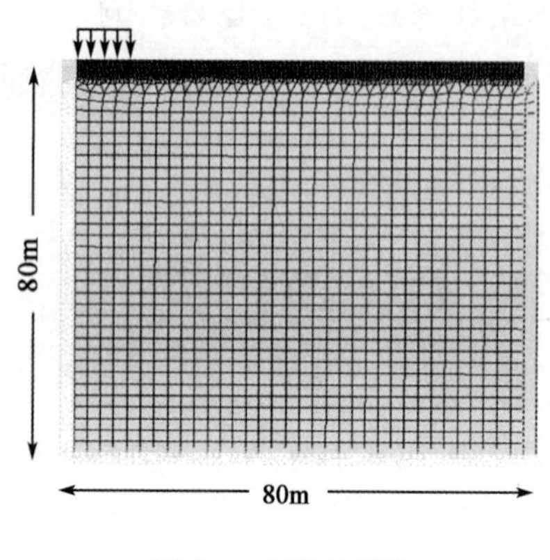

图 5.1 有限元模型

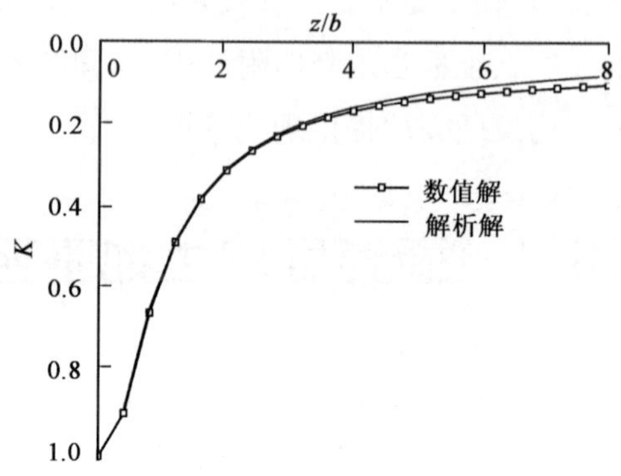

图 5.2 条形均布荷载下数值解与解析解的对比

(2)层间竖向附加应力系数的计算

已有研究表明[11]，影响硬壳层软土地基层间竖向附加应力系数的因素为硬壳层与软土层的压缩模量之比(简称模量比 E_1/E_2)以及硬壳层厚度 H 与荷载分布宽度 B 之比(简称厚宽比 H/B)两个因素，而与硬壳层和软土层的泊松比关系不大。根据实际工况，本文取硬壳层的泊松比为 0.3，软土层的泊松比为 0.45，计算不同模量比及厚宽比时的层间附加应力系数 K_c，如表 5.1 所示。

条形均布荷载分布下层间竖向应力分布系数 K_c 表 5.1

E_1/E_2 \ H/B	0.1	0.2	0.3	0.4	0.5	0.6	0.7	0.8	0.9	1
1	1.00	0.98	0.94	0.88	0.82	0.76	0.70	0.64	0.59	0.55
2	1.00	0.97	0.91	0.83	0.76	0.69	0.63	0.58	0.53	0.49
3	0.99	0.96	0.88	0.80	0.72	0.65	0.59	0.54	0.49	0.45
4	0.99	0.95	0.86	0.77	0.69	0.62	0.56	0.50	0.46	0.42
5	0.99	0.95	0.84	0.74	0.66	0.59	0.53	0.48	0.44	0.40
6	0.99	0.94	0.83	0.72	0.64	0.57	0.51	0.46	0.42	0.38
7	0.99	0.93	0.81	0.70	0.62	0.55	0.49	0.44	0.40	0.37
8	0.98	0.92	0.79	0.69	0.60	0.53	0.47	0.43	0.39	0.35
9	0.98	0.91	0.78	0.67	0.58	0.52	0.46	0.41	0.37	0.34
10	0.98	0.91	0.77	0.66	0.57	0.50	0.45	0.40	0.36	0.33

由于 $H/B=0.1$ 时层间附加应力系数变化很小，且 $E_1/E_2=1$ 为均质地基，因此在 $2\leqslant E_1/E_2$

$\leqslant 10$、$0.2 \leqslant H/B \leqslant 1$ 范围内，本文通过二元回归分析得到了硬壳层软土地基层间附加应力系数 K_c 与 H/B 和 E_1/E_2 的回归关系，相关系数 $R^2=0.99$，回归函数为

$$K_c=0.567-0.348\ln\left(\frac{H}{B}\right)-0.101\ln\left(\frac{E_1}{E_2}\right) \tag{5.1}$$

回归函数计算值与数值解的相对误差见表 5.2，除了当 $H/B=0.2$、$E_1/E_2=2$ 和 3 时相对误差大于 5%以外，其他回归函数计算值与数值解相对误差均小于 5%。因此式(5.1)可用于条形均布荷载作用下硬壳层软土地基层间竖向附加应力系数的计算。

回归函数计算值与数值解的相对误差(%) 表 5.2

E_1/E_2 \ H/B	0.2	0.3	0.4	0.5	0.6	0.7	0.8	0.9	1
2	9.28	1.10	1.20	2.63	2.90	1.59	1.72	0.00	2.04
3	6.25	0.00	3.75	2.78	3.08	1.69	1.85	0.00	2.22
4	4.21	1.16	2.60	2.90	3.23	1.79	0.00	0.00	2.38
5	1.05	2.38	2.70	1.52	1.69	0.00	0.00	0.00	0.00
6	1.06	2.41	2.78	1.56	1.75	0.00	0.00	0.00	2.63
7	0.00	2.47	1.43	1.61	0.00	0.00	2.27	2.50	0.00
8	0.00	1.27	1.45	0.00	0.00	2.13	0.00	0.00	2.86
9	0.00	2.56	1.49	1.72	0.00	2.17	2.44	2.70	2.94
10	2.20	2.60	1.52	1.75	2.00	2.22	2.50	2.78	0.00

5.1.2 三角形荷载下硬壳层软土地基层间竖向附加应力计算

本节采用上述有限元模型，只不过荷载方式为三角形分布。取 $E_1/E_2=1$、$B=10$ 即可退化为三角形荷载作用下均质地基的情况，图 5.3 为解析解与数值解关于 K-z/b 曲线的对比图。从图 5.3 可知，解析解与数值解基本一致，说明计算模型合理。

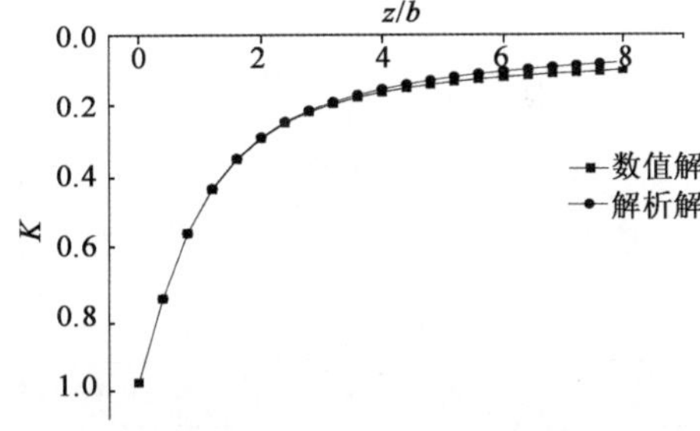

图 5.3 三角形荷载分布下数值解与解析解的对比图

通过 100 次有限元计算得到层间竖向附加应力系数与 E_1/E_2、H/B 的关系，见表 5.3。

三角形荷载分布下层间竖向附加应力系数 表 5.3

E_1/E_2 \ H/B	0.1	0.2	0.3	0.4	0.5	0.6	0.7	0.8	0.9	1
1	0.94	0.88	0.82	0.76	0.71	0.66	0.61	0.57	0.53	0.50
2	0.93	0.86	0.79	0.72	0.66	0.61	0.56	0.52	0.49	0.45
3	0.92	0.84	0.77	0.69	0.63	0.58	0.53	0.49	0.45	0.42
4	0.91	0.83	0.75	0.67	0.61	0.55	0.50	0.46	0.43	0.40

续上表

E_1/E_2 \ H/B	0.1	0.2	0.3	0.4	0.5	0.6	0.7	0.8	0.9	1
5	0.91	0.82	0.73	0.65	0.59	0.53	0.48	0.44	0.41	0.38
6	0.90	0.81	0.72	0.64	0.57	0.51	0.47	0.43	0.39	0.36
7	0.90	0.80	0.71	0.62	0.56	0.50	0.45	0.41	0.38	0.35
8	0.90	0.80	0.70	0.61	0.54	0.49	0.44	0.40	0.36	0.33
9	0.89	0.79	0.69	0.60	0.53	0.47	0.43	0.39	0.35	0.32
10	0.89	0.78	0.68	0.59	0.52	0.46	0.42	0.38	0.34	0.32

根据表5.3的数据，当$2 \leqslant E_1/E_2 \leqslant 10$、$0.2 \leqslant H/B \leqslant 1$时，通过多种函数二元回归试算得到了应力系数与$H/B$、$E_1/E_2$表现出良好的相关关系，相关系数$R^2=0.99$，回归函数为

$$K_c=0.469-0.283\ln\left(\frac{H}{B}\right)-0.016\ln\left(\frac{E_1}{E_2}\right) \tag{5.2}$$

回归函数计算值与数值解相对误差见表5.4。除了当$H/B=1$、$E_1/E_2=6$时，相对误差大于5%以外，其他回归函数计算值与数值解相对误差均小于5%。说明了回归函数式(5.2)能够用于计算$2 \leqslant E_1/E_2 \leqslant 10$、$0.2 \leqslant H/B \leqslant 1$时的层间应力分布系数。同时也可采用图5.3与表5.3中的数据来计算层间附加应力系数。

回归函数计算值与数值解的相对误差(%) 表5.4

E_1/E_2 \ H/B	0.2	0.3	0.4	0.5	0.6	0.7	0.8	0.9	1
2	3.49	1.27	2.78	4.55	4.92	3.57	3.85	4.08	2.22
3	4.76	1.30	1.45	1.59	1.72	1.89	0.00	0.00	0.00
4	3.61	0.00	0.00	1.64	0.00	2.00	2.17	2.33	2.50
5	3.66	0.00	0.00	0.00	1.89	2.08	2.27	2.44	2.63
6	2.47	0.00	1.56	0.00	1.96	2.13	2.33	2.56	5.56
7	2.50	1.41	0.00	0.00	0.00	2.22	2.44	2.63	2.86
8	0.00	2.86	1.64	0.00	0.00	0.00	2.50	2.78	3.03
9	1.27	2.90	1.67	1.89	0.00	0.00	0.00	2.86	3.13
10	1.28	4.41	3.39	1.92	0.00	2.38	0.00	0.00	3.13

5.1.3 硬壳层软土地基竖向附加应力分布计算

以上两节给出了条形均布荷载和三角形荷载作用下的双层地基层间附加应力系数的计算表格、图表和回归公式。对于双层地基竖向附加应力分布的计算有如下三种方法：当层法、应力扩散角法、应力系数法。本节通过对比分析各种计算附加应力分布的方法，推导出计算附加

应力分布较为实用的计算公式。

(1)各种计算方法简介

①当层法。

当层法是由苏联帕克罗夫斯基从分析双层系统内振动传播原理时推导得出的近似方法。首先将上层较大的弹性模量换算为与下层较小的弹性模量相等的刚度层，然后按照弹性理论公式计算下卧软土层中各点的应力。当量层厚度换算的方法是

$$h_1 = H\sqrt{\frac{E_1}{E_2}}$$

式中：E_1、E_2——硬壳层与软土层的弹性模量，可用压缩模量来代替；

H——硬壳层的厚度，硬壳层中应力分布按线性分布计算。

比如在条形均布荷载作用下[12]，$K(z)=\frac{1}{\pi}\left[2\arctan\frac{1}{2m}+\frac{4m(4m^2+1)}{(4m^2-1)^2+16m^2}\right]$，$m=(z+h_1)/B$，$B$ 为荷载分布宽度，z 的取值从下卧软土层顶面开始。

②应力扩散角法。

该方法实际上是《建筑地基基础设计规范》(GB 50007—2001)中验算承载力的借用，即通过应力扩散角简单地求得未加固区顶面应力的数值，再按弹性理论法求得整个下卧层的应力分布。

对于扩散角的选取，《建筑地基基础设计规范》(GB 50007—2011)给出了压缩模量比为3、5、10，对应厚宽比为0.25、0.5的情况，具体见表5.5。

唐建中[13]采用有限元法对应力扩散角随模量比及厚宽比的变化情况作了计算，见表5.6。所考虑的荷载形式为均布方形，软土层地面的压力值为该面上的144个点竖向附加应力的平均值，a 为上下两层变形模量的比值。在实际使用中，由于 a 和 H/B 不可能很大，加上双层地基破坏时 θ 值的降低，θ 取值一般不超过30°。

王晓谋[9]通过有限元法给出了条形均布荷载作用下的竖向应力扩散角，见表5.7，也建议在使用中 θ 最大值最大不要超过30°。

应力扩散角计算模型见图5.4，对条形基础，软土层顶面的应力 P_z 值可按下式简化计算。

$$P_z = \frac{BP_0}{b+2z\tan\theta}$$

显然，软土层顶面的附加应力系数 $K=P_0/P_z$，在得到层间应力系数后，可以根据均质线弹性理论解计算出下卧层顶面的等效深度 Z_E，等效原理是硬壳层软土地基分界面上的应力系数与均值线弹性地基 Z_E 深度处的应力系数相等，见图5.5，等效深度可由规范给出的表格内插求得。求得 Z_E 后，即可按照均质地基线弹性理论解计算下卧层中各点的附加应力，硬壳层中的应力分布则近似按照线性分布来计算，这样就可以得任意深度的应力系数。

《建筑地基基础设计规范》(GB 50007—2011)推荐应力扩散角 θ(单位:°)　　表 5.5

E_{s1}/E_{s2}	H/B	
	0.25	0.50
3	6	23
5	10	25
10	20	30

注:1. E_{s1} 与 E_{s2} 分别为上层土与下层土的压缩模量,H 为基底软弱下卧层到顶面的距离,B 为矩形基础或条形基础荷载分布宽度。

2. $z/b<0.25$ 时,取 $\theta=0$,必要时,宜由试验确定;$z/b>0.25$ 时,θ 值不变。

唐建中推荐应力扩散角 θ(单位:°)　　表 5.6

H/B \ a	1	1.6	3	5	10
0	0	0	0	0	0
0.2	2.8	3.6	6.7	9.2	18.9
0.4	7.9	11.2	20.6	23.4	31.0
0.6	12.8	17.6	24.7	27.2	33.3
1	19.1	23.7	29.3	34.1	40.7

王晓谋推荐应力扩散角 θ(单位:°)　　表 5.7

H/B \ a	1	2	4	6	10
0.1	1.80	2.43	2.97	3.40	5.28
0.2	5.18	8.21	11.47	14.59	23.49
0.4	12.04	17.27	23.30	27.79	35.83
0.6	17.03	22.84	29.91	34.72	42.23
0.8	20.50	26.31	33.31	37.78	43.73
1.0	22.91	28.45	34.93	38.79	44.81

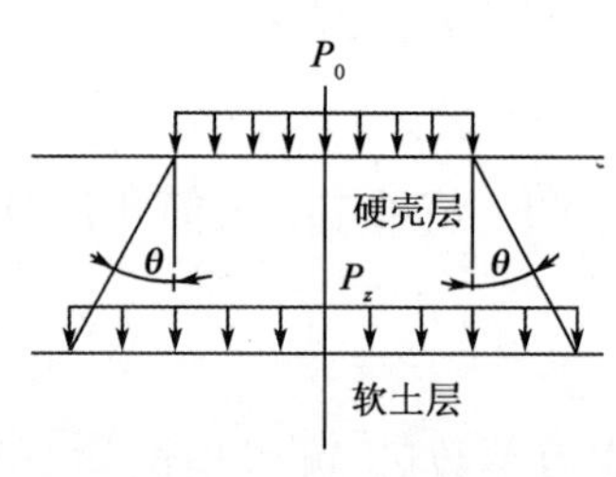

图 5.4　应力扩散角计算示意图

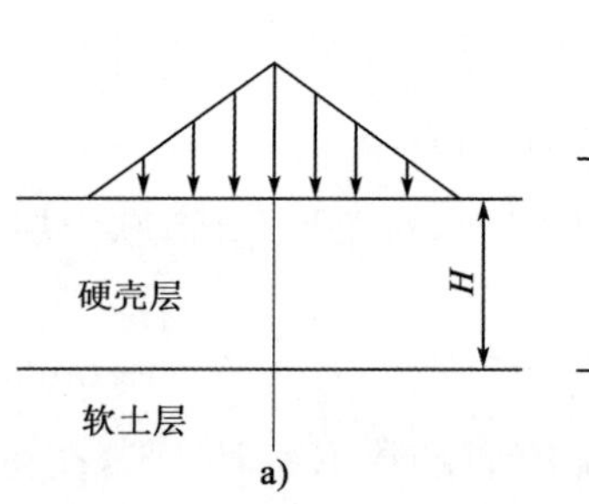

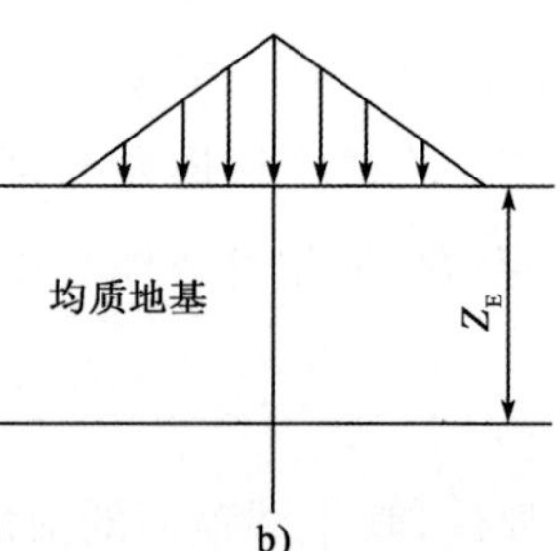

图 5.5　等效深度的定义

③应力系数法。

为了便于推广,各种理论方法都给出了层间的竖向应力系数。文献[14]给出了基于 Burmister 双层体系理论条形垂直均布荷载作用下分界面上竖向应力系数值,见表 5.8,但其假定土层分界面上的摩擦力为零。宋文刚等[15]利用格利菲斯公式，结合弹性地基梁理论给出了不同荷载分布下双层地基分界面上的应力系数的计算公式及简化计算表格。徐阳[16]在利用弹性地基梁理论分析平面应变条件下复合地基应力扩散效用机理的基础上提出了应力扩散系数的计算公式，各参数含义见文献[16]，公式如下

$$\eta = \varepsilon\left[\left(a\sqrt{\frac{l}{H}}+b\right)\sqrt[4]{E_2/E_1}\right] \tag{5.3}$$

梁永辉[10]提出了简化的双层地基应力系数法，即采用已有的双层地基理论计算成果，计算出分界面上应力系数，然后对于硬壳层中应力采用线性分布模型计算，而下卧层应力则采用弹性理论计算出各点的应力，但其并没有给出应力系数具体数值。

条形垂直均布荷载作用下分界面上竖向应力系数 表5.8

H/B \ f	1	5	10	15
0.00	1.00	1.00	1.00	1.00
0.50	1.02	0.95	0.87	0.82
1.00	0.90	0.69	0.58	0.52
2.00	0.60	0.41	0.33	0.29
3.33	0.39	0.26	0.20	0.18
5.00	0.27	0.17	0.16	0.12

注：f为分解面上的应力系数。

④各种方法对比分析。

当层法采用双层系统内振动传播原理，其对应于振动的荷载比如对于行车荷载的求解是可行的，但对于路堤这样的恒载作用将产生较大的差异。应力扩散角法和应力系数法的本质是一样的，都是通过查表法来计算层间应力分布系数，然后根据均质线弹性理论解计算出下卧层顶面的等效深度 Z_E，即可按照均质地基线弹性理论解计算下卧层中各点的附加应力，硬壳层中的应力分布则近似按照线性分布来计算。只不过应力扩散角法需将应力扩散角转化为层间竖向应力系数，而应力系数法直接查表即可得到。已有的研究表明，两种算法与有限元法结果相近，因此目前常采用这两种算法来求解硬壳层软土地基的附加应力分布。

目前已有几种应力扩散角的计算表格，应根据实际的情况来选用。表5.5与表5.6的应力扩散角具有很好的一致性，是因为其理论模型考虑的为矩形基础或方形基础；而表5.7与表5.5、表5.6的差异较为明显，是因为其考虑的是条形荷载的分布，两种理论模型的不同是产生结果差异的根本原因。对于道路工程而言，按照条形荷载下的平面应变的模型来计算将显得更为合理。因此，若采用应力扩散角法，推荐采用表5.7的结果进行计算。

在应力系数法中，徐阳、宋文刚[15]根据弹性地基梁理论得到的层间应力系数的表格，实际上与双层地基的平面应变问题仍有差异。文献[14]给出了基于 Burmister 双层体系理论条形垂直均布荷载作用下分界面上应力系数值，但其假定土层分界面上的摩擦力为零。梁永辉[10]虽根据双层地基理论提出了简化的双层地基应力系数法，但其并没有给出应力系数具体表格。

通过以上分析可知，已有方法求解硬壳层软土地基附加应力分布的步骤为：

a. 通过查表（应力扩散角法或应力系数法）获得层间应力系数。

b. 在得到层间应力系数后，根据均质线弹性理论解计算出下卧层顶面的等效深度 Z_E，等效原理是硬壳层软土地基分界面上的应力系数与均值线弹性地基 Z_E 深度处的应力系数相等。

c. 求得 Z_E 后，按照均质地基线弹性理论解计算下卧层中各点的附加应力。

d. 硬壳层中的应力分布则近似按照线性分布来计算。这样就可以得任意深度的应力系数。

从以上的步骤可以发现，目前计算硬壳层软土地基附加应力系数还不够完善，表现在如下几个方面：

a. 一般通过查表法来寻求层间附加应力系数，虽然王晓谋[9]给出了部分模量比以及厚宽比下的应力扩散角，但其他组合仍需采用内插法来获得应力扩散角，并且最终还需换算成层间附加应力系数，整个过程繁杂。

b. 在计算得到层间附加应力系数后，需计算出等效深度 Z_E，对于条形均布荷载作用下，已知应力分布系数 K，反求 Z_E，只能通过查表法进行。

因此，以上两个根本的问题限制了硬壳层软土地基竖向附加应力计算公式的形成，就不能通过简便的计算公式来求得竖向应力分布。

(2)附加应力分布简便计算方法

本节结合"有效深度"概念，最终形成了计算硬壳层软土地基的竖向应力分布的计算公式。

①层间竖向应力系数的计算。

当已知 H/B、E_1/E_2 时，层间竖向附加应力分布系数可由式(5.1)与式(5.2)算出，即

$$K_c=\begin{cases}0.567-0.348\ln(H/B)-0.101\ln(E_1/E_2) & \text{（条形均布荷载）}\\ 0.469-0.283\ln(H/B)-0.016\ln(E_1/E_2) & \text{（三角形荷载）}\end{cases} \tag{5.4}$$

②等效深度 Z_E 的计算。

对于半无限均值地基平面问题的荷载中心竖向应力分布系数解答如下[12]

$$K(z)=\begin{cases}\dfrac{1}{\pi}\left[2\arctan\dfrac{1}{2m}+\dfrac{4m(4m^2+1)}{(4m^2-1)^2+16m^2}\right] & \text{（条形均布荷载）}\\ \dfrac{2}{\pi}\arctan\dfrac{1}{2m} & \text{（三角形荷载）}\end{cases} \tag{5.5}$$

式中：m——计算深度 z 与荷载分布宽度 B 的比值。

式(5.5)中，在求得 K_c 后，反求 Z_E 比较复杂。笔者将用另一近似函数替代式(5.5)。通过多种函数一元回归分析，发现用式(5.6)可替代式(5.5)，函数替代的相对误差见表 5.9，可见当 $m\geqslant 0.2$，用式(5.6)替代式(5.5)是可行的。

$$K'_1(z)=1.03e^{-m/1.22}+0.10 \quad (R^2=0.995) \tag{5.6}$$

因此，条形均布荷载与三角形荷载作用的等效深度 Z_E 可分别由式(5.6)与式(5.5)来计算，将式(5.1)代入式(5.6)，式(5.2)代入式(5.5)。可得等效等深度为

$$Z_E=\begin{cases}1.22B\ln[1.03/(K_c-0.1)] & \text{（条形均布荷载）}\\ 0.5B\cot(0.5\pi K_c) & \text{（三角形荷载）}\end{cases} \tag{5.7}$$

③硬壳层内附加应力分布的计算。

设表面荷载大小为 P_0，则层间竖向附加应力为 P_0K_c，假设硬壳层中的应力分布近似按线性分布计算，有

$$P(z)=P_0(K_c-1)z/H+P_0\quad(0\leqslant z<H)\tag{5.8}$$

近似函数替代产生的相对误差　　表 5.9

m	$K_1(z)$	$K'_1(z)$	$\left\lvert\frac{K_1(z)-K'_1(z)}{K_1(z)}\right\rvert$(%)	m	$K_1(z)$	$K'_1(z)$	$\left\lvert\frac{K_1(z)-K'_1(z)}{K_1(z)}\right\rvert$(%)
0	1.00	1.14	14.00	1.2	0.48	0.50	4.17
0.1	1.00	1.06	6.00	1.3	0.45	0.46	4.44
0.2	0.98	0.98	0.00	1.4	0.42	0.44	4.76
0.3	0.94	0.92	2.13	1.5	0.40	0.41	2.50
0.4	0.88	0.85	3.41	1.6	0.37	0.39	5.41
0.5	0.82	0.79	3.66	1.7	0.35	0.37	5.71
0.6	0.76	0.74	2.63	1.8	0.34	0.35	2.94
0.7	0.70	0.69	1.43	1.9	0.32	0.33	3.13
0.8	0.64	0.64	0.00	2	0.31	0.31	0.00
0.9	0.59	0.60	1.69	3	0.21	0.20	4.76
1	0.55	0.56	1.82	4	0.16	0.15	6.25
1.1	0.51	0.53	3.92	5	0.13	0.13	0.00

④软土层内附加应力分布的计算。

求得 Z_E 后，按照均质地基线弹性理论解计算下卧层中各点的附加应力，可得

$$P(z)=\begin{cases}\dfrac{P_0}{\pi}\left[2\arctan\dfrac{1}{2m}+\dfrac{4m(4m^2+1)}{(4m^2-1)^2+16m^2}\right] & \text{(条形均布荷载)}\\[2ex] \dfrac{2P_0}{\pi}\arctan\dfrac{1}{2m} & \text{(三角形荷载)}\end{cases}\quad(z\geqslant H)\tag{5.9}$$

其中，$m=(z+Z_E-H)/B$，即

$$m=\begin{cases}[z+1.22B\ln(1.03/(K_c-0.1)-H]/B & \text{(条形均布荷载)}\\ [z+0.5B\cot(0.5\pi K_c)]/B & \text{(三角形荷载)}\end{cases}$$

⑤硬壳层软土地基竖向应力分布的计算。

将式(5.8)与式(5.9)合并，最终形成的硬壳层软土地基竖向应力分布计算公式如下

$$P(z)=\begin{cases}P_0(K_c-1)z/H+P_0 & (0\leqslant z<H)\\[2ex] \begin{cases}\dfrac{P_0}{\pi}\left[2\arctan\dfrac{1}{2m}+\dfrac{4m(4m^2+1)}{(4m^2-1)^2+16m^2}\right] & \text{(条形均布荷载)}\\[2ex] \dfrac{2P_0}{\pi}\arctan\dfrac{1}{2m} & \text{(三角形荷载)}\end{cases} & (z\geqslant H)\end{cases}\tag{5.10}$$

其中，层间附加应力分布系数 K_c 见式(5.1)与式(5.2)，m 值如下

$$m=\begin{cases}[z+1.22B\ln(1.03/(K_c-0.1)-H]/B & (\text{条形均布荷载})\\ [z+0.5B\cot(0.5\pi K_c)]/B & (\text{三角形荷载})\end{cases}$$

在使用上述公式计算时，将使用条件进行说明，对于条形均布荷载以及三角形荷载，在 $2\leqslant E_1/E_2\leqslant10$ 以及 $0.2\leqslant H/B\leqslant1$ 时，用公式(5.1)及式(5.2)所计算的层间附加应力分布系数结果比较理想，同时在这个范围内，应力系数均小于0.98，所以能保证式(5.8)计算结果的正确性，因此上述附加应力分布计算公式的使用条件为：$2\leqslant E_1/E_2\leqslant10$；$0.2\leqslant H/B\leqslant1$。

(3)算例分析

硬壳层软土地基上承受条形局部荷载作用，硬壳层厚 $H=5\text{m}$，荷载分布 $B=10\text{m}$，硬壳层与软土层压缩模量分别为31.8MPa和3MPa，表面荷载作用大小为100kPa，硬壳层与软土层的 e-p 关系见表5.10，软土层计算深度为20m。硬壳层与软土层的有效重度分别为 18.4kN/m^3 和 17.5kN/m^3。

硬壳层与软土层 e-p 关系 表5.10

表面荷载 土层	0	50kPa	100kPa	200kPa	300kPa	400kPa
硬壳层	0.927	0.914	0.91	0.904	0.9	0.899
软土层	1.100	1.015	0.967	0.905	0.85	0.817

首先分别采用布辛尼斯克解法、有限元法、当层法以及上节推导的公式法进行附加应力分布求解，然后通过分层总和法进行沉降计算。

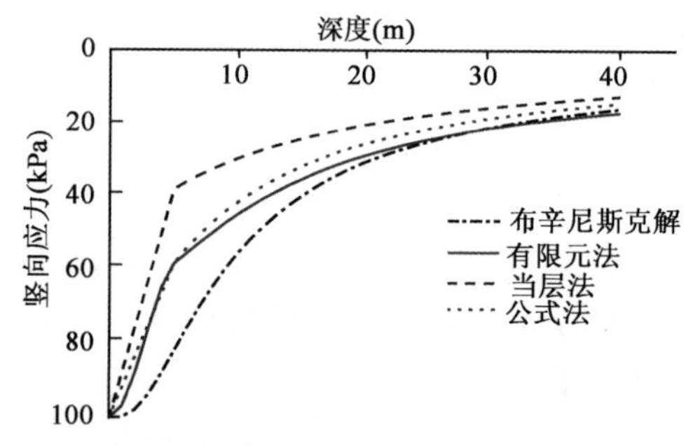

图5.6 各种方法求解附加应力分布

附加应力分布计算结果见图5.6。从图中可看出，公式法与有限元法的解最为接近，当层法的结果偏小，布辛尼斯克解偏大。

根据 e-p 关系，采用分层总和法计算公式[12]如下

$$S=\sum_{i=1}^{n}\Delta s_i=\frac{e_{1i}-e_{2i}}{1+e_{1i}}H_i \tag{5.11}$$

计算的地基最终主固结沉降值见表5.11。从表5.11可看出，公式法与有限元法的解最为接近，布辛尼斯克解法计算的结果偏大，当层法计算的结果偏小，因此采用公式法能够替代有限元法来计算硬壳层软土地基的附加应力分布。

不同附加应力分布计算方法的沉降值比较 表5.11

应力计算方法	布辛尼斯克解法	有 限 元 法	当 层 法	公 式 法
沉降量(cm)	43.94	28.26	20.72	26.68

(4)梯形荷载分布双层地基竖向附加应力计算

为得到梯形荷载作用下的沿深度的竖向应力值,将通过以下步骤求得:路堤荷载的作用简化为图5.7所示的梯形荷载,可将梯形荷载($abcd$)分解为两个三角形荷载(ebc)及(ead)之差。分别求得两个三角形分布荷载下的竖向附加应力系数后,两者之差即为梯形荷载作用下的竖向附加应力值,计算模型见图5.8。王晓谋[38]将路堤荷载做简化处理,把梯形荷载简化为条形均布荷载。为比较两种方法(前者为方法一、后者为方法二),本书给出了一算例,计算模型见图5.8,图5.9给出了两种方法求解的竖向应力分布。

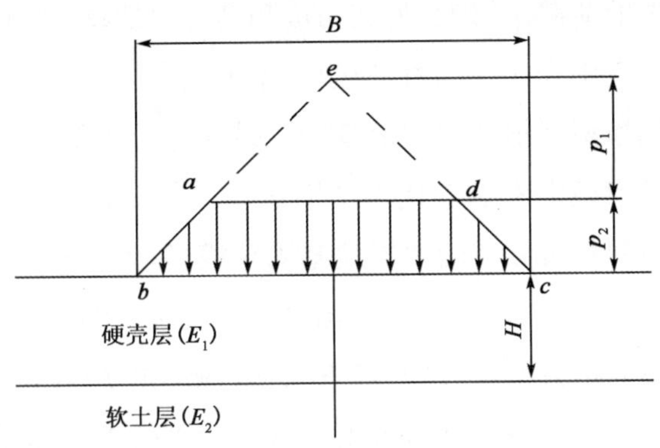

图5.7　梯形分布荷载下竖向应力计算模型

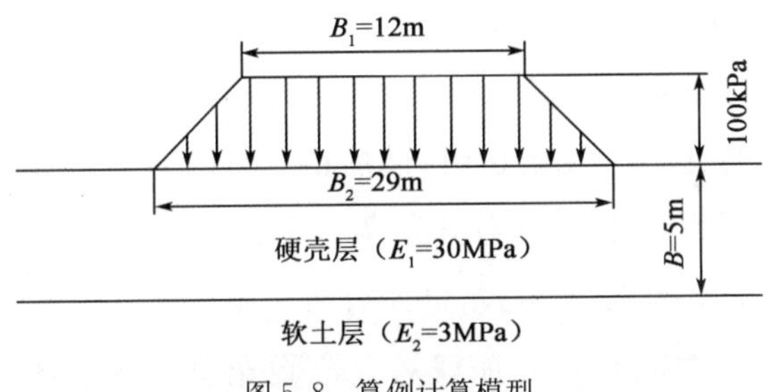

图5.8　算例计算模型

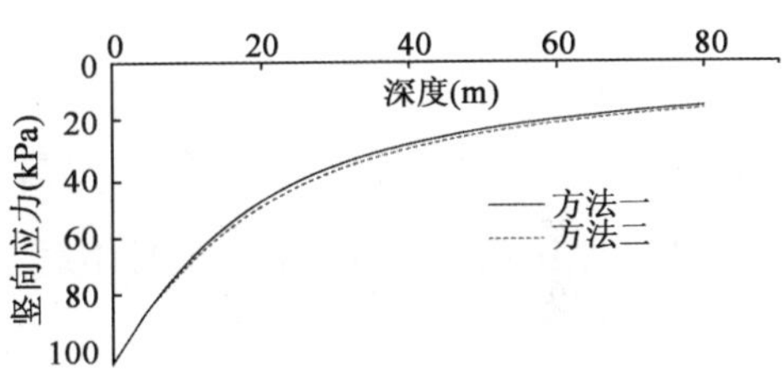

图5.9　两种算法对比

通过图5.9可看出,方法一与方法二之间的误差较小,由圣维南原理可知,荷载面积一定情况下,若两者荷载形状变化不大,计算结果的差异则很小。本书验证了这一点,因此对于梯形荷载而言,当顶宽与底宽相差不大且高度不高时,可采用路堤的等效荷载来计算附加应力分布。

5.2　附加应力任意分布的双层地基一维线性固结理论研究

对于均质地基的固结问题来说,在Terzaghi一维固结理论的基础上,无论是严密的分析还是借助计算机进行数值计算都得到了很大的发展,并且能够在大多数工程实践中得到很好的运用。但是双层地基是水平层状地基，其固结问题的解决需专门建立双层地基的固结模式。由于解答上的困难，一般仅仅对于一些简单的边界或初始条件才有解析解，在稍微复杂一点的条件下双层地基的固结则需借助数值法来解答。

自 H. Gray 首次给出了瞬时加荷情况下双层地基一维固结解析解以来[17]，许多学者考虑沿深度变化的加载方式[18,19]、复杂边界条件[20,21]、地基的各向异性[22]、土体的非线性[23-26]、竖向和径向渗流[27-30]等因素对层状地基固结进行了建模，并提出了各种求解方法，如有限元法[31]、有限差分法[32-33]、微分求积法[34]、矩阵转换法[28]和波谱法[30]。对于双层地基，如果施加于地基表面的时间相关的荷载足够大，如高路堤和高的建筑物，其在地基内的影响范围将非常大并使附加应力沿竖向发生变化。同时，应建立考虑任意初始孔压、竖向位移相关的附件应力和时间相关荷载的固结模型来描述双层地基的固结性状。根据现有研究成果的分析，大部分学者没有在同一个固结模型中考虑上述三个因素。尽管 Zhu 和 Yin[18]给出了一个考虑沿深度变化的竖向应力和时间相关加载的双层地基固结模型，但该模型假定初始超孔隙水压力为零。并且，他们没有分析竖向应力沿深度变化对双层地基固结性状的影响。Fox 等[19]建立了层状地基的一维大应变固结模型，该模型能考虑时间相关的加载和边界条件，应力增量的变化、性质不同的多层地基。然而，该模型需采用数值方法进行求解而并非精确解。因此，本研究的目的是建立考虑沿竖向分布的初始孔压和附加应力、时间相关的加载的双层地基一维固结模型，并分析这些因素对上覆硬壳层双层地基固结性状的影响。

本节首先介绍了采用的数学模型，随后给出了不同排水边界条件下，考虑沿深度分布的初始超孔隙水压力和附加应力、时间相关荷载的双层地基通用解析解；然后推导了瞬时荷载和线性匀速加载作用下沿深度双线性初始超孔隙水压力和附加应力分布条件下的双层地基固结解，并得到和验证了两种加载模式下以沉降定义的固结度表达式，进而分析了不同排水边界条件下沿竖向分布的初始超孔隙水压力和附加应力、时间相关的加载对上覆硬壳层的双层地基固结性状的影响。

5.2.1 固结微分方程的建立

(1)基本假设

①土是均质的、完全饱和的。

②土粒和水是不可压缩的。

③土层的压缩和土中的渗流只沿竖向发生，是一维的。

④土中水的渗流服从达西定律，且渗透系数保持不变。

⑤孔隙比的变化与有效应力变化成正比，即$-\mathrm{d}e/\mathrm{d}\sigma'=a$，且压缩系数 a 保持不变。

⑥同一层的初始孔隙比为常数。

(2)固结微分方程的建立

一维饱和土的连续性方程为

$$\frac{\partial}{\partial z}(k_{\mathrm{v}}\frac{1}{\gamma_{\mathrm{w}}}\cdot\frac{\partial u}{\partial z})=\frac{1}{1+e_1(z)}\cdot\frac{\partial e}{\partial t} \tag{5.12}$$

由假设⑥可知 $e_1(z)=e_1$,k_{v} 为常数,则有

$$\frac{k_{\mathrm{v}}}{\gamma_{\mathrm{w}}}\cdot\frac{\partial^2 u}{\partial z^2}=\frac{1}{1+e_1}\cdot\frac{\partial e}{\partial t} \tag{5.13}$$

根据侧限条件下孔隙比的变化与竖向有效应力变化的关系,可得

$$\frac{\partial e}{\partial t}=-a\frac{\partial \sigma'}{\partial t} \tag{5.14}$$

根据有效应力原理有

$$\sigma'=\sigma(z,t)-u(z,t) \tag{5.15}$$

式中:$\sigma(z,t)$、$u(z,t)$——一维固结过程中坐标为 z、时间为 t 的总应力和超孔隙水压力。

土体内任一点的附加应力计算常采用弹性理论,因此土体的附加应力分布系数函数将不随外部荷载 $q(t)$ 的变化而变化,则 $\sigma(z,t)=[q(t)-q_0]K(z)+p(z)$,$K(z)$ 与 $p(z)$ 分别为地基内附加应力分布系数沿深度的函数与初始孔压分布函数,因此有 $\frac{\partial\sigma}{\partial t}=K(z)R(t)$,其中 $R(t)=\frac{\mathrm{d}q}{\mathrm{d}t}$,为加荷速率,令 $L(z,t)=\frac{\partial\sigma}{\partial t}$。

将式(5.14)与式(5.15)代入式(5.13)中,得

$$C_{\mathrm{v}}\frac{\partial^2 u}{\partial z^2}=\frac{\partial u}{\partial t}-L(z,t) \tag{5.16}$$

式中:C_{v}——土的竖向固结系数,$C_{\mathrm{v}}=\frac{k(1+e_1)}{a\gamma_{\mathrm{w}}}$。

因此,对于双层地基,固结微分方程及求解条件如下:

①控制方程:

$$\frac{\partial u}{\partial t}=C_{\mathrm{v}i}\frac{\partial^2 u}{\partial z^2}+L(z,t)\quad(i=1,2) \tag{5.17}$$

②边界条件:

$$u(0,t)=0,u_z(H,t)=0\quad(\text{底面不透水})$$

或

$$u(H,t)=0\quad(\text{底面透水}) \tag{5.18a}$$

③初始条件:

$$u_i(z,0)=p_i(z) \tag{5.18b}$$

④层间连续条件:

$$u_1(h_1,t)=u_2(h_1,t),k_{\mathrm{v1}}u_{1z}(h_1,t)=k_{\mathrm{v2}}u_{2z}(h_1,t) \tag{5.18c}$$

加荷曲线见图 5.10,计算模型见图 5.11,图 5.11 中阴影部分为初始孔压分布曲线 $p_i(z)$。

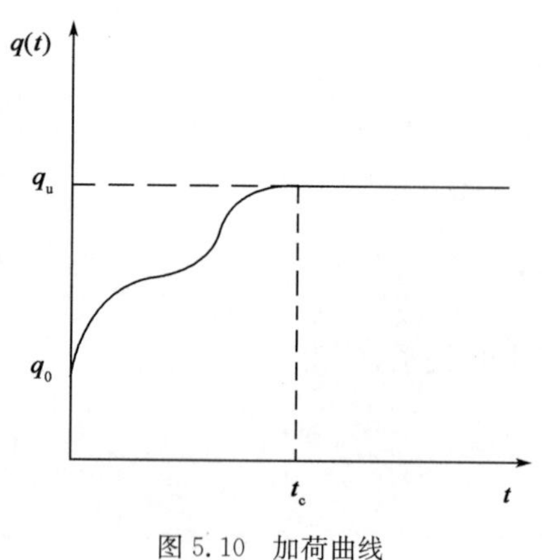

图 5.10　加荷曲线

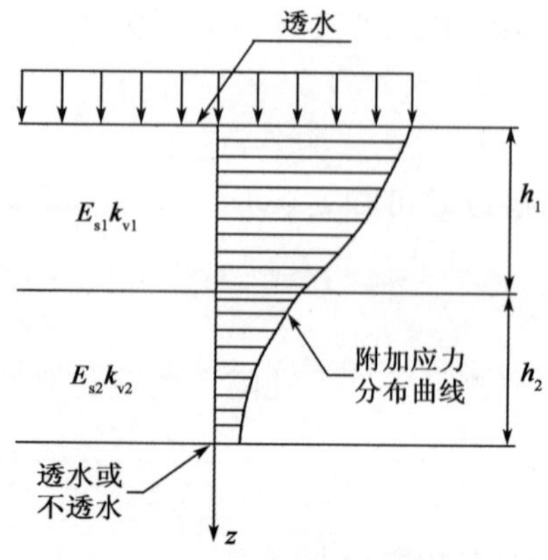

图 5.11　双层地基计算模型

5.2.2　解析解通解

解析解通解考虑了沿竖向分布的初始超孔隙水压力和附加应力、时间相关的荷载和不同的排水边界条件。

(1)单面排水

为简化固结方程,定义无量纲参数:$a=\dfrac{k_{v2}}{k_{v1}}$;$b=\dfrac{m_{v2}}{m_{v1}}=\dfrac{E_{s1}}{E_{s2}}$;$c=\dfrac{h_2}{h_1}$。

对于地基上表面排水、底部不排水情况,参考太沙基单层地基一维固结解[35],设孔压为

$$u_i=\sum_{m=1}^{\infty}g_{mi}(z)e^{-\beta_m t}[B_m+C_m T_m(t)]\quad(i=1,2)\tag{5.19}$$

式中:　$g_{m1}(z)=\sin(\lambda_m\dfrac{z}{h_1})$,$g_{m2}(z)=A_m\cos(\mu\lambda_m\dfrac{H-z}{h_1})$;

β_m、μ、λ_m、A_m、B_m、C_m——待定系数,可联合初始和边界条件及控制方程导出;

$T_m(t)$——关于 t 的待定系数,由控制方程中的 $L(z,t)$ 项引起。

显然式(5.19)满足边界条件式(5.18a),由层间连续条件可得

$$\sum_{m=1}^{\infty}\sin(\lambda_m)e^{-\beta_m t}[B_m+C_m T_m(t)]=\sum_{m=1}^{\infty}A_m\cos(\mu c\lambda_m)e^{-\beta_m t}[B_m+C_m T_m(t)]\tag{5.20}$$

$$k_{v1}\sum_{m=1}^{\infty}\frac{\lambda_m}{h_1}\cos(\lambda_m)e^{-\beta_m t}[B_m+C_m T_m(t)]=k_{v2}\sum_{m=1}^{\infty}A_m\mu\frac{\lambda_m}{h_1}\sin(\mu c\lambda_m)e^{-\beta_m t}[B_m+C_m T_m(t)]\tag{5.21}$$

即

$$A_m=\frac{\sin(\lambda_m)}{\cos(\mu c\lambda_m)},\ \mu a\tan(\lambda_m)\tan(\mu c\lambda_m)=1$$

将式(5.19)代入式(5.17)中,有

$$\sum_{m=1}^{\infty}\sin(\lambda_m\frac{z}{h_1})\{-\beta_m e^{-\beta_m t}[B_m+C_m T_m(t)]+e^{-\beta_m t}C_m T_m'(t)\}$$

$$= C_{v1}\sum_{m=1}^{\infty}(-)\frac{\lambda_m^2}{h_1^2}\sin(\lambda_m\frac{z}{h_1})e^{-\beta_m t}[B_m + C_m T_m(t)] + L(z,t) \tag{5.22}$$

$$\sum_{m=1}^{\infty}A_m\cos(\mu\lambda_m\frac{H-z}{h_1})\{-\beta_m e^{-\beta_m t}[B_m + C_m T_m(t)] + e^{-\beta_m t}C_m T'_m(t)\}$$

$$= C_{v2}\sum_{m=1}^{\infty}A_m(-)\frac{\mu^2\lambda_m^2}{h_1^2}\cos(\mu\lambda_m\frac{H-z}{h_1})e^{-\beta_m t}[B_m + C_m T_m(t)] + L(z,t) \tag{5.23}$$

由式(5.22)得：$\beta_m = \frac{C_{v1}\lambda_m^2}{h_1^2}$。由式(5.23)得：$\beta_m = \frac{C_{v2}\mu^2\lambda_m^2}{h_1^2}$。进而 $\mu = \sqrt{\frac{C_{v1}}{C_{v2}}} = \sqrt{\frac{b}{a}}$。

因此有

$$\sum_{m=1}^{\infty}C_m\sin(\lambda_m\frac{z}{h_1})e^{-\beta_m t}T'_m(t) = L(z,t) \tag{5.24}$$

$$\sum_{m=1}^{\infty}A_m C_m\cos(\mu\lambda_m\frac{H-z}{h_1})e^{-\beta_m t}T'_m(t) = L(z,t) \tag{5.25}$$

利用如下正交关系：$\int_0^{h_1}m_{v1}g_{m1}(z)\cdot g_{n1}(z)dz + \int_{h_1}^{H}m_{v2}g_{m2}(z)\cdot g_{n2}(z)dz$

$$= \begin{cases} 0 & (m \neq n) \\ \frac{1}{2}h_1 m_{v1}(1 + bcA_m^2) & (m = n) \end{cases} \tag{5.26}$$

将 $L(z,t)$ 按 $g_{m1}(z)$ 与 $g_{m2}(z)$ 展开，得

$$L(z,t) = \begin{cases} \sum_{m=1}^{\infty}L_m(t)g_{m1}(z) & (0 < z \leqslant h_1) \\ \sum_{m=1}^{\infty}L_m(t)g_{m2}(z) & (h_1 < z \leqslant H) \end{cases} \tag{5.27}$$

可得

$$L_m(t) = \frac{2\left[\int_0^{h_1}L(z,t)g_{m1}(z)dz + b\int_{h_1}^{H}L(z,t)g_{m2}(z)dz\right]}{h_1(1 + bcA_m^2)} \tag{5.28}$$

因此式(5.24)和式(5.25)将转化为

$$\sum_{m=1}^{\infty}g_{m1}(z)e^{-\beta_m t}T'_m(t) = \sum_{m=1}^{\infty}L_m(t)g_{m1}(z) \tag{5.29}$$

$$\sum_{m=1}^{\infty}g_{m2}(z)e^{-\beta_m t}T'_m(t) = \sum_{m=1}^{\infty}L_m(t)g_{m2}(z) \tag{5.30}$$

因此有

$$T_m = \int_0^t e^{\beta_m \tau}L_m(\tau)d\tau \tag{5.31}$$

将 $L(z,t) = K(z)R(t)$ 代入式(5.28)中，有

$$L_m(t) = R(t)C_m \tag{5.32}$$

其中

$$C_{\mathrm{m}}=\frac{2\left[\int_0^{h_1}K_1(z)g_{\mathrm{m1}}(z)\mathrm{d}z+b\int_{h_1}^{H}K_2(z)g_{\mathrm{m2}}(z)\mathrm{d}z\right]}{h_1(1+bcA_m^2)}$$

$$=\frac{2\left[\int_0^{h_1}K_1(z)\sin(\lambda_{\mathrm{m}}\frac{z}{h_1})\mathrm{d}z+b\int_{h_1}^{H}K_2(z)\frac{\sin(\lambda_{\mathrm{m}})}{\cos(\mu c\lambda_{\mathrm{m}})}\cos(\mu\lambda_{\mathrm{m}}\frac{H-z}{h_1})\mathrm{d}z\right]}{h_1(1+bcA_{\mathrm{m}}^2)}$$

$K_1(z)$与$K_2(z)$分别为土层 1 和 2 的附加应力分布系数的函数。

将式(5.32)代入式(5.31)，有

$$T_{\mathrm{m}}(t)=\int_0^t e^{\beta_{\mathrm{m}}\tau}L_{\mathrm{m}}(\tau)\mathrm{d}\tau=C_{\mathrm{m}}\int_0^t e^{\beta_{\mathrm{m}}\tau}R(\tau)\mathrm{d}\tau \tag{5.33}$$

同理可得

$$B_{\mathrm{m}}=\frac{2\left[\int_0^{h_1}p_1(z)g_{\mathrm{m1}}(z)\mathrm{d}z+b\int_{h_1}^{H}p_2(z)g_{\mathrm{m2}}(z)\mathrm{d}z\right]}{h_1(1+bcA_{\mathrm{m}}^2)}$$

$$=\frac{2\left[\int_0^{h_1}p_1(z)\sin(\lambda_{\mathrm{m}}\frac{z}{h_1})\mathrm{d}z+b\int_{h_1}^{H}p_2(z)\frac{\sin(\lambda_{\mathrm{m}})}{\cos(\mu c\lambda_{\mathrm{m}})}\cos(\mu\lambda_{\mathrm{m}}\frac{H-z}{h_1})\mathrm{d}z\right]}{h_1(1+bcA_{\mathrm{m}}^2)} \tag{5.34}$$

比较B_{m}与C_{m}得表达式可知，两者表达式具有一致性，但代表的意义却不相同，C_{m}中$K_1(z)$与$K_2(z)$代表附加应力分布系数的函数，而B_{m}中的$p_1(z)$与$p_2(z)$代表初始孔压分布函数。

因此单面排水附加应力与初始孔压任意分布的双层地基一维固结解答为

$$u_1=\sum_{m=1}^{\infty}\sin(\lambda_{\mathrm{m}}\frac{z}{h_1})e^{-\beta_{\mathrm{m}}t}\left[B_{\mathrm{m}}+C_{\mathrm{m}}\int_0^t e^{\beta_{\mathrm{m}}\tau}R(\tau)\mathrm{d}\tau\right] \tag{5.35}$$

$$u_2=\sum_{m=1}^{\infty}\frac{\sin(\lambda_{\mathrm{m}})}{\cos(\mu c\lambda_{\mathrm{m}})}\cos(\mu\lambda_{\mathrm{m}}\frac{H-z}{h_1})e^{-\beta_{\mathrm{m}}t}\left[B_{\mathrm{m}}+C_{\mathrm{m}}\int_0^t e^{\beta_{\mathrm{m}}\tau}R(\tau)\mathrm{d}\tau\right] \tag{5.36}$$

其中

$$\mu=\sqrt{\frac{C_{\mathrm{v1}}}{C_{\mathrm{v2}}}}=\sqrt{\frac{b}{a}}$$

$$\beta_{\mathrm{m}}=\frac{C_{\mathrm{v1}}\lambda_{\mathrm{m}}^2}{h_1^2}$$

$$A_{\mathrm{m}}=\frac{\sin(\lambda_{\mathrm{m}})}{\cos(\mu c\lambda_{\mathrm{m}})}$$

$$B_{\mathrm{m}}=\frac{2\left[\int_0^{h_1}p_1(z)\sin(\lambda_{\mathrm{m}}\frac{z}{h_1})\mathrm{d}z+b\int_{h_1}^{H}p_2(z)\frac{\sin(\lambda_{\mathrm{m}})}{\cos(\mu c\lambda_{\mathrm{m}})}\cos(\mu\lambda_{\mathrm{m}}\frac{H-z}{h_1})\mathrm{d}z\right]}{h_1(1+bcA_{\mathrm{m}}^2)}$$

$$C_{\mathrm{m}}=\frac{2\left[\int_0^{h_1}K_1(z)\sin(\lambda_{\mathrm{m}}\frac{z}{h_1})\mathrm{d}z+b\int_{h_1}^{H}K_2(z)\frac{\sin(\lambda_{\mathrm{m}})}{\cos(\mu c\lambda_{\mathrm{m}})}\cos(\mu\lambda_{\mathrm{m}}\frac{H-z}{h_1})\mathrm{d}z\right]}{h_1(1+bcA_{\mathrm{m}}^2)}$$

λ_m 由以下特征方程确定，即：$\mu a\tan(\lambda_m)\tan(\mu c\lambda_m)=1$ 。

(2)双面排水

对于地基上下表面均排水的情况，和单面排水的固结解推导过程类似，可得附加应力与初始孔压任意分布的双层地基一维固结解答为

$$u_1=\sum_{m=1}^{\infty}\sin(\lambda_m\frac{z}{h_1})e^{-\beta_m t}\left[B_m+C_m\int_0^t e^{\beta_m\tau}R(\tau)d\tau\right] \tag{5.37}$$

$$u_2=\sum_{m=1}^{\infty}\frac{\sin(\lambda_m)}{\cos(\mu c\lambda_m)}\sin(\mu\lambda_m\frac{H-z}{h_1})e^{-\beta_m t}\left[B_m+C_m\int_0^t e^{\beta_m\tau}R(\tau)d\tau\right] \tag{5.38}$$

其中

$$\mu=\sqrt{\frac{C_{v1}}{C_{v2}}}=\sqrt{\frac{b}{a}}$$

$$\beta_m=\frac{C_{v1}\lambda_m^2}{h_1^2}$$

$$A_m=\frac{\sin(\lambda_m)}{\sin(\mu c\lambda_m)}$$

$$B_m=\frac{2\left[\int_0^{h_1}p_1(z)\sin(\lambda_m\frac{z}{h_1})dz+b\int_{h_1}^{H}p_2(z)A_m\sin(\mu\lambda_m\frac{H-z}{h_1})dz\right]}{h_1(1+bcA_m^2)}$$

$$C_m=\frac{2\left[\int_0^{h_1}K_1(z)\sin(\lambda_m\frac{z}{h_1})dz+b\int_{h_1}^{H}K_2(z)A_m\sin(\mu\lambda_m\frac{H-z}{h_1})dz\right]}{h_1(1+bcA_m^2)}$$

λ_m 由以下特征方程确定，即：$\sqrt{ab}\tan(\lambda_m)\cdot\cot(\mu c\lambda_m)=-1$ 。

5.2.3　不同加载条件下的固结解答

(1)瞬时加载

由于荷载瞬时加载，则 $R_t=0$，式(5.35)～式(5.38)可简化为

$$u_1=\sum_{m=1}^{\infty}B_m\sin(\lambda_m\frac{z}{h_1})e^{-\beta_m t}\quad(单面或双面排水) \tag{5.39}$$

$$u_2=\begin{cases}\sum_{m=1}^{\infty}B_m\dfrac{\sin\lambda_m}{\cos(\mu c\lambda_m)}\sin(\mu\lambda_m\dfrac{H-z}{h_1})e^{-\beta_m t} & (单面排水)\\ \sum_{m=1}^{\infty}B_m\dfrac{\sin\lambda_m}{\sin(\mu c\lambda_m)}\sin(\mu\lambda_m\dfrac{H-z}{h_1})e^{-\beta_m t} & (双面排水)\end{cases} \tag{5.40}$$

将初始超孔隙水压力的分布假定为双线性，即假设

$$p_1(z)=\frac{p_1}{\psi}\cdot\left[1+(\psi-1)\frac{h_1-z}{h_1}\right],\psi=\frac{p_1}{p_2} \tag{5.41a}$$

$$p_2(z)=\frac{p_1}{\psi\phi h_2}\cdot[\phi H+(1-\phi)z-h_1],\phi=\frac{p_2}{p_3} \tag{5.41b}$$

p_1、p_2、p_3 的分布简图见图5.12。

将 $p_1(z)$、$p_2(z)$ 代入 B_m 中，得

①单面排水：

$$B_m = \frac{2\left[\int_0^{h_1} p_1(z) g_{m1}(z) \mathrm{d}z + b\int_{h_1}^{H} p_2(z) g_{m2}(z) \mathrm{d}z\right]}{h_1(1+bcA_m^2)}$$

$$= \frac{2p_1\left\{\int_0^{h_1}\left[\frac{1}{\psi}+\left(1-\frac{1}{\psi}\right)\frac{h_1-z}{h_1}\right]\sin(\lambda_m\frac{z}{h_1})\mathrm{d}z + b\int_{h_1}^{H}\frac{\phi H+(1-\phi)z-h_1}{\psi\phi h_2}\frac{\sin\lambda_m}{\cos(\mu c\lambda_m)}\cos(\mu\lambda_m\frac{H-z}{h_1})\mathrm{d}z\right\}}{h_1\left[1+bc\left(\frac{\sin\lambda_m}{\cos(\mu c\lambda_m)}\right)^2\right]} \tag{5.42}$$

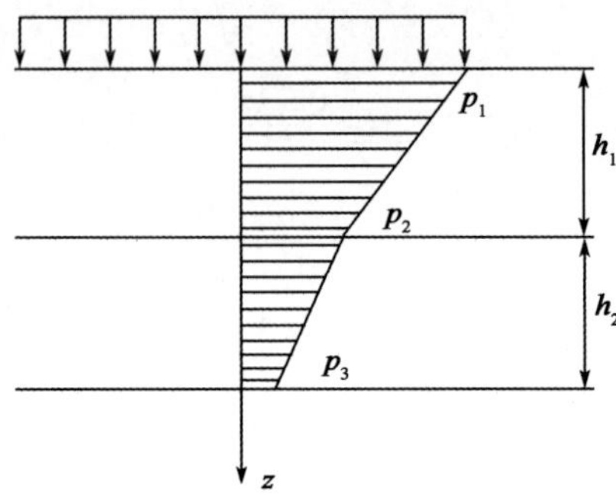

图 5.12 p_1、p_2、p_3 的分布简图

②双面排水：

$$B_m = \frac{2\left[\int_0^{h_1} p_1(z) g_{m1}(z) \mathrm{d}z + b\int_{h_1}^{H} p_2(z) g_{m2}(z) \mathrm{d}z\right]}{h_1(1+bcA_m^2)}$$

$$= \frac{2p_1\left\{\int_0^{h_1}\left[\frac{1}{\psi}+\left(1-\frac{1}{\psi}\right)\frac{h_1-z}{h_1}\right]\sin(\lambda_m\frac{z}{h_1})\mathrm{d}z + b\int_{h_1}^{H}\frac{\phi H+(1-\phi)z-h_1}{\psi\phi h_2}\frac{\sin\lambda_m}{\sin(\mu c\lambda_m)}\sin\left(\mu\lambda_m\frac{H-z}{h_1}\right)\mathrm{d}z\right\}}{h_1\left\{1+bc\left[\frac{\sin\lambda_m}{\sin(\mu c\lambda_m)}\right]^2\right\}} \tag{5.43}$$

固结度的定义为

令

$$\overline{p_1} = \int_0^{h_1} p_1(z)\frac{\mathrm{d}z}{h_1} = p_1(1+\psi)/2\psi$$

$$\overline{p_2} = \int_{h_1}^{H} p_2(z)\frac{\mathrm{d}z}{h_2} = p_1(1+\phi)/2\psi\phi$$

$$\overline{u_1} = \int_0^{h_1} u_1(z)\frac{\mathrm{d}z}{h_1} = \sum_{m=1}^{\infty}\frac{B_m}{\lambda_m}(1-\cos\lambda_m)\mathrm{e}^{-\beta_m t} \tag{5.44a}$$

$$\overline{u_2} = \int_{h_1}^{H} u_2(z)\frac{\mathrm{d}z}{h_2} = \begin{cases}\sum_{m=1}^{\infty}\frac{B_m}{bc\lambda_m}\cos\lambda_m\exp(-\beta_m t) & \text{（单面排水）}\\ \sum_{m=1}^{\infty}\frac{B_m}{\mu c\lambda_m}\left[\frac{\sin\lambda_m}{\sin(\mu c\lambda_m)}+\frac{\cos\lambda_m}{\sqrt{ab}}\right]\mathrm{e}^{-\beta_m t} & \text{（双面排水）}\end{cases} \tag{5.44b}$$

则按沉降定义，固结度为

$$U_s=\frac{S_t}{S_\infty}=\frac{\frac{h_1}{E_{s1}}(\overline{p_1}-\overline{u_1})+\frac{h_2}{E_{s2}}(\overline{p_2}-\overline{u_2})}{\frac{h_1\ \overline{p_1}}{E_{s1}}+\frac{h_2\ \overline{p_2}}{E_{s2}}}$$

$$=\frac{\overline{p_1}-\overline{u_1}+bc(\overline{p_2}-\overline{u_2})}{\overline{p_1}+bc\ \overline{p_2}}=1-\frac{\overline{u_1}+bc\ \overline{u_2}}{\overline{p_1}+bc\ \overline{p_2}}$$

$$=\begin{cases}1-\dfrac{B_m}{\lambda_m(\overline{p_1}+bc\ \overline{p_2})}e^{-\beta_m t} & (单面排水)\\ 1-\dfrac{B_m[\sin(\mu c\lambda_m)+\sqrt{ab}\sin\lambda_m]}{\lambda_m(\overline{p_1}+bc\ \overline{p_2})\sin(\mu c\lambda_m)}e^{-\beta_m t} & (双面排水)\end{cases}\tag{5.45}$$

从式(5.45)中可看出，在 a、b、c 一定情况下，U_s 只与 ψ、ϕ 的大小有关，即与 $p_1:p_2:p_3$ 的大小有关。

(2)线性匀速加载

当外部荷载如图5.13所示的情况时，有

$$q(t)=\begin{cases}q_u t/t_c & (0<t\leqslant t_c)\\ q_u & (t\geqslant t_c)\end{cases}\tag{5.46a}$$

$$R(t)=\begin{cases}q_u/t_c & (0<t\leqslant t_c)\\ 0 & (t\geqslant t_c)\end{cases}\tag{5.46b}$$

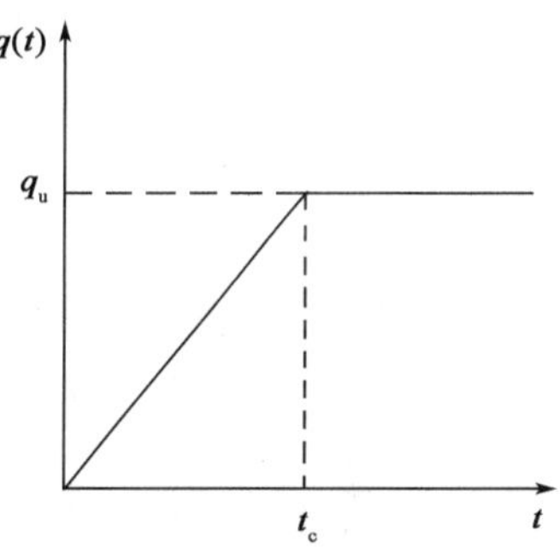

图5.13 加载曲线

当不考虑土的自重固结时，由于初始外荷载为零，所以引起的初始孔压为零，即 $p_i(z)=0$，则 $B_m=0$。因此可得单级匀速加载条件下考虑附加应力任意分布的双层地基一维固结解答为

对于加载阶段($0<t\leqslant t_c$)

$$u_1=q_u\sum_{m=1}^{\infty}\frac{C_m}{\lambda_m^2T_c}\sin\left(\lambda_m\frac{z}{h_1}\right)(1-e^{-\lambda_m^2T_v})\quad (单面或双面排水)\tag{5.47}$$

$$u_2=\begin{cases}q_u\sum\limits_{m=1}^{\infty}\dfrac{C_m\sin\lambda_m}{\lambda_m^2T_c\cos(\mu c\lambda_m)}\cos\left(\mu\lambda_m\dfrac{H-z}{h_1}\right)(1-e^{-\lambda_m^2T_v}) & (单面排水)\\ q_u\sum\limits_{m=1}^{\infty}\dfrac{C_m\sin\lambda_m}{\lambda_m^2T_c\sin(\mu c\lambda_m)}\sin\left(\mu\lambda_m\dfrac{H-z}{h_1}\right)(1-e^{-\lambda_m^2T_v}) & (双面排水)\end{cases}\tag{5.48}$$

对于停荷阶段($t\geqslant t_c$)

$$u_1=q_u\sum_{m=1}^{\infty}\frac{C_m}{\lambda_m^2T_c}\sin\left(\lambda_m\frac{z}{h_1}\right)e^{-\lambda_m^2T_v}(e^{\lambda_m^2T_c}-1)\quad (单面或双面排水)\tag{5.49}$$

$$u_2=\begin{cases}q_u\sum\limits_{m=1}^{\infty}\dfrac{C_m\sin\lambda_m}{\lambda_m^2 T_c\cos(\mu c\lambda_m)}\cos\left(\mu\lambda_m\dfrac{H-z}{h_1}\right)e^{-\lambda_m^2 T_v}(e^{\lambda_m^2 T_c}-1) & (\text{单面排水})\\ q_u\sum\limits_{m=1}^{\infty}\dfrac{C_m\sin\lambda_m}{\lambda_m^2 T_c\sin(\mu c\lambda_m)}\sin\left(\mu\lambda_m\dfrac{H-z}{h_1}\right)e^{-\lambda_m^2 T_v}(e^{\lambda_m^2 T_c}-1) & (\text{双面排水})\end{cases} \tag{5.50}$$

其中 $T_c=C_{v1}t_c/h_1^2$；$T_v=C_{v1}t/h_1^2$。

将附加应力分布系数假定为双线性，即有

$$K_1(z)=\frac{1}{\psi}+(\psi-1)\frac{h_1-z}{h_1\psi},\psi=\frac{P_1}{P_2} \tag{5.51a}$$

$$K_2(z)=\frac{[\phi H+(1-\phi)z-h_1]}{\psi\phi h_2},\varphi=\frac{P_2}{P_3} \tag{5.51b}$$

式中：P_1、P_2、P_3——加载过程某一时间硬壳层顶面、硬壳层与软土层层间处、软土层底面的附加应力值，由于考虑土体为线弹性体，$P_1:P_2:P_3$ 的值应为常数。

同理可得如下公式：

①单面排水。

$$C_m=\frac{2\left\{\int_0^{h_1}\left[\frac{1}{\psi}+(1-\frac{1}{\psi})\frac{h_1-z}{h_1}\right]\sin(\lambda_m\frac{z}{h_1})dz+b\int_{h_1}^{H}\frac{\varphi H+(1-\varphi)z-h_1}{\psi\varphi h_2}\frac{\sin\lambda_m}{\cos(\mu c\lambda_m)}\cos(\mu\lambda_m\frac{H-z}{h_1})dz\right\}}{h_1\left\{1+bc\left[\frac{\sin\lambda_m}{\cos(\mu c\lambda_m)}\right]^2\right\}}$$

②双面排水。

$$C_m=\frac{2\left\{\int_0^{h_1}\left[\frac{1}{\psi}+(1-\frac{1}{\psi})\frac{h_1-z}{h_1}\right]\sin(\lambda_m\frac{z}{h_1})dz+b\int_{h_1}^{H}\frac{\varphi H+(1-\varphi)z-h_1}{\psi\varphi h_2}\frac{\sin\lambda_m}{\sin(\mu c\lambda_m)}\sin(\mu\lambda_m\frac{H-z}{h_1})dz\right\}}{h_1\left\{1+bc\left[\frac{\sin\lambda_m}{\sin(\mu c\lambda_m)}\right]^2\right\}}$$

根据固结度的定义，令

$$\overline{K_1}=\frac{1}{h_1}\int_0^{h_1}K_1(z)dz;\overline{K_2}=\frac{1}{h_2}\int_{h_1}^{H}K_2(z)dz$$

$$\overline{u_1}=\int_0^{h_1}u_1(z)\frac{dz}{h_1};\overline{u_2}=\int_{h_1}^{H}u_2(z)\frac{dz}{h_2}$$

按沉降计算的固结度，有

$$U_s=\frac{S_t}{S_\infty}=\frac{\frac{h_1}{E_{s1}}[q(t)\overline{K_1}-\overline{u_1}]+\frac{h_2}{E_{s2}}[q(t)\overline{K_2}-\overline{u_2}]}{\frac{h_1q_u\overline{K_1}}{E_{s1}}+\frac{h_2q_u\overline{K_2}}{E_{s2}}}=\frac{q(t)}{q_u}-\frac{\overline{u_1}+bc\overline{u_2}}{q_u(\overline{K_1}+bc\overline{K_2})}$$

$$=\begin{cases}\begin{cases}\dfrac{T_v}{T_c}-\sum\limits_{m=1}^{\infty}\dfrac{C_m}{\lambda_m^3T_c(\overline{K_1}+bc\overline{K_2})}(1-e^{-\lambda_m^2T_v}) & t_c\geqslant t\geqslant 0\\ 1-\sum\limits_{m=1}^{\infty}\dfrac{C_m}{\lambda_m^3T_c(\overline{K_1}+bc\overline{K_2})}e^{-\lambda_m^2T_v}(e^{\lambda_m^2T_c}-1) & t\geqslant t_c\end{cases} & (\text{单面排水})\\ \begin{cases}\dfrac{T_v}{T_c}-\dfrac{C_m[\sin(\mu c\lambda_m)+\sqrt{ab}\sin\lambda_m]}{\lambda_m^3T_c(\overline{K_1}+bc\overline{K_2})\sin(\mu c\lambda_m)}(1-e^{-\lambda_m^2T_v}) & t_c\geqslant t\geqslant 0\\ 1-\sum\limits_{m=1}^{\infty}\dfrac{C_m[\sin(\mu c\lambda_m)+\sqrt{ab}\sin\lambda_m]}{\lambda_m^3T_c(\overline{K_1}+bc\overline{K_2})\sin(\mu c\lambda_m)}e^{-\lambda_m^2T_v}(e^{\lambda_m^2T_c}-1) & t\geqslant t_c\end{cases} & (\text{双面排水})\end{cases} \tag{5.52}$$

此时会发现，当 $t_c \to 0$ 时，根据洛必达法则，式(5.52)中的 $t \geqslant t_c$ 部分即可转化为瞬时加载情况下的固结度公式(5.45)。

5.2.4 上覆硬壳层的软土地基固结性状分析

(1)模型验证

根据公式(5.45)和式(5.52)编制了计算程序用以分析上覆硬壳层软土地基固结性状。为验证建立的固结模型的合理性，进行了两个算例的对比分析。对于第一算例，应用本模型得到了 $\psi=\varphi=1, a=1, b=5, c=1, T_c=C_{v1}t_c/h_1^2=0.2$、0.5、1、2 和 5 的单层地基固结度[图 5.14a)]，计算结果与文献[36]中的图 1.3 完全一致。对于第二个算例，分别采用本模型和文献[19]中图 12 和表 4 得到了该文献中工况 1 例 3 定义的单层地基的固结度，如图 5.14b)所示。从图中可知，除了在固结过程的中间阶段两者稍有差别外，本模型的解析解和文献[19]的数值结果吻合良好。因此，通过两个算例的对比分析，表明本模型是合理的。

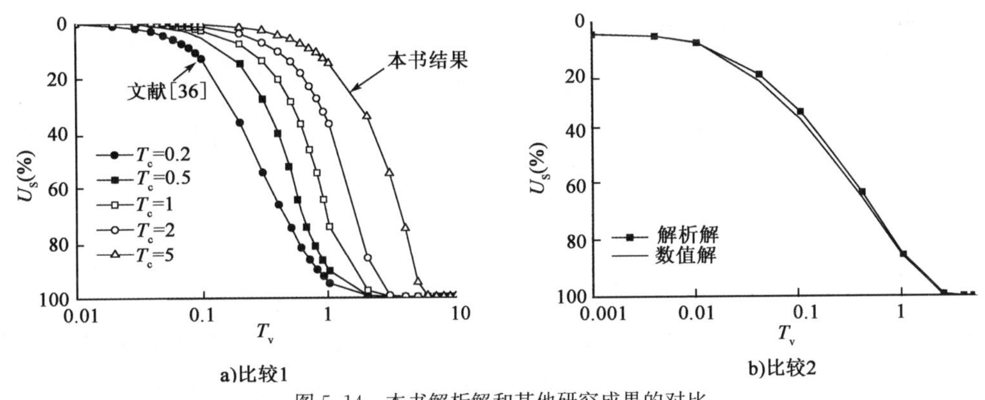

图 5.14 本书解析解和其他研究成果的对比

(2)初始孔压分布对硬壳层软土地基固结性状的影响

对于上覆硬壳层的软土地基，硬壳层通常由于土体沉积或一些长期的工程活动形成，其与下卧软土具有相同的成分和较小的压缩性，无量纲参数 a 将小于 1 而 b 将大于 1。因此，在分析时取 $a=0.2, b=5, c=2$。为考察初始孔压分布对上覆硬壳层软土地基固结性状的影响，考虑了三种初始孔压分布规律，即 $P_1:P_2:P_3=1:1:1$、$0:2:5$ 和 $5:2:0$，分别表示沿竖向均匀分布、逐渐增加和逐渐减小。

图 5.15 给出了不同排水条件下的固结度曲线。图 5.15 表明，初始超孔压分布对不同排水条件下的双层地基固结影响不同。与沿深度均匀分布的初始超孔隙水压力($P_1:P_2:P_3=1:1:1$)的固结过程相比，沿深度增加的初始超孔压($P_1:P_2:P_3=0:2:5$)减缓了固结过程，而沿深度减小的初始超孔压($P_1:P_2:P_3=5:2:0$)加快了固结过程。同时，单面排水条件下，沿深度均匀分布和沿深度增加的初始超孔压下的固结度最大差值、沿深度均匀分布和沿深度增加的

初始超孔压下的固结度最大差值[图 5.15a)中的曲线 1 和曲线 2]分别为−9.9%和 20.8%，而双面排水条件下，两个差值[图 5.15b)中的曲线 1 和曲线 2]分别为−1.8%和 6.5%。因此，初始超孔压分布对单面排水情况下双层地基的固结性状影响较大。

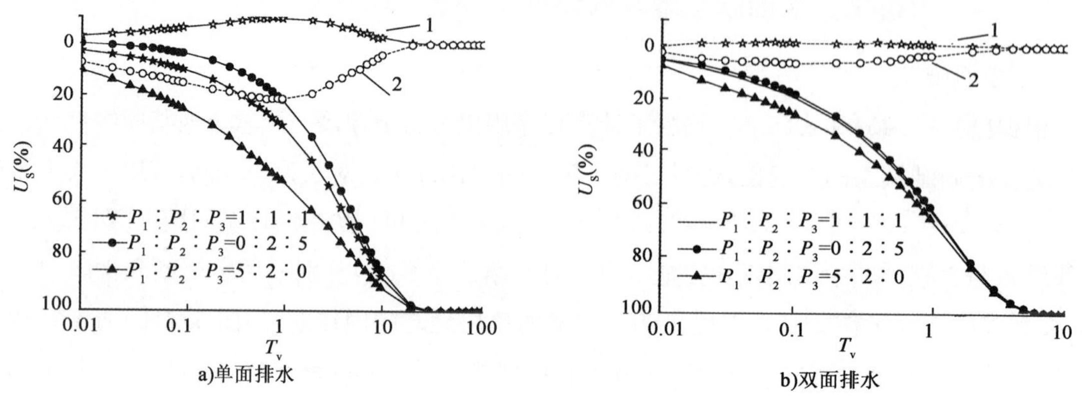

图 5.15 不同排水条件下的固结曲线

(3)沿深度分布的附加应力对硬壳层软土地基固结性状的影响

一般而言，沉降计算时地基底部的附加应力 P_3 不为零，而是取自重应力的 10%。但为比较附加应力沿竖向分布对硬壳层软土地基固结性状的影响，取两种分布模式，即 $P_1:P_2:P_3=$ 1:1:1 和 1:0.4:0，前者表示沿竖向均匀分布，后者表示沿竖向减小的附加应力。为考察加载速率对固结性状的影响，考虑了不同的 t_c，即 T_c。

单面排水时不同附加应力分布对应的固结曲线如图 5.16 所示。由图 5.16 可知，附加应力对双层地基固结过程有比较大的影响。与均匀分布的附加应力($P_1:P_2:P_3=1:1:1$)的固结过程相比，沿深度减小的附加应力($P_1:P_2:P_3=1:0.4:0$)的固结在前期和中期较快。当 $T_c=$ 0.1、0.5、1 和 5 时，两者的最大差值基本出现在固结中期，分别为 21%、21%、20%和 17%。该数值足以决定一个道路或建筑工程的成败。此外，不同 T_c 的固结度差值表明，加载速率应影响双层地基的固结过程。加载速率越大(对应于较小的 T_c)，附加应力的影响越大，双层地基固结越快。

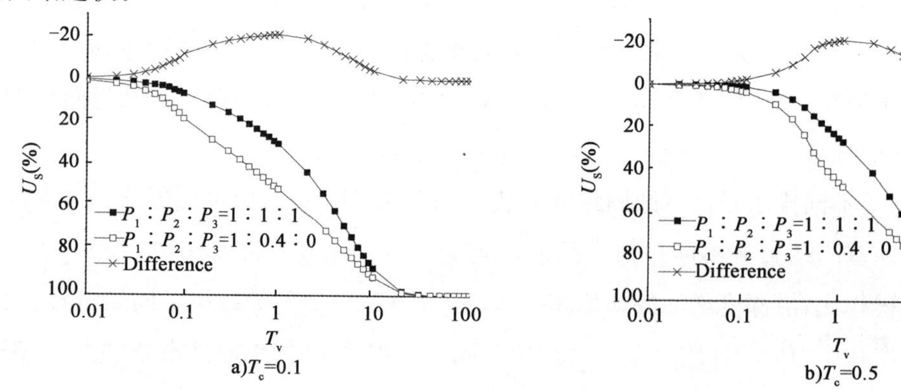

图 5.16

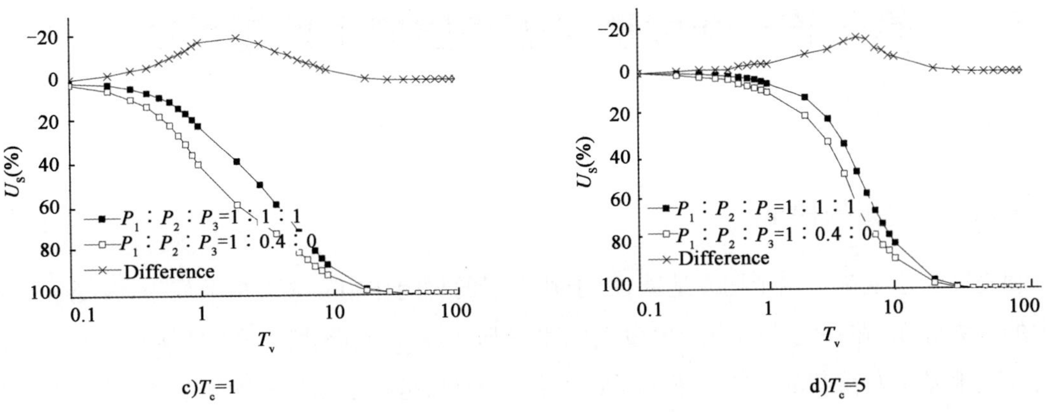

c)T_c=1　　d)T_c=5

图 5.16　单面排水情况下的固结曲线

图 5.17 给出了双面排水时不同附加应力分布下的固结曲线。从图中可知，双面排水时，附加应力仍然影响双层地基固结，不同 T_c 时的最大固结度差值分别为 6%、6%、5%和 2%。与图 5.16 相比，发现附加应力对单面排水下的双层地基固结影响比双面排水情况下的大。同时，附加应力对双层地基固结的影响随 T_c 的增加而逐渐减小。

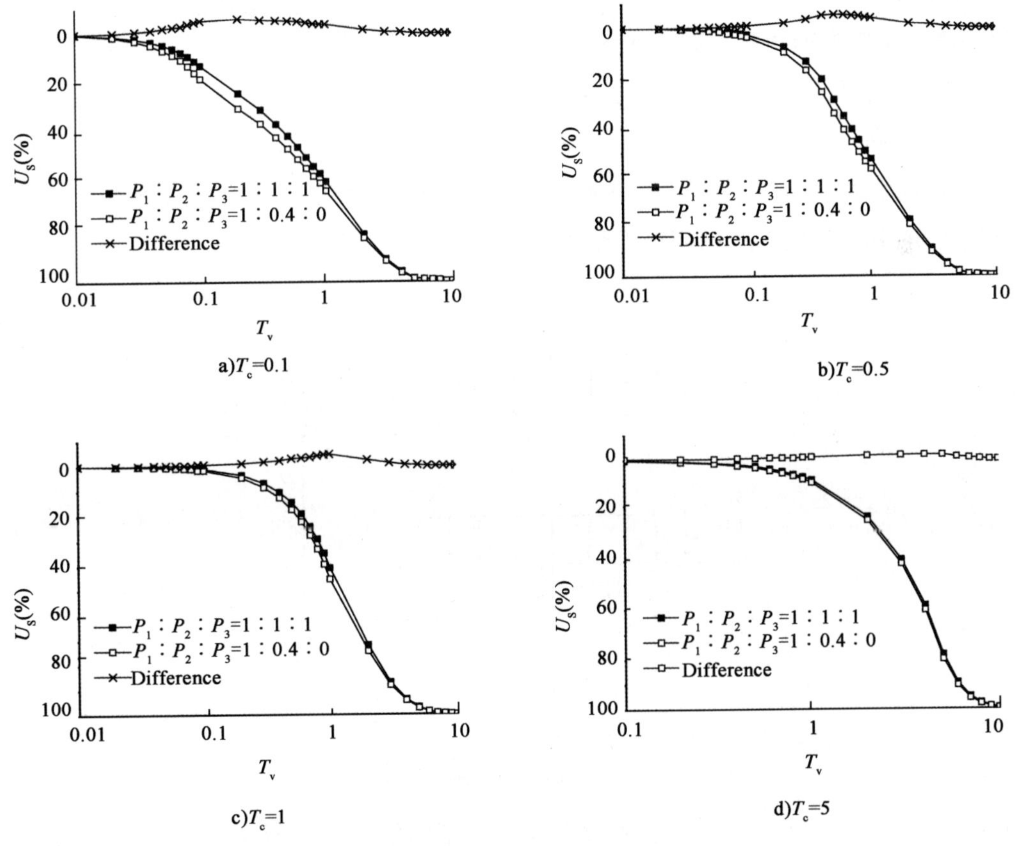

a)T_c=0.1　　b)T_c=0.5

c)T_c=1　　d)T_c=5

图 5.17　双面排水情况下的固结曲线

5.3 基于统一强度理论硬壳层软土地基承载力的确定

5.3.1 问题的提出

硬壳层软土地基不同于均质地基，由于硬壳层的封闭作用和应力扩散作用，改变了软土地基中的应力分布，在一定范围内产生较大的水平压力[37]。王晓谋[38]和问延煦[39]分析了硬壳层对软土地基临塑荷载的影响并推导了计算公式，但都是基于摩尔—库伦强度理论，没有考虑中间主应力的影响。隋凤涛、王士杰[40]运用统一强度理论并考虑了静止侧压力系数 $K_0 \neq 0$ 的情况下均质地基承载力的性状，考虑了中间主应力的影响，所得结果更贴近实际。但是如何将统一强度理论运用到双层地基承载力的分析计算中去，至今还是一个尚未解决的问题。

5.3.2 公式推导

(1)基本假定

忽略硬壳层本身的压缩和剪切变形。

(2)软土层中任意一点的自重应力与附加应力

如图 5.18 所示，硬壳层软土地基上承受条形均布荷载作用，荷载大小为 p，该硬壳层厚为 D，荷载分布宽度为 B，软土抗剪强度参数为 c、φ，硬壳层与软土层压缩模量分别为 E_1 和 E_2，重度分别为 γ_1 和 γ_2，土的静止侧压力系数为 K_0。

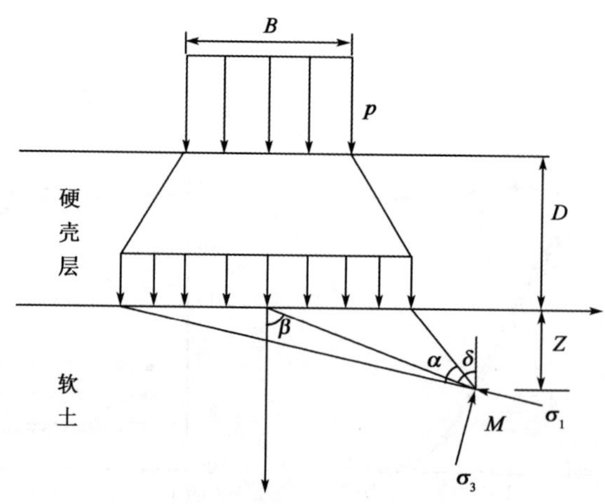

图 5.18　条形均布荷载下地基内任一点受力图

由岩土力学弹性理论[41]可知，基底应力 p 在地基内任意一点 M 处引起的附加应力为

$$\sigma'_z = \frac{p}{\pi}[\alpha + \sin\alpha\cos(\alpha + 2\delta)] \tag{5.53}$$

$$\sigma'_x = \frac{p}{\pi}[\alpha - \sin\alpha\cos(\alpha + 2\delta)] + K_0(\gamma_1 D + \gamma_2 z) \tag{5.54}$$

$$\tau'_{xz} = \frac{p}{\pi}\sin\alpha\sin(\alpha + 2\delta) \tag{5.55}$$

由土体自重在 M 点引起的自重应力为

$$\sigma_{cz} = \gamma_1 D + \gamma_2 z \tag{5.56}$$

$$\sigma_{cx} = K_0(\gamma_1 D + \gamma_2 z) \tag{5.57}$$

$$\tau_{cxz} = 0 \tag{5.58}$$

将式(5.53)、式(5.54)、式(5.55)分别与式(5.56)、式(5.57)、式(5.59)相加，即得 M 点的总应力为

$$\sigma_z = \frac{p}{\pi}[\alpha + \sin\alpha\cos(\alpha + 2\delta)] + \gamma_1 D + \gamma_2 z \tag{5.59}$$

$$\sigma_x = \frac{p}{\pi}[\alpha - \sin\alpha\cos(\alpha + 2\delta)] + K_0(\gamma_1 D + \gamma_2 z) \tag{5.60}$$

$$\tau_{xz} = \frac{p}{\pi}\sin\alpha\sin(\alpha + 2\delta) \tag{5.61}$$

(3)考虑应力扩散作用

在硬壳层应力扩散的研究中，张军辉、江唯伟[42]分析得硬壳层表面荷载大小为 p，则层间竖向附加应力为 pK_c，K_c 为硬壳层软土地基层间附加应力系数，与硬壳层厚度 D 与荷载分布宽度 B 之比 D/B、硬壳层与软土地基的压缩模量之比 E_1/E_2 有关系。则

$$\sigma_z = \frac{pK_c}{\pi}[\alpha + \sin\alpha\cos(\alpha + 2\delta)] + \gamma_1 D + \gamma_2 z \tag{5.62}$$

$$\sigma_x = \frac{pK_c}{\pi}[\alpha - \sin\alpha\cos(\alpha + 2\delta)] + K_0(\gamma_1 D + \gamma_2 z) \tag{5.63}$$

$$\tau_{xz} = \frac{pK_c}{\pi}\sin\alpha\sin(\alpha + 2\delta) \tag{5.64}$$

根据公式

$$\left\{\begin{matrix}\sigma_1 \\ \sigma_3\end{matrix}\right. = \frac{\sigma_z + \sigma_x}{2} \pm \sqrt{\left(\frac{\sigma_z - \sigma_x}{2}\right)^2 + \tau_{xz}^2} \tag{5.65}$$

可得 M 点的大、小主应力为

$$\left\{\begin{matrix}\sigma_1 \\ \sigma_3\end{matrix}\right. = \frac{pK_c}{\pi}\alpha + \frac{1 + K_0}{2}(\gamma_1 D + \gamma_2 z) \pm \sqrt{\left[\frac{pK_c}{\pi}\sin\alpha\cos(\alpha + 2\delta) + \frac{1 - K_0}{2}(\gamma_1 D + \gamma_2 z)\right]^2 + \left[\frac{pK_c}{\pi}\sin\alpha\sin(\alpha + 2\delta)\right]^2} \tag{5.66}$$

由于地基土的塑性区首先出现于荷载作用面的边缘，且在基础边缘下 $b/4$ 深度范围的塑性区内 $\tau_{xz} \geqslant (\sigma_z - \sigma_x)/2$，利用 $\sqrt{A^2+B^2} \approx 0.96A + 0.376B \approx 1.0A + 0.38B$[43] 对式(5.66)化简，则有

$$\sigma_1 = \frac{pK_c}{\pi}[\alpha + \sin\alpha\sin(\alpha + 2\delta) + 0.38\sin\alpha \cdot \cos(\alpha + 2\delta)] + (0.69 + 0.31K_0)(\gamma_1 D + \gamma_2 z) \tag{5.67}$$

$$\sigma_3 = \frac{pK_c}{\pi}[\alpha - \sin\alpha\sin(\alpha + 2\delta) - 0.38\sin\alpha \cdot \cos(\alpha + 2\delta)] + (0.31 + 0.69K_0)(\gamma_1 D + \gamma_2 z) \tag{5.68}$$

(4)考虑封闭作用

在硬壳层封闭作用的研究中，问延煦[39]通过分析，为简化计算，认为在硬壳层顶面施加荷载过程的第一阶段水平应力增加值和竖向应力的增加值相同，均为 p_0。则

$$\sigma_1 = \frac{pK_c}{\pi}[\alpha + \sin\alpha\sin(\alpha + 2\delta) + 0.38\sin\alpha \cdot \cos(\alpha + 2\delta)] + (0.69 + 0.31K_0)(\gamma_1 D + \gamma_2 z) + p_0 \tag{5.69}$$

$$\sigma_3 = \frac{pK_c}{\pi}[\alpha - \sin\alpha\sin(\alpha + 2\delta) - 0.38\sin\alpha \cdot \cos(\alpha + 2\delta)] + (0.31 + 0.69K_0)(\gamma_1 D + \gamma_2 z) + p_0 \tag{5.70}$$

(5)地基临塑荷载

若 M 点位于塑性区的边界上，它就处于极限破坏状态。根据统一强度理论，当 M 点达到极限平衡状态时，该点的大、小主应力应满足极限平衡条件：

$$\frac{\sigma_1 - \sigma_3}{2} = \frac{\sigma_1 + \sigma_3}{2}\sin\varphi_t + c_t\cos\varphi_t \tag{5.71}$$

其中

$$\left.\begin{aligned} \sin\varphi_t &= \frac{2(1+b)\sin\varphi}{2(1+b) + mb(\sin\varphi - 1)} \\ c_t &= \frac{2(1+b)c\cos\varphi}{\cos\varphi_t[2(1+b) + mb(\sin\varphi - 1)]} \end{aligned}\right\} \tag{5.72}$$

式中：c_t、φ_t——统一黏聚力和内摩擦角；

b——反映中间主应力以及相应面上的正应力对材料破坏影响程度的系数。

当材料屈服时，$m \to 1$。

将式(5.69)、式(5.70)代入到式(5.71)中，可得塑性区的边界方程表达式为

$$z = \frac{2pK_c}{\pi Q\gamma_2}(\sin\alpha - \alpha\sin\varphi_t) - \frac{2c_t}{Q\gamma_2}\cos\varphi_t - \frac{\gamma_1}{\gamma_2}D - \frac{2p_0\sin\varphi_t}{Q\gamma_2} \tag{5.73}$$

$$Q = (1 + K_0)\sin\varphi_t - 0.38(1 - K_0) \tag{5.74}$$

根据$\frac{dz}{d\alpha}=0$，求得$\alpha=\frac{\pi}{2}-\varphi_t$，将$\alpha$代入式(5.73)，可得塑性区发展最大深度$z_{max}$表达式为

$$z_{max}=\frac{2pK_c}{\pi Q\gamma_2}\left[\cos\varphi_t-\left(\frac{\pi}{2}-\varphi_t\right)\sin\varphi_t\right]-\frac{2c_t}{Q\gamma_2}\cos\varphi_t-\frac{\gamma_1}{\gamma_2}D-\frac{2p_0\sin\varphi_t}{Q\gamma_2} \tag{5.75}$$

令式(5.75)中$z_{max}=0$，可得临塑荷载p_{cr}的表达式为

$$p_{cr}=\frac{\pi\left(c_t\cos\varphi_t+p_0\sin\varphi_t+\frac{1}{2}Q\gamma_1D\right)}{K_c\left[\cos\varphi_t-\left(\frac{\pi}{2}-\varphi_t\right)\sin\varphi_t\right]} \tag{5.76}$$

(6)公式的退化分析

当$b=0$时，可以退化为基于Mohr-Coulomb强度理论的临塑荷载p_{cr}表达式为

$$p_{cr}=\frac{\pi\left(c\cos\varphi+p_0\sin\varphi+\frac{1}{2}Q\gamma_1D\right)}{K_c\left[\cos\varphi-\left(\frac{\pi}{2}-\varphi\right)\sin\varphi\right]} \tag{5.77}$$

当$b=0$，$K_0=1$时，可以退化为基于Mohr-Coulomb强度理论且视自重应力场为静水应力状态时的临塑荷载p_{cr}表达式为

$$p_{cr}=\frac{\pi(c\cot\varphi+p_0+\gamma_1D)}{K_c\left(\cot\varphi-\frac{\pi}{2}+\varphi\right)} \tag{5.78}$$

该公式与问延煦在文献[39]所推导公式形式相同，故其是本文公式当$b=0$和$K_0=1$的一个特例。

若不考虑硬壳层的应力扩散作用和封闭作用，即$b=0$、$p_0=0$、$K_c=1$且$K_0=1$，可以退化为

$$p_{cr}=\frac{\pi\cot\varphi}{\cot\varphi-\frac{\pi}{2}+\varphi} \tag{5.79}$$

该公式与经典土力学教材[12]中均质地基临塑荷载公式(基础埋深为0)相同，故教材中的公式是本文公式的一个特例。

因此，验证了公式的正确性。

5.4　本章小结

(1)推导了条形和三角形荷载下硬壳层软土地基内附加应力分布，进而得到了梯形荷载作用下的硬壳层软土地基附加应力，并基于此改进了硬壳层软土地基沉降计算方法。

(2)提出的硬壳层软土地基一维固结模型能考虑沿深度分布的初始超孔压和附加应力、时间相关的加载和不同的排水边界条件,并得到了固结解析解的通解,进而推导了瞬时和分级均匀加载情况下,初始超孔压和附加应力双线性分布情况下的固结解,得到了以沉降定义的硬壳层软土地基平均固结度,分析了初始超孔压、附加应力和加载速率对硬壳层软土地基固结特性的影响。结果表明,不管排水条件如何,初始超孔压、附加应力分布和加载速率对硬壳层软土地基固结性状有较大影响,该影响在单面排水时更大;随初始孔压或附加应力沿深度增加,固结加快;加载速率越大,硬壳层软土地基固结越快。

(3)基于统一强度理论,并考虑硬壳层的封闭效应和应力扩散作用,推导了硬壳层软土地基的临塑荷载。

本章参考文献

[1] 江唯伟.洞庭湖区硬壳层软土地基一维固结特性研究[D].长沙:长沙理工大学,2010.

[2] 江唯伟,张军辉.初始孔压非均布双层地基一维固结性状分析[J].长江科学院院报,2013,30(9):80-84.

[3] Junhui Zhang, Yongsheng Yao, Jianlong Zheng, et al. Centrifugal model test of failure mode and addition stress distribution of a soft foundation with an upper crust[J]. Electronic Journal of Geotechnical Engineering, 2014, 19(Z):9309-9322.

[4] Junhui Zhang, Guangming Cen, Chiqing Zhou, et al. Centrifuge model test and numerical analysis of properties of a soft foundation with an upper crust[J]. Electronic Journal of Geotechnical Engineering, 2014, 19(Z5):17195-17208.

[5] Burmister, D. M. The theory of stresses and displacements in layer system and applications to design of airport runways [C]//. Proceedings of the Twenty-Sixth Annual Meeting of the Highway Research Board. Washington, D. C.: Highway Research Board, 1943:126-148.

[6] Burmister, D. M. The general theory of stresses and displacements in layered soil systems[J]. J. of Applied Physics, 1945, 16(22):39-94.

[7] 刘冰.多层土地基附加应力分布分析[J].山西建筑,2005,31(3):61-62.

[8] 王建华.双层地基位移和应力场求解[J].岩土力学,1999,20(4):54-57.

[9] 王晓谋,尉学勇,魏进,等.硬壳层软土地基竖向附加应力扩散的数值分析[J].长安大学学报(自然科学版),2007,27(3):37:41.

[10] 梁永辉.上覆盖硬壳层软土地基的工程特性试验研究及数值模拟[D].上海:同济大

学,2007.

[11] Hank,R. J. ,F. H. Skrivener,et al. Some numerical solutions of stresses in two and three layered system[C]// Roy W Crum, Fred Burggraf, W N Carey Jr. Proceedings of the Twenty-Eighth Annual Meeting of the Highway Research Board. Washington, D. C. : Highway Research Board,1948:457-468.

[12] 高大钊,等. 土质学与土力学[M]. 北京:人民交通出版社,2001.

[13] 唐建中. 双层地基应力扩散的特性研究[J]. 地基处理,1993,4(2):25-31.

[14] 顾晓鲁,钱鸿缙,刘惠珊,等. 地基与基础[M]. 北京:中国建筑工业出版社,1993.

[15] 宋文刚,房兆祥,王晓化. 含软弱下卧层双层地基内应力简便计算初步探讨[J]. 工程勘察,1993,8(6):7-12.

[16] 徐洋,谢康和. 复合地基的平面应力扩散效应[J]. 土木工程学报,2002,35(2):57-60.

[17] H. Gray. Simultaneous consolidation of contiguous layers of unlike compressive soils [J]. Transactions, 1945, 110:1327-1356.

[18] G. Zhu,J. H. Yin. Consolidation of double soil layers under depth-dependent ramp load[J]. Géotechnique, 1999, 49(3):415-421.

[19] P. J. Fox, H. F. Pu,J. D. Berles. CS3 large strain consolidation model for layered soils [J]. J. Geotech. Geoenviron. Eng. , 2014, 140(8):1-13.

[20] R. L. Schifftman,J. R. Stein. One-dimensional consolidation of layered system[J]. Journal of Soil Mechanics & Foundations Div, 1970, 96(4):1499-1504.

[21] K. H. Xie, X. Y. Xie,X. Gao. Theory of one dimensional consolidation of two-layered soil with partially drained boundaries[J]. Comput Geotech, 1999, 24:265-278.

[22] C. S. Desai,S. K. Saxena. Consolidation analysis of layered anisotropic foundations [J]. Int. J. Numer. Anal. Meth. Geomech. , 1977, 1:5-23.

[23] P. K. K. Lee, K. H. Xie,Y. K. Cheung. A study on one dimensional consolidation of layered systems[J]. Int. J. Numer. Anal. Meth. Geomech. , 1992, 16(11): 815-831.

[24] I. C. Pyrah. One-dimensional consolidation of layered soils[J]. Géotechnique, 1996, 46(3):555-560.

[25] G. F. Zhu,J. H. Yin. Analysis and mathematical solutions for consolidation of a soil layer with depth-dependent parameters under confined compression[J]. International Journal of Geomechanics, 2012, 12(4):451-461.

[26] K. H. Xie, X. Y. Xie,W Jiang. A study on one-dimensional nonlinear consolidation of

double-layered soil[J]. Comput Geotech，2002，29：151-68.

[27] X. W. Tang，K. Onitsuka. Consolidation of double-layered ground with vertical drains [J]. Int. J. Numer. Anal. Methods Geomech.，2001，25(14)：1449-1465.

[28] T. Nogami，M. Li. Consolidation of system of clay and thin sand layers [J]. Soils Found.，2002，42(4)：1-11.

[29] X. S. Wang，J. J. Jiao. Analysis of soil consolidation by vertical drains with double porosity model[J]. Int. J. Numer. Anal. Methods Geomech.，2004，28(14)：1385-1400.

[30] R. Walker，B. Indraratna，N. Sivakugan. Vertical and radial consolidation analysis of multilayered soil using the spectral method[J]. J. Geotech. Geoenviron. Eng.，2009，135(5)：657-663.

[31] J. Huang，D. V. Griffiths. One-dimensional consolidation theories for layered soil and coupled and uncoupled solutions by the finite-element method[J]. Géotechnique，2010，60(9)：709-713.

[32] H. Kim，J. Mission. Numerical analysis of one-dimensional consolidation in layered clay using interface boundary relations in terms of infinitesimal strain[J]. Int. J. Geomech.，2011，11(1)：72-77.

[33] S. Sadiku. Analytical and computational procedure for solving the consolidation problem of layered soils[J]. Int. J. Numer. Anal. Meth. Geomech.，2013，37：2789-2800.

[34] R. P. Chen，W. H. Zhou，H. Z. Wang，et al. One-dimensional nonlinear consolidation of multi-layered soil by differential quadrature method[J]. Comput Geotech，2005，32：358-369.

[35] K. Terzaghi. Theoretical soil mechanics[M]. Wiley，New York，NY，USA，1943.

[36] 谢康和，施淑群，潘秋元. 双层地基固结实用计算理论与曲线(一)[J]. 地基处理，1993，(4)：1-6.

[37] 王锡朝，夏永承. 地表硬壳层受荷时下卧淤泥层内水平应力的试验研究[J]. 石家庄铁道学院学报，1996，9(4)：11-16.

[38] 王晓谋. 考虑硬壳层作用的软土地基临塑荷载计算[J]. 岩土工程学报，2002，24(6)：720-723.

[39] 问延煦，周健，贾敏才. 考虑封闭作用和应力扩散的软土地基临塑荷载[J]. 岩土力学，2007，28(8)：1715-1718.

[40] 隋凤涛，王士杰. 统一强度理论在地基承载力确定中的应用研究[J]. 岩土力学，2011，3(10)：3038-3042.

[41] H. G. Poulos. E. H. Davis. 岩土力学弹性解[M]. 孙幼兰，译. 北京：中国矿业大学出版社，1990：43-44.

[42] 张军辉，江唯伟，郑健龙. 硬壳层软土地基竖向附加应力分布研究[J]. 长江科学院院报，2011，28(5)：42-45.

[43] 现代工程数学编委会. 现代工程数学手册[M]. 武汉：华中工学院出版社，1985.

第6章 拼接路基深层软基处理技术研究

⇨6.1 控沉疏桩复合地基力学性状分析
⇨6.2 加宽工程软基处理方法选择研究
⇨6.3 本章小结

目前,在加宽工程中最常用的深层软基处理方法主要有控沉疏桩复合地基、粉喷桩复合地基、塑料排水板法等,不同的方法处治效果不同。已有加宽工程地基处理方法中,控沉疏桩复合地基应用较少,并且,已有成果更多是对单一方法的分析[1-3],对多种地基处理方法效果的系统分析研究较少[4],也没有充分考虑到加宽工程特殊的变形特性对软基处治技术的要求。可以预见,随着我国经济的快速发展,需加宽扩建的高速公路将越来越多,合理选择地基处理方法对于加宽工程质量至关重要。为此,本章首先对控沉疏桩复合地基性状进行了研究。分析了填土高度、筋材模量、桩体模量和固结时间对沉降、土拱效应、拉膜效应等的影响,并考察了垫层刚度、桩帽大小和桩间距对沉降的影响,探讨了复合地基中筋材的铺设位置,与实测资料进行了对比分析。其次,分别对老路软土地基未处理、塑料排水板处理和粉喷桩处理时,新路堤下软基不同处理方式下加宽工程变形特性进行了分析,得出许多有益的结论,用于指导加宽工程软基处理方法的选择。

6.1 控沉疏桩复合地基力学性状分析

控沉疏桩复合地基采用的桩主要是钻孔桩、预制桩和混凝土管桩等刚性桩。与常规的桩基础相比,取消了桩顶承台或筏板,而以桩托板、桩帽代替。桩托板顶面与软土地基顶面少量的沉降差,促使路堤填料中形成土拱效应。同时,将其与土工格栅联合使用,通过格栅变形的提拉作用,将路堤荷载的大部分转移到桩托板上,从而减小了桩间土上部的压力,既节约了工程造价,又保证了路堤顶面不出现差异沉降,桩(桩帽)、地基土体、填料和土工格栅的相互作用如图 6.1 所示。这里,W_1 为填土自重,W_2 为桩帽自重,τ 为填土和桩帽间的摩擦力,p_b 为土工格栅承担荷载,γ 为路堤填土重度,H 为路堤高度,T 为筋材拉力,σ_c 和 σ_s 分别为桩帽和桩间土压力。与其他处理方式相比,控沉疏桩复合地基具有施工方便、工期短、侧向变形和工后沉降小等优点[5],更能适应加宽工程的要求,在加宽工程中的应用如图 6.2 所示。

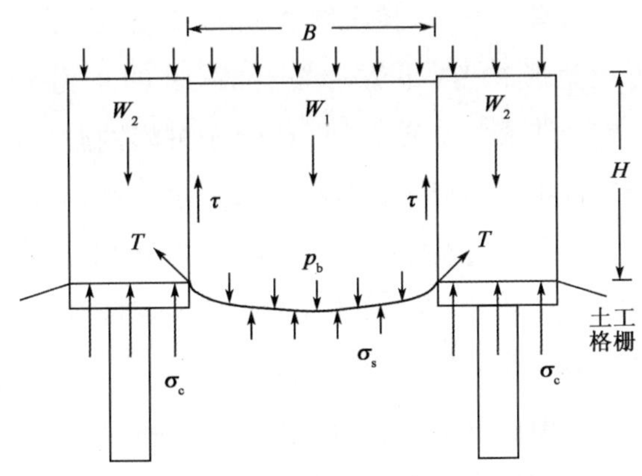

图 6.1 控沉疏桩复合地基荷载传递机理

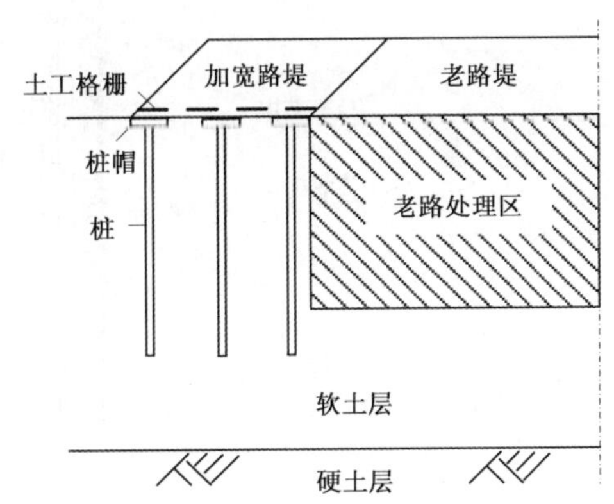

图 6.2 控沉疏桩复合地基示意图

控沉疏桩复合地基的受力和变形机理较为复杂，涉及路堤填料、格栅(垫层)、桩帽、桩和地基土体之间的相互作用问题。前人研究大都集中在某一个方面，如Jones、Hewlett、Low和陈云敏等的研究集中在桩帽上部的土拱部分[6,9]，饶为国的研究集中在格栅的变形和拉力上[10,11]，刘吉福的研究集中在桩土应力比分析上[12]。

沈伟等考虑桩、地基土体和垫层的协同作用，假定桩土界面摩阻力与相对位移为理想弹塑性关系，分析了复合地基的受力机理[13]，但分析中未考虑格栅的作用和地基土体自重，并假定桩间土沉降相同。Han采用轴对称快速拉格朗日方法，分析了桩、地基土体、格栅和路堤受力系统中格栅拉力、桩土应力比和路堤沉降等[5]，但Han的分析并未考虑桩帽的作用，以及地基土体排水固结对桩和格栅受力的影响。贾宁[14]研究了桩打穿以及未打穿情况下，复合地基孔压产生、消散规律以及沉降规律，但对复合地基的作用机理分析过于简单。陈仁朋等[15]建立了考虑土—桩—路堤变形和应力协调的平衡方程，分析了三者协调工作时路堤、桩、土的荷载传递规律，但忽略水平加筋体的兜提作用、桩帽底部土体的承载力。J. G. Collin[16]等给出了一个在软土地基上用于快速修筑路堤的疏桩复合地基实例，重点介绍了设计方法、质量控制检测及整体性能。P. J. Naughton and G. T. Kempton[17]搜集并比较了预估路堤土工效应的解析解和数值解，认为不同的方法筋材拉力变化很大。Reinaldo Vega-Meyer and Yong Shao[18]用数值方法分析了整个系统的沉降特点，并与实测资料进行了对比。

由于控沉疏桩间距大于6倍桩径，可以仅选单桩进行分析。本节将单桩范围及上部路堤等效为圆柱体，路堤荷载瞬时施加，考虑软土固结，分析路堤高度、筋材模量、桩体模量对路堤顶和桩顶最大沉降、桩顶面处桩与桩间土差异沉降、土拱效应、筋材上部和下部竖向应力、拉膜效应等的影响。并考察了垫层刚度、下卧层刚度、桩间距、筋材位置等因素的影响。最后，分析了沪宁高速公路加宽工程中的控沉疏桩复合地基处理路段，并与实测资料进行了对比。

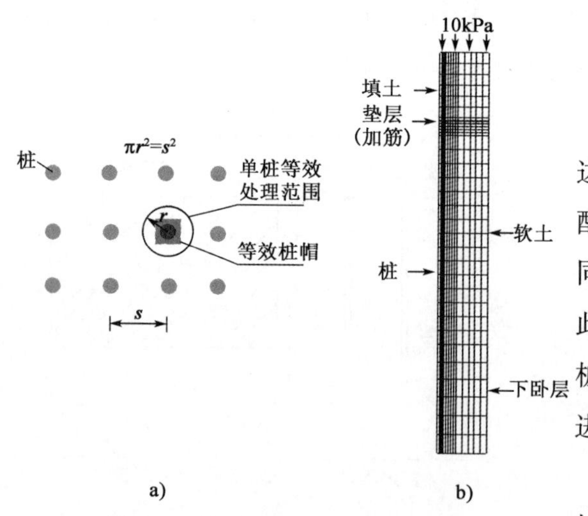

图6.3 桩体布置及有限元模型示意图

6.1.1 数值建模

通常情况下，控沉疏桩可按正方形或等边三角形布置，正方形布置时，桩的受力分配简单明确，布置方便，且便于桩帽的施工，同时较正三角形布置具有节省造价的优点，因此，沪宁高速公路加宽工程采用正方形布桩[19]，如图6.3所示，本书仅对该种布桩形式进行分析。

考虑到路堤荷载的特点，取出一根桩及其加固范围的土体作为典型单元体，并考虑其对称性，进行有限元分析，有限元模型示意图如图 6.3 所示。根据沪宁高速公路加宽工程中控沉疏桩（桩体为混凝土管桩）的应用情况，选桩距为 3.0m（等效处理半径为 1.7m），桩径为 40cm，桩长 12m，桩帽为 1.2m×1.2m×0.4m（等效半径为 0.67m），路堤高度为 3.0m，垫层厚度为 0.4m，一层筋材布置在垫层中部，车辆荷载和第 3 章的处理方式相同，等效为 10kPa 静荷载。软土层厚度为 10m，下卧层厚度为 5m，桩端进入下卧层 2m，下卧层以下为基岩，不发生变形。对某个参数分析考察时，其他参数不变。

本分析中，控沉疏桩复合地基系统共包括五种材料：路堤填土、垫层、软黏土、下卧层土、桩和土工格栅。对于路堤填土、垫层、软黏土和下卧层土选择 Duncan-Chang 双曲线模型描述，桩[20]和土工格栅考虑为线弹性材料。圆柱体外侧受水平约束，底部为水平和垂直约束，取桩帽顶面为地下水面，并设为固结排水面。由于分析中考虑软土排水固结，地基土体使用有效应力指标，分析中所有材料参数如表 6.1 所示。

典型情况下的材料参数　　表 6.1

材料	γ (kN/m³)	φ_d (°)	c (kPa)	R_f	K	n	G	F	D	k_x (10^{-7}cm/s)	k_y (10^{-7}cm/s)
路堤填土	19.0	28.0	30.0	0.80	150	0.40	0.35	0.01	1.00	1.40	5.46
软黏土	18.5	25.0	19.8	0.56	32	0.71	0.16	0.03	3.36	6.20	8.01
下卧层土	19.3	25.9	47.0	0.64	100	0.24	0.21	0.01	2.60	20.0	21.33
垫层	18.0	34.0	0.0	0.60	280	0.80	0.24	0.002	2.70	透水	透水
桩[20]	E_p=8.45GPa，μ=0.167，γ=25.0kN/m³										
土工格栅	应变 5%时的等效弹性模量为 E_g=5.95GPa，等效面积为 1.2×10^{-4}m²，μ=0.18										

6.1.2　结果分析

（1）最大沉降

沉降为控沉疏桩复合地基中的一个重要考察指标。图 6.4 给出了固结完成后路堤顶面和桩顶面最大沉降随路堤高度的变化曲线。从图中可以看出，随路堤高度增加，路堤顶面和桩顶面最大沉降增大，并且路堤顶面最大沉降比桩顶面的大，这是因为路堤顶面最大沉降包括软基沉降、路堤土体在自重荷载和超载作用下的压缩变形。同时，路堤高度越大，两者差值越大，这是由于路堤高度增加，将产生较大的自身压缩变形。

为考察筋材对最大沉降的影响，图 6.5 给出了固结结束后不同筋材模量时路堤顶面和桩顶面最大沉降变化曲线。从图中可以看出，筋材模量增加，路堤顶面和桩顶面最大沉降减小，但筋材模量的影响有限。

同时，桩体弹性模量对路堤顶面和桩顶面最大沉降有较为显著的影响，如图 6.6 所示。桩体弹性模量增加能减小最大沉降，并且当达到某一值（本研究中为 1000MPa）时，对最大沉降的影响减小。

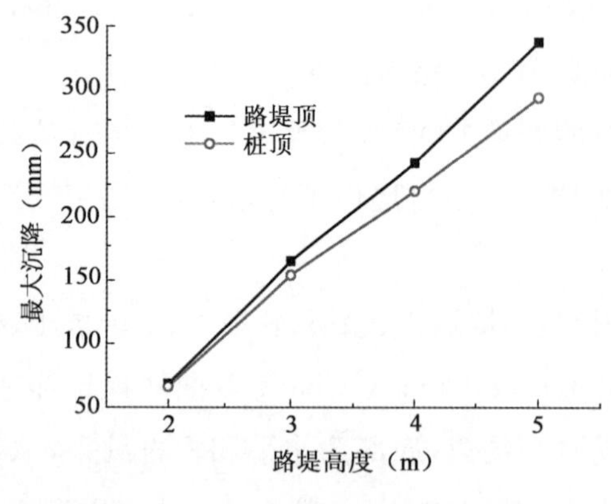

图 6.4 路堤高度对最大沉降的影响

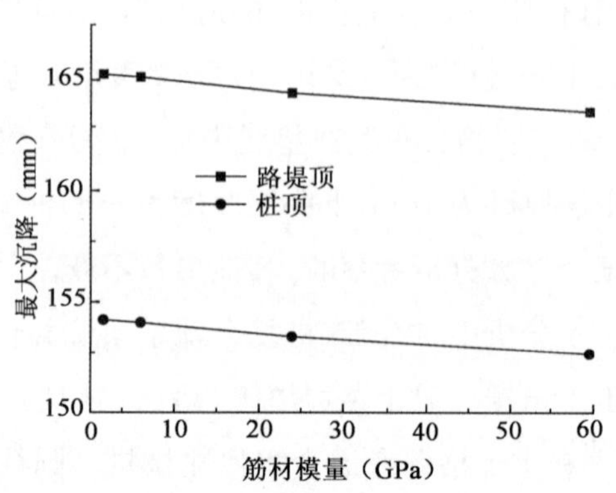

图 6.5 筋材模量对最大沉降的影响

另外，对路堤顶面和桩顶面最大沉降随软土固结时间的变化也进行了研究，如图 6.7 所示。随软土固结，最大沉降增加，并且逐步趋于恒定。

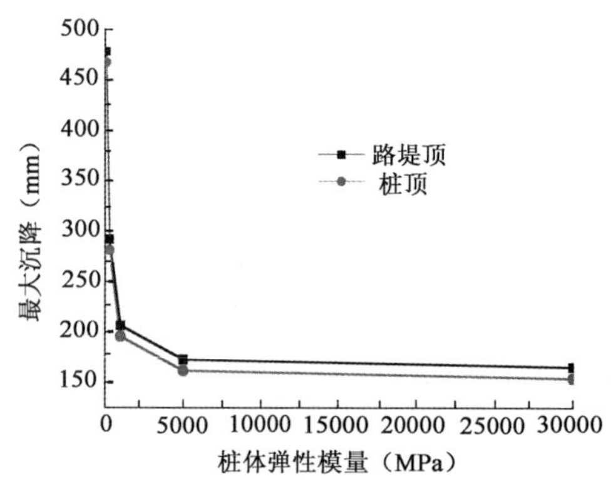

图 6.6 桩体弹性模量对最大沉降的影响

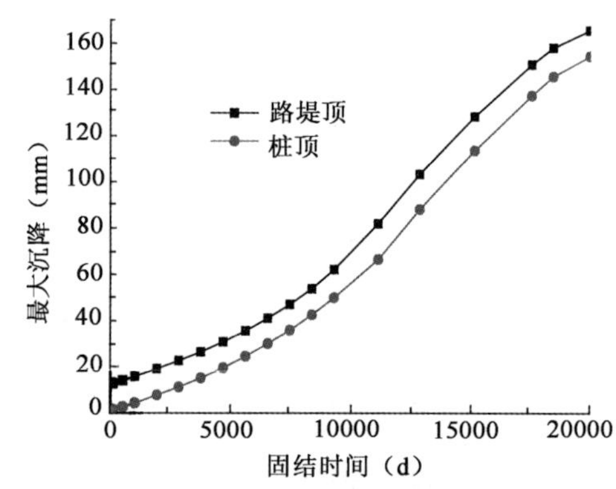

图 6.7 最大沉降随固结时间的变化

(2)差异沉降

在软土固结过程中，由于孔隙水的排出，沉降逐渐变大，而桩体也在上部荷载的作用下产生沉降，但沉降量较小，必然在桩顶面和同一水平面上的桩间土体之间产生差异沉降，它也是评价复合地基加固路基效果的重要参数。

如图 6.8 所示，固结完成后，随路堤高度增加，桩顶面差异沉降变大；而路堤表面的差异沉降随其高度增加而减小，直至趋于零。路堤表面差异沉降的减小是桩—土间差异沉降在路堤土中产生的土拱效应所致。根据 Terzaghi 的观点，当路堤达到一定高度，路堤表面以下土体中存在一个没有差异沉降的“等沉面”[15]，如图 6.9 中的路堤中沉降等势线所示。

图 6.10 给出了固结完成后桩顶面差异沉降随筋材模量的变化曲线。筋材模量增加，拉膜效应增加，传递到桩上的荷载增加，并减小了桩间土体承受的荷载，使差异沉降减小，并且，筋材模量较小时的变化对差异沉降影响较大。由于路堤顶面差异沉降较小，图中没有对其进行研究。

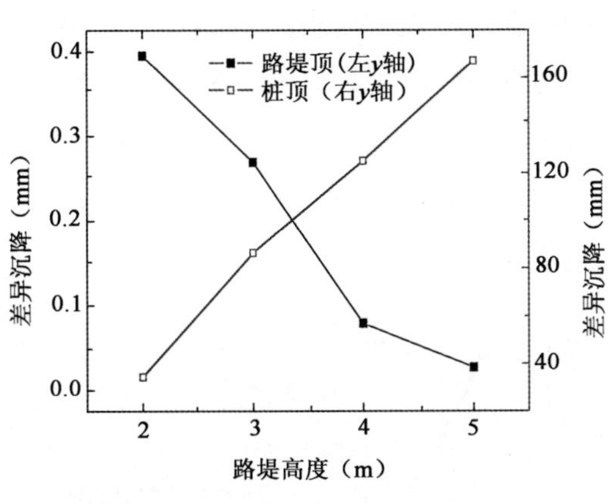

图 6.8　路堤高度对差异沉降的影响

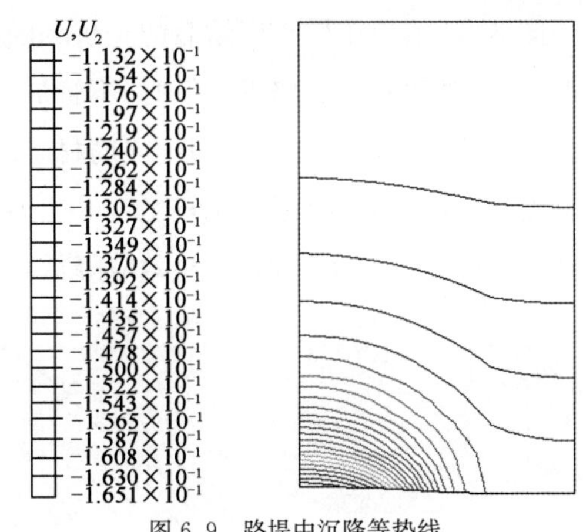

图 6.9　路堤中沉降等势线

如图 6.11 所示，固结完成后的桩顶面和路堤顶面差异沉降随桩体模量增大而增加，这是由于桩体模量和土体模量差别所致，并且，两者模量差别越大，差异沉降越大。不进行地基处理情况下，桩体模量与土体模量相同，则没有差异沉降产生。同时，当桩体模量达到某一值(本研究中为 1000MPa)时，差异沉降变化不大。

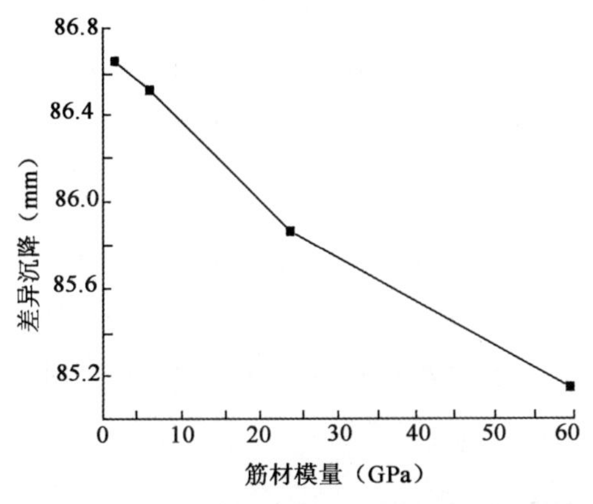

图 6.10　筋材模量对差异沉降的影响

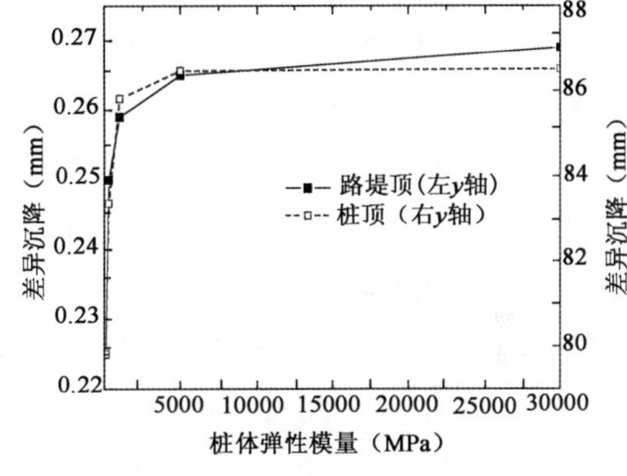

图 6.11　桩体弹性模量对差异沉降的影响

图 6.12 给出了桩顶面差异沉降随软土固结时间的变化曲线。从图中可以看出，随时间增加，桩顶面差异沉降变大，并且在固结后期，趋于恒定值。这是因为，随固结时间增加，桩间土体沉降趋于稳定，致使与桩体之间的差异沉降趋于恒定。

(3)路堤中的土拱效应

控沉疏桩复合地基中，路堤土拱效应程度的大小可以用土拱率 ρ 来表示，ρ 定义为作用在桩间土顶处土工格栅顶面的平均应力 p_b 和上部荷载(包括填土自重 γH 和路面荷载 q_0)的比值。ρ 越小土拱效应程度越大。ρ 为

$$\rho = \frac{p_b}{\gamma H + q_0} \tag{6.1}$$

图 6.13 给出了软土固结后的土拱率随路堤高度的变化曲线。从图中可以看出，随路堤高度增加，土拱率降低。路堤较低时，不管加筋与否，差异沉降产生的剪应力 τ(图 6.1)不足以产生土拱效应而减小作用在桩间土或筋材上的力。随着填土高度的增加，剪应力越来越大，拱效应程度越来越强，直至形成比较稳定的应力拱。同时，当路堤达一定高度时，土拱率基本恒定。另外，加筋时，土拱率增加，土拱效应降低，差异沉降减小。

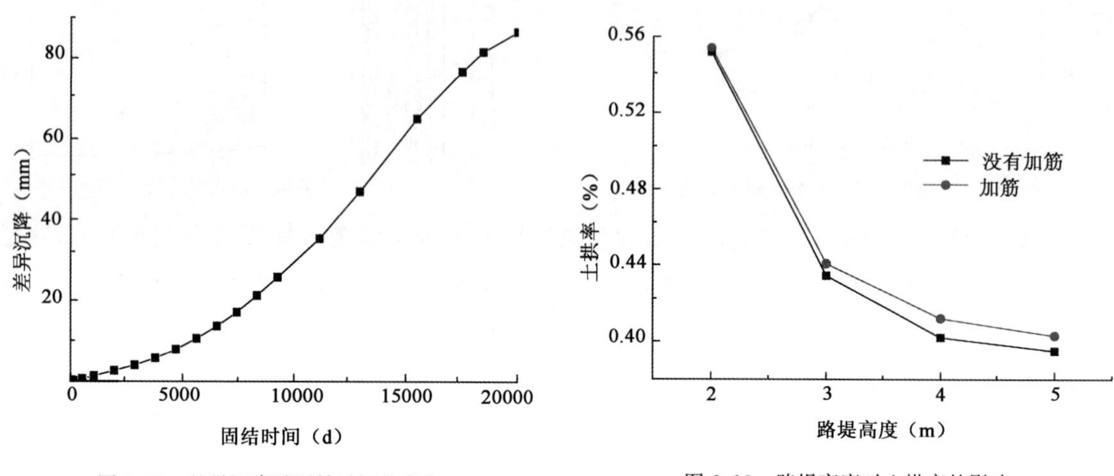

图 6.12　差异沉降随固结时间的变化

图 6.13　路堤高度对土拱率的影响

在现有的设计方法中[21]，如英国加筋土工合成材料规程 BS8006，Hewlett 和 Randolph、Guido 提出的土拱效应分析方法中都没有考虑到桩身模量和筋材模量的影响。而它们的变化都会影响到差异沉降发展，从而对土拱效应程度产生影响。图 6.14 表明筋材模量越大，拉膜效应越明显，减小了差异沉降的发展，土拱率随之增大，土拱效应减弱。图 6.15 表明桩身模量增加，土拱率减小，土拱效应增强。当桩身模量增加到某一非常大的值(本研究中为 1000MPa)时，对土拱效应的影响越来越弱。图 6.16 表明，随固结时间增加，土拱率逐渐增加，并趋于恒定。

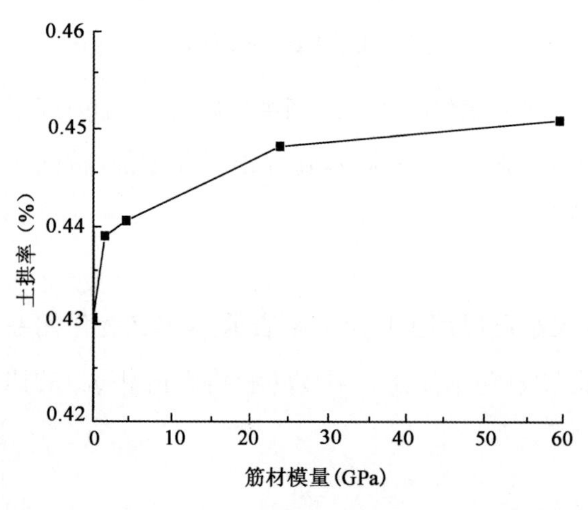

图 6.14　筋材模量对土拱率的影响

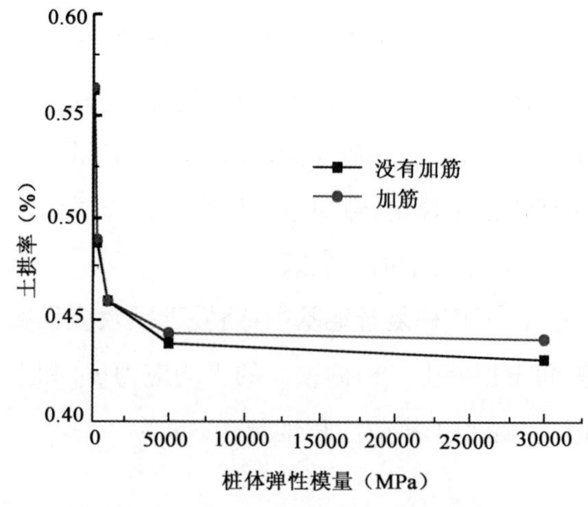

图 6.15　桩体弹性模量对土拱率的影响

(4)筋材上部和下部的竖向应力

由于加筋,软土固结完成后筋材上部和下部的竖向应力分布不同,如图 6.17 所示。筋材上部的应力主要由土拱效应引起,而下部竖向应力是由土拱效应和筋材提拉作用的竖向分量共同引起的。比较发现,在桩帽范围内,筋材上部的竖向应力小于没有加筋的情况下,从而减小了土体屈服和桩体刺入垫层的可能性;而筋材下部竖向应力的增加,使荷载转移到桩帽上,减小了作用在桩间土体的竖向压力,从而减小了路堤顶面的差异沉降。

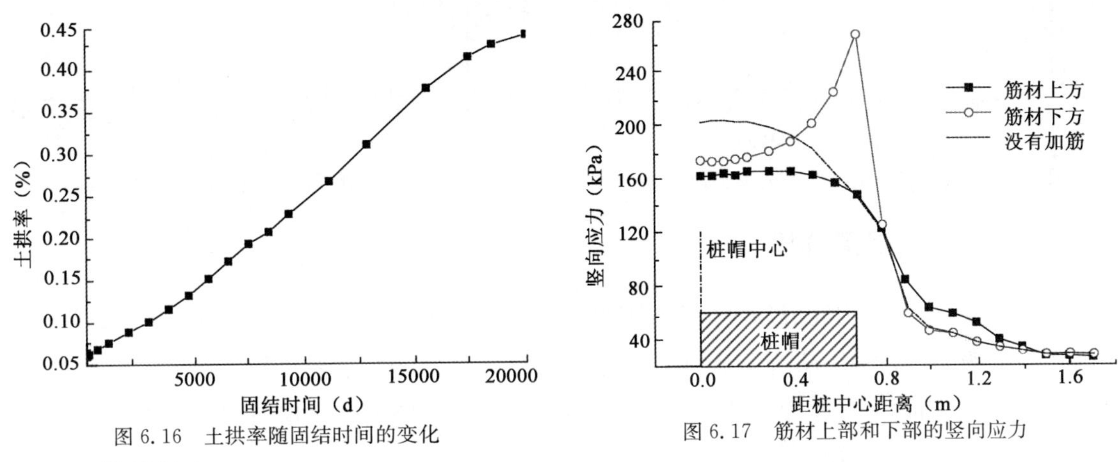

图 6.16 土拱率随固结时间的变化

图 6.17 筋材上部和下部的竖向应力

(5)拉膜效应

与常规分析中的假设不同,筋材中的应变是不均匀的,桩帽上的筋材拉应力较小,最大拉力发生在桩帽边缘(图 6.18),且轴向拉力大于环向拉力。筋材中的最大拉力往往决定了其规格的选用,而最大拉力受到诸多因素的影响。图 6.19～图 6.21 分别为软土固结完成后筋材内最大拉力与路堤高度、桩体弹性模量、筋材模量的关系。随着路堤高度增加,差异沉降充分发展,最大拉力随之变大。而桩身模量的提高加剧了差异沉降变形,也增加了最大拉力。筋材模量较大时,就算较小的差异沉降也能在筋材内引起一定的拉力,从而减小了作用在软土表面的荷载。同时,随软土固结,差异沉降变大,进而增加了筋材内的最大拉力,如图 6.22 所示。

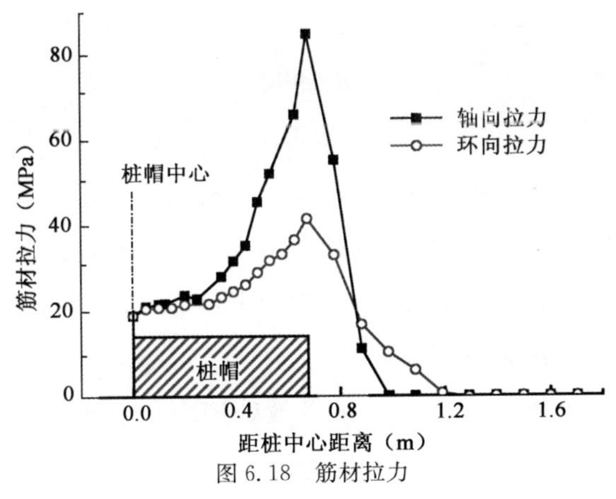

图 6.18 筋材拉力

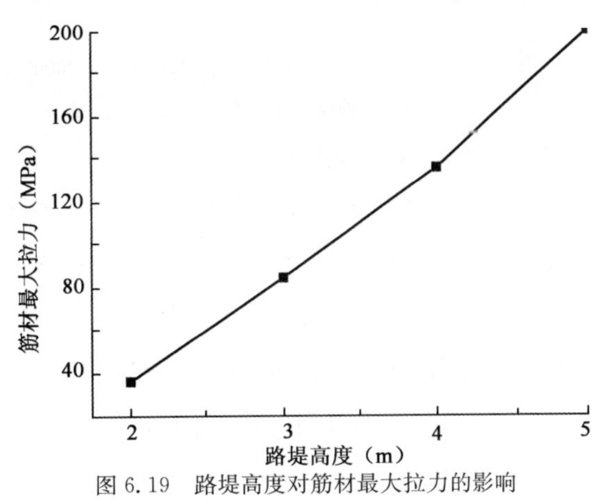

图 6.19 路堤高度对筋材最大拉力的影响

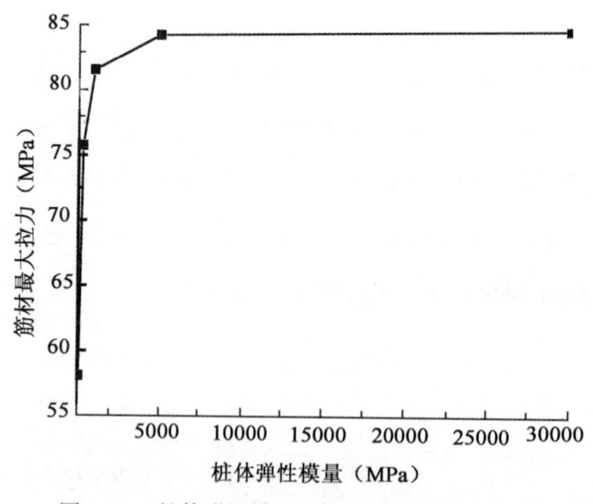

图 6.20　桩体弹性模量对筋材最大拉力的影响

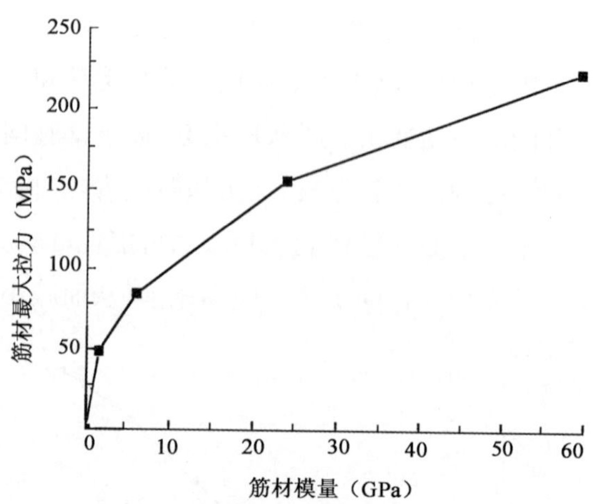

图 6.21　筋材模量对筋材最大拉力的影响

6.1.3　影响因素分析

图 6.23 给出了固结完成后不同垫层刚度对路堤顶和桩顶最大沉降、桩顶处桩与桩间土差异沉降的影响曲线，图中 K 为基本计算模型中垫层刚度。随垫层刚度增加，最大沉降和差异沉降均减小。从而表明，在控沉疏桩复合地基中，使用刚度较大的垫层可以减小差异沉降，更好地发挥复合地基的作用。

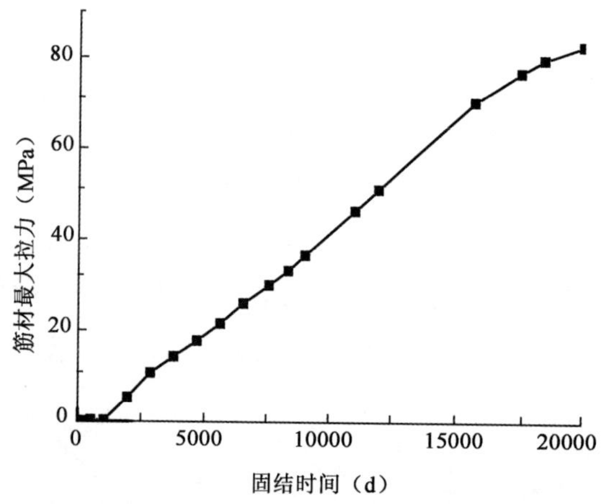

图 6.22　筋材最大拉力随固结时间的变化曲线

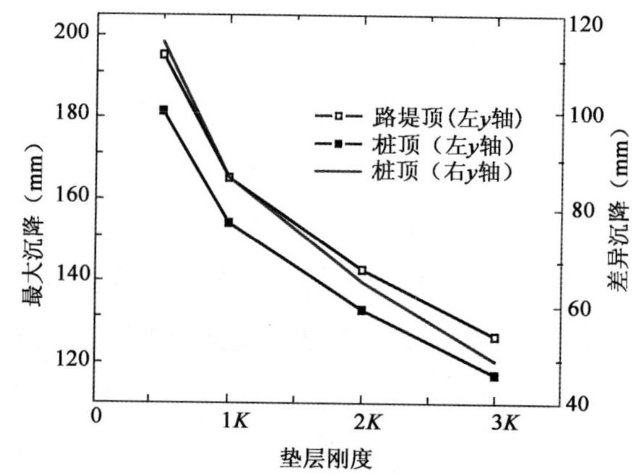

图 6.23　垫层刚度对沉降的影响

图 6.24 为固结完成后下卧层刚度变化对路堤顶和桩顶最大沉降、桩顶处桩与桩间土差异沉降的影响曲线。随下卧层刚度增加，路堤顶和桩顶最大沉降迅速减小，因此，在控沉疏桩复合地基中，桩体应尽量打入承载能力较强的土层，从而将上部荷载更好地向下传递，减小沉降。同时，下卧层刚度对桩顶面处桩与桩间土差异沉降变化影响不大。

理论上讲，桩帽大小和桩间距大小的影响均属于桩帽面积与单桩等效处理面积之比的影响。为考察这两个因素的影响是否相同，计算选用两个系列算例。桩帽大小影响系列取单桩等效处理半径为 1.7m，桩帽半径分别取 0.34m、0.54m 和 0.67m，共三个算例。桩间距大小影响系列取桩帽半径为 0.67m，由桩帽面积与单桩等效处理面积之比与桩帽大小影响系列相同，确定单桩等效处理半径分别为 3.4m、2.1m 和 1.7m。两个算例中其他参数同基本算例。图 6.25 为固结结束后，桩帽等效半径与单桩等效处理半径之比对路堤顶和桩顶最大沉降、桩顶处桩与桩间土差异沉降的影响。随比值增加，路堤顶和桩顶最大沉降、桩顶差异沉降均减小。但增加桩帽尺寸与减小桩间距对沉降的影响程度不同，桩间距对沉降的影响比桩帽大小对沉降的影响显著。

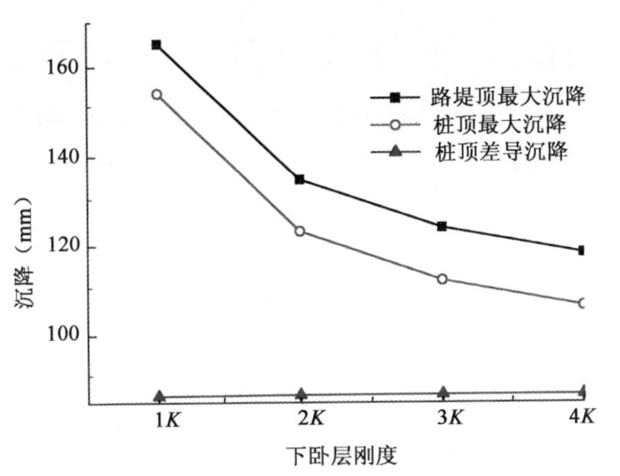

图 6.24 下卧层刚度对沉降的影响

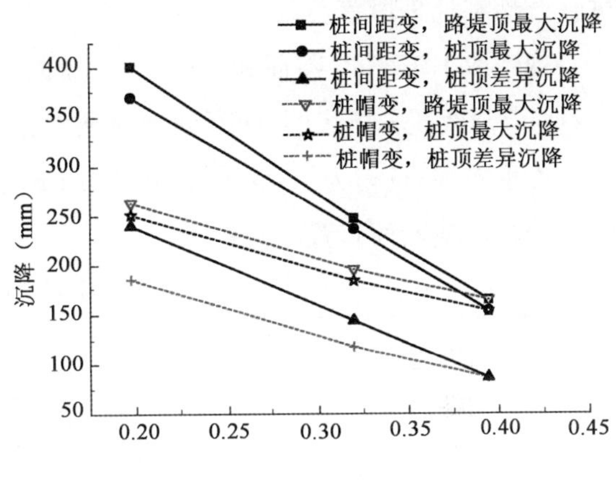

图 6.25 桩帽等效半径与桩等效处理半径比值对沉降的影响

控沉疏桩复合地基中加入筋材，可以产生拉膜效应，更好地将荷载传递到桩体上，减小桩顶处桩与桩间土体的差异沉降，从而，在对差异沉降要求相同的条件下，加筋可以减小桩的使用量(图 6.26[14])，节约工程造价。

图 6.27 给出了离桩帽不同高度处筋材拉力，第一层筋材位于桩帽顶部，各层间隔 10cm。随筋材位置升高，桩帽范围内筋材拉力增加，桩间土体筋材拉力减小，并且第一层筋材最大拉力比其他各层筋材大得多，出现在桩帽边缘，因此，实际工程中，筋材应尽量靠近桩帽布置。

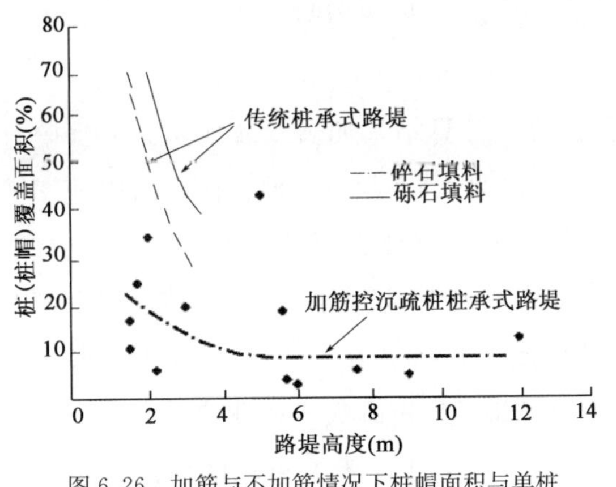

图 6.26 加筋与不加筋情况下桩帽面积与单桩处理面积之比[5]

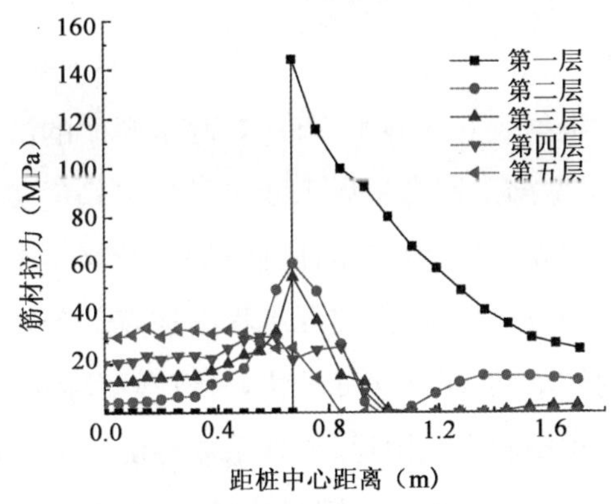

图 6.27 不同位置筋材拉力

6.1.4 实例分析

沪宁高速公路采用两面同时加宽，老路堤两边各加宽 8.25m，路堤顶面宽由原来的 26m 增至加宽后的 42.5m，路堤高度不变。为对全线软基处理提供指导，在沪宁高速公路全线选择了软土地质比较典型的段落 K0＋000～K1＋770 为先导试验段，对加宽的沉降变形规律、地基处理的效果进行可行性研究论证。其中 K0＋300～K0＋800 和 K1＋450～K1＋600 为控沉疏桩复合地基处理段落。

现选取 K0＋380 断面和 K0＋710 断面进行计算，K0＋710 断面地质资料如表 3.1 和表 3.2 所示。地质分析表明，两断面地质条件相差不大，计算时选用同样的土层参数。两个断面均正方形布桩，桩帽为 1.0m×1.0m×0.4m，疏桩布置形式如表 6.2 所示，图 6.28 给出了两个断面的疏桩横断面布置图。

不同疏桩布置形式　　表 6.2

观 测 断 面		堤高(m)	桩径(m)	间距(m)	桩长(m)	桩帽	垫　层
K0＋380	南	2.82	0.4	2.5	33	无	40cm 碎石＋钢筋网
K0＋710	北	3.86	0.4	2.5	33	有	40cm 碎石＋60cm 厚 8%灰土

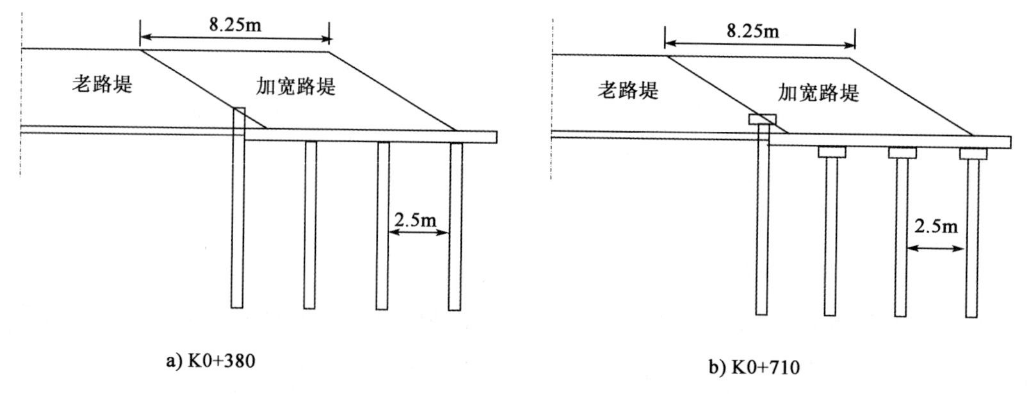

图 6.28　K0＋380(左)和 K0＋710(右)疏桩横断面图

根据表 6.3 施工历程，对两个断面的沉降进行计算。计算结果如表 6.4 所示。从表中看出，加宽施工期和工后 1.3 年累计沉降量实测值比计算结果大，而根据实测沉降和沉降速率推算的加宽工后 15 年累计沉降量比计算结果小。这是因为，本书计算模型为单桩模型，只有地基表面可以排水，而实际工程中加宽部分宽度较小，加宽荷载作用下地基中超孔隙水压力可以向两侧消散，固结速度较快，所以在沉降初期实测结果比计算结果大。同时，计算中未考虑实际工程中软土孔隙比、渗透系数等随应力的减小，计算结果后期沉降大于实测值。

对两个断面的沉降量比较看出，有桩帽段落的总沉降量要小于没有桩帽的段落，如 K0＋380 断面在工后 1.3 年平均每米高路堤的沉降量为 3.79cm，而 K0＋710 断面平均每米高路堤的沉降量为 1.91cm,从其他时间点的沉降也能得出同样的结论。说明采用带桩帽疏桩具有较好的分担荷载的效果,能有效减小工后沉降。这和前文的分析是一致的。

加载断面 K0+380 施工历程[19] 表 6.3

起讫时间(月-日)	施工进程	起讫时间(月-日)	施工进程	起讫时间(月-日)	施工进程
6-6~7-16	管桩施工	9-9~10-4	加载 2.0m	11-7~12-10	路面施工并通车
7-16~9-9	施工至 95 顶	10-4~11-7	卸载		

两个断面沉降实测结果[22]与计算结果 表 6.4

断面	施工期沉降增量(cm)		工后 1.3 年累计沉降量(cm)		工后 15 年累计沉降量(cm)	
	实测	计算	实测	计算	推算	计算
K0+380	4.91	4.24	10.67	8.33	11.68	15.47
K0+710	5.35	2.69	7.34	5.69	8.59	13.65

6.2 加宽工程软基处理方法选择研究

要保证软基路段的加宽工程质量,减小新老路基的差异沉降,其中软基处治是最为关键的措施。围绕减小新老路基差异沉降这个中心,可以从两个方面着手考虑。一是提高地基承载力,从加固软土地基入手,提高软土地基刚度,来减小差异沉降的发生。其核心是找到经济上和技术上都可行的地基处治方法。二是减小路堤荷载,研发新型填筑材料,使其既能满足公路行车安全又具有轻质的特点,减小对软土地基的附加应力,从而达到减小差异沉降的目的,这些都涉及软基处治优化选择的问题。

对软土地基进行处治时,根据不同的地质条件确定合理的处理方法是地基处治效果的关键。软土地基可以大致分为三种类型:地表软土厚度小于 2~6m 的地基,采用换填法处理或浅层处理即可彻底解决问题;软土厚度在 6~10m 时,或在堤脚存在大片水塘时,可选择深层搅拌桩或塑料排水固结法处理。降水深度大于 0.5m 者应在选择防渗流措施后方能进行后续方案的施工,具体方案比选后确定,可选用预应力疏桩或深层搅拌桩复合地基处理;软土厚度大于 8~10m 时,首选控沉疏桩、CFG 桩或轻质填料等方案进行比选后确定。不同的处理方法具有各自的局限性,并且新老路软基不同处理方法组合路堤变形不同。

由于浅层软基(软土厚度小于 2~6m)处治相对简单,而深厚软基(软土厚度大于 8~10m)受各处治方法的限制,目前方法不是很多,前文已对控沉疏桩复合地基方法作用机理等进行了分析,因此,仅对第二种软土地基上进行加宽工程时的情况进行研究,一些结论可为工程设计软基处治方法优选做参考。涉及的软基处理方法有塑料排水板固结法和粉喷桩法,同时,还考察了采用轻质路堤填料、但不进行软基处理时的情况。

6.2.1 模型简化分析

(1)塑料排水板有限元计算简化

塑料排水板有限元计算简化可分为两步:先把排水板等效为砂井;再把砂井等效为砂墙。

塑料排水板的作用原理和设计计算方法与普通砂井排水法相同,在计算时,将塑料排水板换算成相当直径的砂井。换算直径 D_e 按式(6.2)计算[23]。

$$D_e = \alpha \frac{2(b+\delta)}{\pi} \tag{6.2}$$

式中:b——塑料板的宽度;

δ——塑料板的厚度;

α——换算系数,可通过试验得到。

从目前的许多现场试验资料看,施工长度10m左右,绕度在10%以下的排水板,适当值在0.6～0.9。对标准型即宽 $b=100$mm,$\delta=3\sim4$mm 的塑料排水板,取 $\alpha=0.75$,这样 $D_e=50$mm。

砂井地基实际上是典型的三维固结问题,严格地讲,应该用三维有限元进行计算,但是由于三维有限元分析本身的工作量巨大,若再加上密集的砂井,会使计算变得更加复杂。目前,有限元计算中对砂井的处理主要有两种方法,一种是将三维的砂井系统根据处理前后地基平均固结度相等或同一深度处的平均孔压保持不变的原则,等效为砂墙,进而按照平面应变问题处理,这种等效方法只要调整渗透系数即可,对砂墙的间距可根据网格划分的需要任意取值[24-28]。但是该方法仍然较为复杂,不易在工程中推广应用。Jin-Chun Chai 等[29-32]根据固结度等效的原则,得出与有砂井等效的竖向渗透系数,将用砂井加固的地基简化成渗透系数较大的天然层状地基进行计算。等效均质地基竖向渗透系数 k_v' 为

$$k_v' = \left(1 + 2.67\frac{l^2}{D_e^2\mu}\cdot\frac{k_h}{k_v}\right)k_v, \mu = \ln\frac{n}{s} + \frac{k_h}{k_s}\ln s - \frac{3}{4} + \pi\frac{2l^2k_h}{3q_w} \tag{6.3}$$

式中: l——排水板长度;

D_e——单井影响直径,如果排水板正方形布置,$D_e/2=0.564S$,如果三角形布置 $D_e/2=0.564S$,S 为排水板间距[33];

k_h、k_v、k_s——土体水平渗透系数、竖向渗透系数和涂抹区水平渗透系数;

n——$n=D_e/d_w$,d_w 为井径,$s=d_s/d_w$,d_s 为涂抹区直径;

q_w——塑料排水板或砂井通水能力。

对于多层土地基,可以根据上述方法分别得出砂井深度内每层土的等效渗透系数。若地基表面透水,底面不透水,砂井打设深度为 l,各层土水平向渗透系数、竖向渗透系数分别为 k_{hn}、k_{vn},则各层等效竖向渗透系数分别为

$$k_{\mathrm{v}}' = \left(1 + 2.67\,\frac{l^2}{D_{\mathrm{e}}^2\mu} \cdot \frac{k_{\mathrm{hn}}}{k_{\mathrm{vn}}}\right)k_{\mathrm{vn}} \tag{6.4}$$

其他参数同式(6.3)。

对于砂井未完全打穿该层土情况，其排水路径长度取为砂井长度，即该层土(砂井加固深度内)等效渗透系数如式(6.4)所示，砂井深度以下土体仍采用原来的渗透系数。

经过如此简化，砂井加固区土体等效为无砂井的天然层状地基，可用得出的等效渗透系数进行平面或三维有限元分析。本节采用该方法进行排水板地基的相关计算。

(2)桩复合地基有限元计算简化

桩复合地基沉降计算研究是复合地基理论中一项非常重要的研究内容。近年来，对桩复合地基变形性状进行了大量的研究[34-36]，常采用有限元法。

桩复合地基采用三维模型进行分析时，要考虑土单元、桩单元以及路堤单元等，若计算长度取加固段长 100m，则计算单元至少超过 5 万～10 万个，若单元为 4 节点，则数组至少为 20 万～40 万个。这个计算量是非常大的，在一般的 PC 机中很难实现，同时由于数组巨大，容易导致数组的畸形和计算的不收敛。因此在计算中，通常简化为平面应变模型进行计算，计算数组也可以大大减小。

在简化计算中，一般保持桩身直径和桩间距不变，通过对桩身强度和渗透系数等参数的折减来达到预期目标。如果在平面数值模拟计算中不进行参数的折减，则桩体沿里程号方向将形成一条条强度很高、渗透性很小的墙体。这样模拟出来的结果与实测结果将会有很大的差异。邓永锋[37]假定等效桩体均匀受压，土体、桩和等效桩体在竖向具有相同的压缩应变，得到平面简化时等效桩体模量为

$$E_{\mathrm{c}} = \left(1 - \frac{D}{d}\right)E_{\mathrm{s}} + \frac{D}{d}E_{\mathrm{p}} \tag{6.5}$$

式中：D——桩径；

d——桩间距；

E_{s}——土体变形模量；

E_{p}——桩的弹性模量；

E_{c}——等效桩体的模量。

渗透系数为

$$k_{\mathrm{p}z}^{\mathrm{cal}} = \left(1 - \frac{1}{2d}\right)k_{\mathrm{s}z},\; k_{\mathrm{p}x}^{\mathrm{cal}} = \left(1 - \frac{1}{2d}\right)k_{\mathrm{s}x} \tag{6.6}$$

式中：$k_{\mathrm{p}z}^{\mathrm{cal}}$、$k_{\mathrm{p}x}^{\mathrm{cal}}$——等效桩体的竖向和水平渗透系数；

$k_{\mathrm{s}z}$、$k_{\mathrm{s}x}$——土体的竖向和水平渗透系数。

6.2.2 计算工况及参数

计算选取的断面地质参数同第 3 章，对于软土地基取第 1～4 层土层进行计算，第 4 层下为基岩，不发生变形和透水，其他模型参数同第 3 章。根据沪宁高速公路不同深度软基的处治方法，和各种处治方法的局限性，对软土地基分别选取如下方案进行对比分析，如表 6.5 所示。有限元计算模型如图 6.29 所示。图 6.30 给出了 DP 工况时的计算模型示意图。

计 算 工 况 表 6.5

老路处治方法	新路处治方法	代码	老路处治方法	新路处治方法	代码	老路处治方法	新路处治方法	代码
未处治	未处治	UU	塑料排水板	未处治	DU	粉喷桩	未处治	PU
	塑料排水板	UD		塑料排水板	DD		塑料排水板	PD
	粉喷桩	UP		粉喷桩	DP		粉喷桩	PP
	EPS 填料	UE		EPS 填料	DE		EPS 填料	PE

注：P(pile)-桩；D(drain)-排水；E(EPS)-轻质路堤填料。

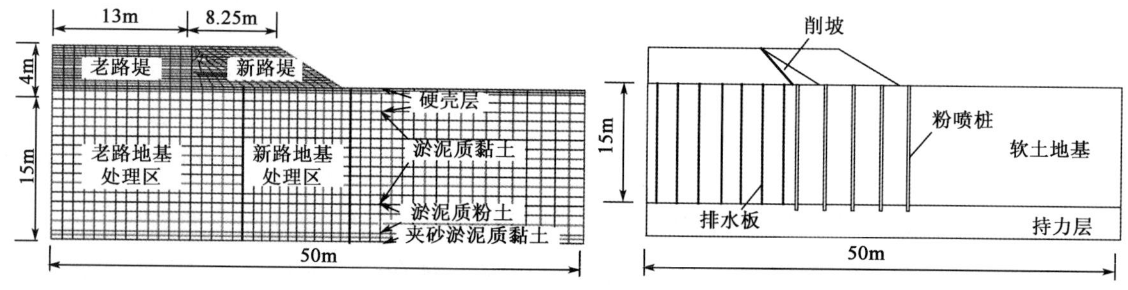

图 6.29 有限元计算模型

图 6.30 DP 工况计算模型示意图

塑料排水板三角形布置，间距 1.5m，在软土地基中打设深度 15m，其他参数参考文献[18-30]取值，如表 6.6 所示。根据式(6.3)和式(6.4)可得软土地基排水板打设深度范围内各土层等效竖向渗透系数放大系数分别为 7.366、18.934、18.445 和 19.169。

塑料排水板有关参数 表 6.6

d_w(mm)	S(m)	D_e(m)	l(m)	n	s	k_h/k_s	q_w(m^3/年)
70	1.5	1.575	15	22.5	6	5	100

粉喷桩正方形布置，间距 1.3m，桩径 0.5m，桩长 11.2m，根据前文的简化原则，折减后的桩体模量为 70MPa，渗透系数 $k_x=k_y=2.5\times10^{-7}$cm/s；泊松比为 0.25，重度为 25.0kN/m^3。EPS 轻质填料弹性模量 $E=3.5$MPa，泊松比 $\mu=0.1$，重度 $\gamma=0.2$kN/m^3，渗透系数 $k_x=k_y=4.2\times10^{-4}$cm/s。

6.2.3 结果分析

(1)新老路基工后沉降变形

由计算可知，加宽前老路已经稳定，其下软基土体固结完成，随距老路中心线距离增加，土体强度降低。因此，新路堤修筑时，软基土体强度的不均匀性必然在新老路堤之间产生差异沉降。并且，老路堤在自重和多年车辆荷载作用下，强度提高，压缩性降低，压缩性高的新路堤会加剧差异沉降的产生。差异沉降反映到路表，将改变道路的横坡比，影响行车舒适性。

图 6.31 给出了老路软基塑料排水板处理时的新老路基加宽工后沉降（加宽后 15 年相对于加宽完成后的沉降）曲线，图中 L 为距道路中心距离，S 为沉降量。从图中看出，新老路堤表面工后沉降基本呈“马鞍形”分布，在老路堤中心最小，新路堤中心位置最大。这一变形规律与现场观测资料一致（图 6.32），贾宁[39]和 A G. I. Hjortnæs-Pedersen[40]也得出了同样的结论，表明本文数值计算的正确性。现行《公路路基设计规范》（JTG D30—2015）对新建的不同等级公路一般路段、桥头、通道处的工后沉降进行了规定，所指位置为沉降量最大的道路中心处。而对于加宽工程，由图 6.32 可知，沉降最大点基本在新路堤中心位置，因此，在进行加宽工程地基处理设计时，应以此点作为工后沉降控制点。同时，新路采用复合地基和轻质路堤时工后沉降量较小，而不处理时工后沉降最大。其他工况的工后沉降规律与之类似。

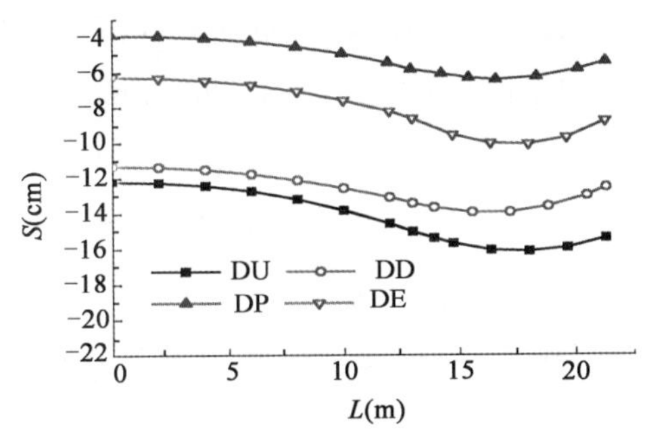

图 6.31 新老路基工后沉降曲线

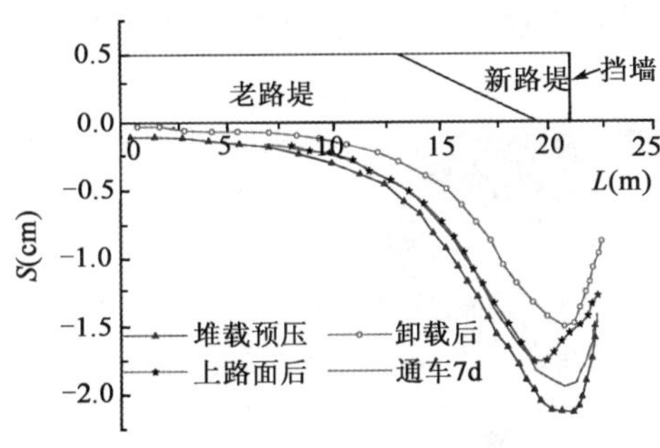

图 6.32 实测沉降变化规律[38]

图 6.33 给出了不同地基处理方式时新老路基加宽工后坡差（最大差异沉降与道路半幅宽度的比值）变化曲线。从图中可以看出，除了老路和新路软基都不处理时坡差较大，为 0.32% 外，其他情况下新老路基坡差变化不大，基本在 0.1%～0.25%之间。从而表明，新老路基工后沉降坡差对地基处理方式不敏感，不是选择地基处理方式的主要控制因素。并且，相同新路处理方式下，老路软基不处理和排水处理时新老路基坡差基本一致，这是因为排水固结只是加快了软土固结速度，并没有改变软基内的应力分布，对沉降量影响不大。

(2)施工期老路基沉降变形

目前我国的加宽工程中，很多老路一直承担交通荷载，因此，除了控制新老路基工后沉降外，还应考察不同地基处理方式对加宽施工期老路的影响。图 6.34 给出了老路软基不处理时加宽施工期老路堤表面沉降曲线，图 6.35 为位移矢量图，其他工况变形规律一致。从图 6.34 的沉降曲线和图 6.35 的位移矢量方向可知，除新路采用复合地基外，在加宽荷载作用下，老路沉降呈中心小、路肩处大的反“弯沉盆”形分布。这是由于固结使得老路软基强度提高，沉降趋于稳定，而新路软基在加宽荷载作用下沉降较大，对老路产生拖曳作用所致。而新路采用复合地基时，软基强度大大提高，加宽荷载作用下地基沉降减小，甚至小于加宽荷载导致的老路沉降，施工期老路表面沉降呈“弯沉盆”形分布。

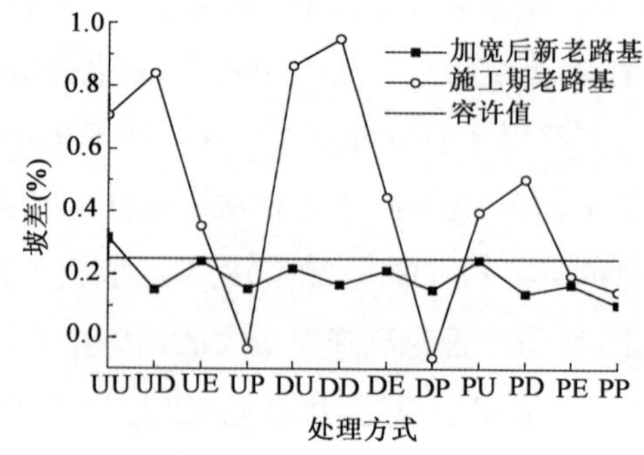

图 6.33　不同地基处理方式时的道路坡差曲线

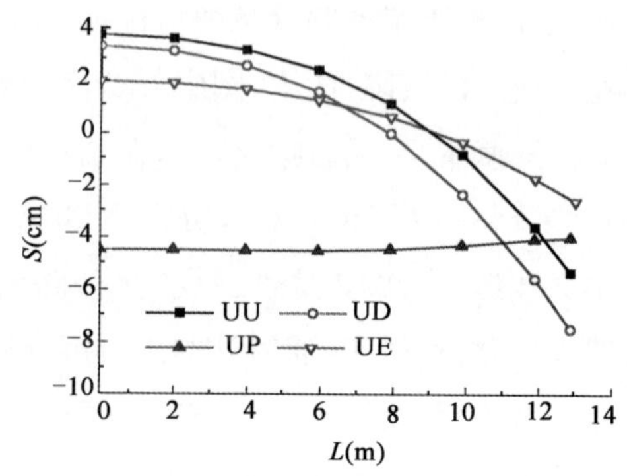

图 6.34　加宽施工期老路表面沉降曲线

图 6.34 表明，新路不同处理方式对施工期老路表面沉降影响很大，采用复合地基或轻质路堤对老路扰动最小，采用排水固结法处治对老路扰动最大。此时，老路路基差异沉降（老路路肩与道路中心之间）达 10.92cm，坡差（老路路基差异沉降与道路半幅宽度的比值）为 10.92cm/13m=0.84%，远远超过加宽工程施工期老路所允许的最大坡差 0.25%[41]，必然导致老路路面的开裂，这是加宽工程中常见的病害之一[42]。

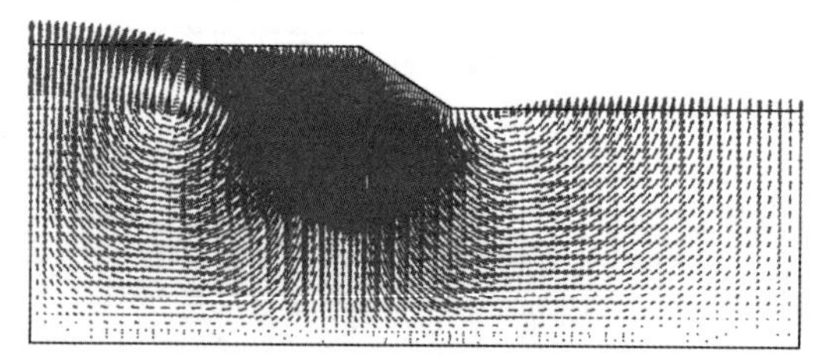

图 6.35　加宽施工期沉降矢量图

为进一步考察新老路软基不同处理方式对老路的影响，图 6.33 给出了各种工况下施工期老路坡差变化曲线。从图中可知，无论老路软基如何处治，新路不处治或排水固结处理，加宽施工将对老路带来很大扰动。其中，新路软基排水固结处理对老路的扰动最大，而新路采用复合地基对老路的扰动最小，轻质路堤次之。因此，价格低廉、施工速度较快、在新建道路中广泛使用的排水固结法在加宽工程新路软基处治中应慎用。

(3)水平位移

图 6.36 为 UU 时地基内水平位移等势线图。从图中可知，加宽荷载的作用在新路基下软基内产生两个方向相反的水平位移集中区。老路软基向道路中心流动，新路软基浅层因新路堤的刺入向道路中心流动，深层向道路外侧流动，图 6.37 中新路基左(L)、右(R)坡脚下各深度处的水平位移也显示了

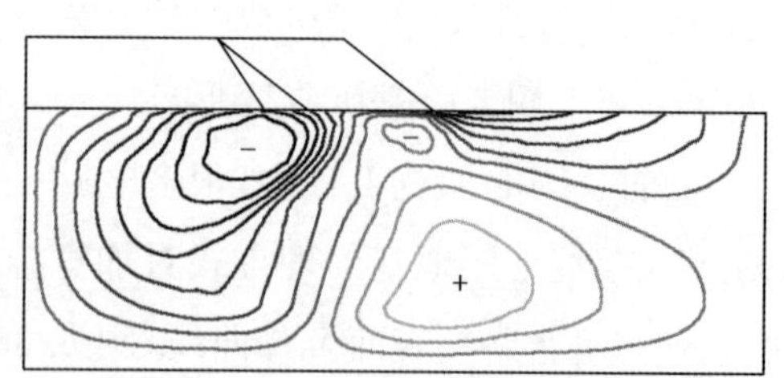

图 6.36　地基内水平位移等势线图

这一规律。若能限制软基的横向流动,将会大大降低新路堤荷载对老路的影响[43]。同时,根据软基内水平位移集中区埋深情况,新路堤右侧坡脚的隔离墙应有足够深度,而左侧隔离墙可以较浅。对于特定工程,隔离墙深度根据计算确定。

(4)老路稳定状况对路基沉降变形的影响

图 6.38 给出了 DD 工况时新老路基工后沉降曲线,其中 1.0U 表示完全固结,0.8U 表示固结度为 80%,其他类推。从图中看出,随老路固结度完成,工后沉降变小,并且,老路固结度大于 70%时,其固结状态对新老路基工后沉降影响降低。

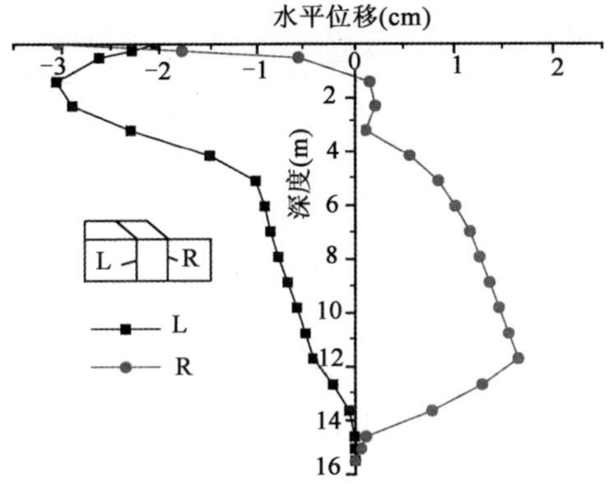

图 6.37 新路堤坡脚下地基水平位移等势线

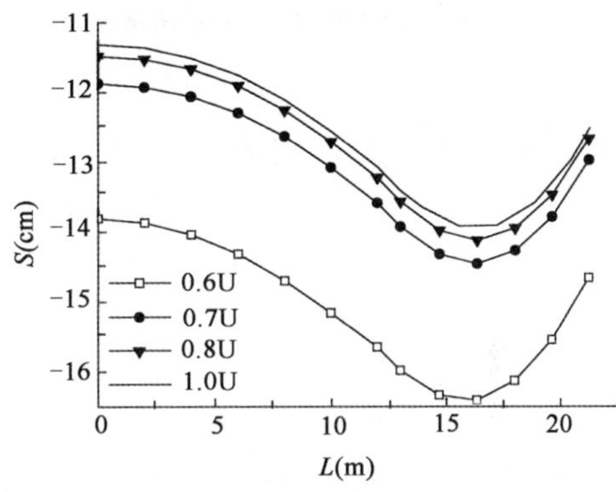

图 6.38 老路不同固结度时新老路工后沉降曲线

图 6.39 为老路不同固结状态时加宽后新老路坡差(0.4%坡差线以下曲线)和施工期老路坡差(0.4%坡差线以上曲线),由于 DP 工况时施工期老路坡差变化很小,不予考虑,也表明新路采用复合地基时老路施工期沉降变形受其固结状况的影响较小。从图中看出,同一固结度下施工期老路坡差从大到小均依次为 DD→DU→DE,表明老路稳定状况对不同地基处理方式时的施工期老路坡差影响规律一致。随老路固结度增加,施工期老路坡差减小,当固结度大于 70%后,坡差对固结度的敏感性降低。此外,不同固结度下新老路基工后坡差较小,基本在 0.2%以下。因此,老路固结状态对施工期老路影响较大,对新老路基影响较小,并且,当固结度大于 70%时,老路固结状态的影响降低。

(5)填筑速率对路基沉降变形的影响

为考察新路基填筑速率对道路的影响,分析了 DD 工况下新路基 1 次填筑、2 次填筑和 4 次填筑时新老路基工后沉降和加宽施工期老路沉降。研究发现,工后沉降变化规律与图 6.32 一致;路基分层填筑可以显著降低新老路堤工后沉降。三种填筑方式最大沉降分别为 20.0cm、18.5cm 和 16.4cm。同时,图 6.40 给出了加宽施工期老路沉降。从图中看出,分层填筑大大减小了老路中心的隆起量和坡差,隆起量从 8.8cm、4.8cm 降到了 1.7cm,坡差从 1.3%、1.09%降到了 0.95%。因此,新路堤分层填筑可以使软基内超孔压消散,强度增长,降低新老路的工后沉降量,减小对施工期老路的扰动。

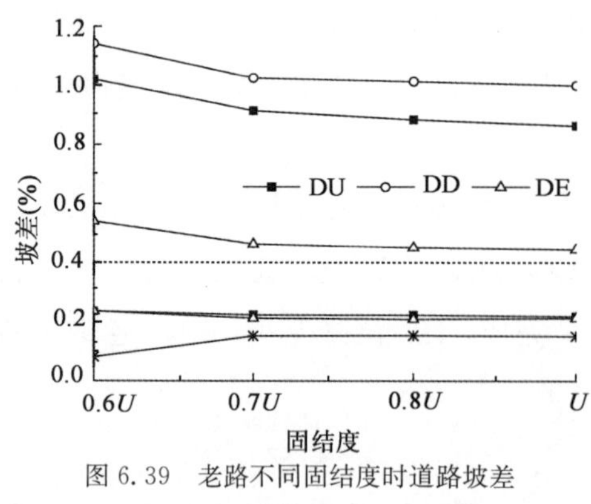

图 6.39 老路不同固结度时道路坡差

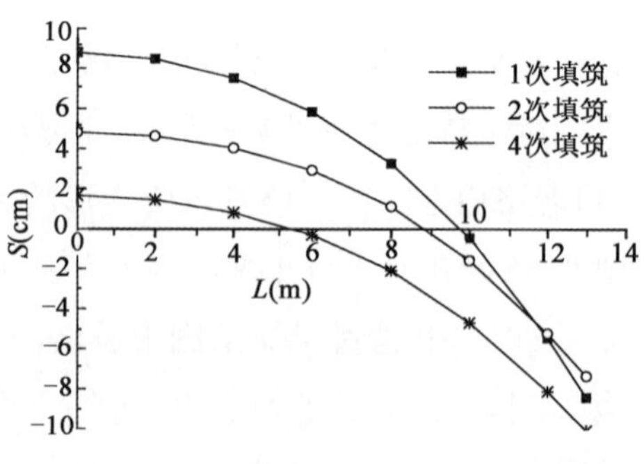

图 6.40 不同填筑速率时施工期老路沉降曲线

6.3 本章小结

目前,控沉疏桩复合地基在高速公路加宽工程中的应用越来越广泛,深入分析其工作性状,并基于此开展优化设计,从而既节约造价,又能达到使用要求。此外,在加宽工程中,无论老路采用何种处理方式,建议新路采用复合地基(粉喷桩)和轻质路堤填料,而尽量不采用塑料排水板处理。这是因为,尽管塑料排水板法能减小新老路堤工后差异沉降,但加大了施工期老路表面差异沉降,严重时导致老路面开裂,这对于加宽施工期老路仍承担交通荷载的加宽工程非常不利。

本章参考文献

[1] A. N. G. Van Meurs, A. Van Den Berg, et al. Embankment widening with the gap-method[J]. Geotechnical Engineering for Transportation Infrastructure, Balkema, Rotterdam, 1999:1133-1138.

[2] 何通海.高速公路改扩建工程软土地基段新旧路基间的衔接技术[D].大连:大连理工大学,2003.

[3] 苏阳.广佛高速公路扩建工程软机路段施工简介[J].水运工程,2001,2:51-58.

[4] 陈海珊,胡永深.广佛高速公路加宽工程的软基处理[J].广东公路交通,1998,3:47-50.

[5] Han J, Gabr M A. Numerical analysis of geosynthetic-reinforced and pile-supported earth platforms over soft soil[J]. Journal of Geotechnical and Geoenvironmental Engineering, ASCE, 2002, 128(5):44-53.

[6] Jones, C. J. F. P., Lawson, C. R., Ayres, D. J.. Geotextile reinforced piled embankments[M]. Proc. 4th Int. Conf. On Gextextiles: Geomembranes and Related Produc-

tion, Den Hoedt(ed), 1990, Rotterdam: Balkema, 155-160.

[7] Hewlett, W. J., Randolph, M. F.. Analysis of piled embankments[J]. Ground Engineering, 1998, 21(3):12-18.

[8] Low, B. K., Tang, S. K. Chao, V.. Arching in piled embankments[J]. Journal of Geotechnical Engineering, ASCE, 1993,120(11):1917-1938.

[9] 陈云敏.桩承式路堤土拱效应分析[J].中国公路学报,2004,17(4):1-6.

[10] 饶为国,赵成刚.桩—网复合地基应力比分析与计算[J].土木工程学报,2002,35(2):74-80.

[11] 饶为国,江辉煌,侯庆华.桩—网复合地基工后沉降的薄板理论解[J].水利学报,2002,(4):23-27.

[12] 刘吉福.路堤下复合地基桩、土应力比分析[J].岩石力学与工程学报,2003,22(4):674-677.

[13] 沈伟,池跃军,宋二祥.考虑桩、土、垫层协同作用的刚性桩复合地基沉降计算方法[J].工程力学,2003,20(2):36-42.

[14] 贾宁.软土地基高速公路拓宽的沉降特性及处理研究[D].杭州:浙江大学,2004.

[15] 陈仁朋,许峰,陈云敏,等.软土地基上刚性桩—路堤共同作用分析[J].中国公路学报,2005,18(3):7-13.

[16] J. G. Collin, C. H. Watson, J. Han. Column-supported embankment solves time constraint for new road construction[J]. Geo-Frontiers 2005 January 24-26, ASCE, 2005, Austin, Texas, 1-10.

[17] P. J. Naughton, G. T. Kempton. Comparison of analytical and numerical analysis design methods for piled embankments [J]. Geo-Frontiers 2005 January 24-26, ASCE, 2005, Austin, Texas, 11-20.

[18] Reinaldo Vega-Meyer, Yong Shao. Geogrid-reinforced and pile-supported roadway embankment[J]. Geo-Frontiers 2005 January 24-26, ASCE, 2005, Austin, Texas, 11-20.

[19] 王斌.高速公路拼接段沉降变形特性及地基处理对策研究[D].南京:河海大学,2004.

[20] 费康.现浇混凝土薄壁管桩的理论与实践[D].南京:河海大学,2004.

[21] Russell D, Pierpoint N. An assessment of design methods for piled embankments[J]. Ground Eng., 1997, 30(11):39-44.

[22] 江苏省沪宁高速公路扩建工程指挥部,江苏省交通基础技术工程研究中心.沪宁高速公路扩建工程软土地基沉降控制标准与处理技术研究[R].2005.

[23] 地基处理手册编写委员会. 地基处理手册[M]. 2版. 北京：中国建筑工业出版社，2000，9：55-141.

[24] 陈小丹，赵维炳. 考虑井阻和涂抹的砂井地基平面应变等效方法分析[J]. 岩土力学，2005，26(4)：567-571.

[25] 陈小丹，李建平，赵维炳. 真空预压有限元计算方法研究[J]. 河海大学学报，2005，33(4)：455-458.

[26] 赵维炳，陈永辉，龚友平. 平面应变有限元分析中砂井的处理方法[J]. 水利学报，1998，6：53-57.

[27] 姜弘，沈水龙，钭逢光，等. 塑料排水板处理的软土地基的分析[J]. 岩土力学，2004(增)：437-440.

[28] 赵维炳，雷国辉，陈永辉，等. 土工织物加筋与塑料板排水联合加固软基的计算方法研究[J]. 岩土工程学报，1998，20(3)：61-65.

[29] Jin-chun Chai，Shuilong Shen，et al. Simple method of modeling PVD-improved subsoil [J]. Journal of Geotechnical and Geoenvironmental Engineering，ASCE，2001：965-972.

[30] Jinchun Chai，Norihiko Miura. Investigation of factors affecting vertical drain behavior [J]. Journal of Geotechnical and Geoenvironmental Engineering，ASCE，1999：216-226.

[31] 李豪，高玉峰，刘汉龙，等. 真空—堆载联合预压加固软基简化计算方法[J]. 岩土工程学报，2003，25(1)：58-62.

[32] 房后国，王常明，程祖锋. 排水固结法加固软基变形简化计算分析[J]. 工程地质学报，2005，13(1)：567-571.

[33] 赵维炳，施健勇. 软土固结与流变[M]. 南京：河海大学出版社，1997.

[34] 段继伟. 柔性桩复合地基的数值分析[D]. 杭州：浙江大学，1993.

[35] 杨涛. 复合地基沉降计算理论、位移反分析模型和二灰土桩软基加固实验研究[D]. 南京：河海大学，1997.

[36] 宋修广. 水泥粉喷桩的理论研究与分析[D]. 南京：河海大学，2000.

[37] 邓永锋. 水泥土搅拌桩桩土相互作用理论与应用研究[D]. 南京：东南大学，2005.

[38] 吉文志. 塑料排水板法及其在沈大路改扩建工程软基处理中的应用[D]. 大连：大连理工大学，2003.

[39] 曲向进. 沈大高速公路改扩建工程技术方案研究[D]. 大连：大连理工大学，2003.

[40] 桂炎德，徐立新. 沪杭甬高速公路(红垦至沽渚段)拓宽工程设计[J]. 华东公路，2001，6：3-6.

[41] Vos, E. , J. F. Couvreur, M. Vermaut. Comparison of numerical analysis with field data of a road widening project on peatysoil. Proc. International Workshop: Advances in understanding and modeling the mechanical behavior of peat[C]. Balkema, Rotterdam, 1994:267-274.

[42] 桂炎德.高速公路拓宽设计方法初探[J].公路,2004,7:59-64.

[43] Juha Forsman, Veli-Matti Uotinen. Synthetic reinforcement in the widening of a road embankment on soft ground[J]. Geotechnical Engineering for Transportation Infrastructure, Balkema, Rotterdam,1999:1489-1496.

第7章 软土地基上埋式涵洞土压力计算及地基基础设计

⇨7.1 软土地基上埋式箱涵土压力的离心模型试验
⇨7.2 软土地基上埋式箱涵土压力的数值模拟
⇨7.3 软土地基上埋式涵洞地基基础设计方法
⇨7.4 本章小结

我国沿海和内陆湖区水系发达，为减少高等级公路对环境和水利设施的不利影响，涵洞结构物所占比重越来越大，平均每公里约有 3 座[1]。调查发现，凡是采用复合地基的涵洞，基本遭到破坏[2]。虽然涵洞结构简单，但由于其存在改变了周围路堤的应力分布，使其所受土压力异常复杂。而土压力计算是涵洞结构设计的核心问题之一。当高速公路加宽改建时，需对既有涵洞进行加宽，若要避免加宽后涵洞破坏，应对涵洞土压力计算和地基基础设计开展研究。

20 世纪初期，Marston[3]研究了地下管道的受力特性，得出管道上的荷载除受填土高度影响外，还受埋设方式的影响。随后，Spangler[4]研究发现，埋设方式决定了管道上内外土柱的沉降差，是管道上荷载的主要影响因素。1977 年版 AASHTO 公路桥梁规范规定涵顶竖向土压力为土柱自重的 70%。2002 版 AASHTO 公路桥梁规范[5]基于 Marson-Spangler 理论提出了箱涵竖向土压力系数 K_v(竖向土压力与土柱自重的比值)为 $1+0.2H/D$(H 为涵顶填土高度，D 为涵洞跨径)。马伊霍夫—阿达马斯[1]等人提出了上埋式涵洞竖向土压力计算公式。Mário Pimentel 等[6]综合采用数值模拟和现场测试研究了高路堤下加筋混凝土箱涵的性能。顾安全教授以弹性理论为基础得到了涵顶竖向土压力计算公式[2]。严东方等[7]提出了考虑土的应力损伤和扰动损伤的竖向土压力计算公式。李永刚等[8]采用数值方法得到了 $H/D=0\sim8$ 情况下软基箱涵涵顶竖向土压力系数为1.0～1.8，侧向土压力系数 K_h(侧向土压力与土柱自重的比值)为 0.3～0.36。罗智刚等[9]采用有限元方法得到了竖向土压力系数在 0.6～1.4 之间变化。杨锡武和张永兴[10]、范鹤和范泽等[11]采用室内模型试验研究了山区公路高填方涵洞土压力变化规律。郑俊杰等[12]对高路堤下涵洞竖向土压力进行了现场测试，并结合理论分析和数值模拟对顾安全计算公式进行了修正。康佐等[13]开展了拱涵周围土体在未减荷与 EPS 板减荷工况下的变形性状和全局位移场的离心模型试验研究。翁效林等[14]通过离心模型试验研究了不同边界条件下高填方涵洞竖向土压力随填土高度的变化规律及涵洞周围填土位移场的变化情况。此外，我国现行《公路桥涵设计通用规范》(JTG D60—2015)(以下简称《公路规范》)直接将涵顶土柱自重作为竖向土压力。

由此可见，现有成果基本集中在山区高填方涵洞竖向土压力方面，且结论有较大差别。针对软土地基上涵洞竖向和侧向受力特性的研究较少。因此，本章开展软基上埋式箱涵的土压力离心模型试验和数值模拟研究，并与现有成果对比分析提出软土地基上埋式箱涵土压力计算方法；进而基于软基上路堤、涵洞和地基的协同作用分析，对箱涵结构设计提出建议。最后，根据箱涵的特点，提出其地基基础设计方法。

7.1 软土地基上埋式箱涵土压力的离心模型试验

7.1.1 试验设计

本试验使用长沙理工大学教育部重点实验室 TLJ-150 大型土工离心机开展研究，其最大容量为 150g·t，有效半径为 3.5m。模型箱尺寸为 900mm×700mm×700mm。

(1)模型尺寸

根据岳阳至常德高速公路设计资料，软基厚 15m，路基顶宽 26m，边坡坡度 1∶1.5，上埋式箱涵顶填土高 6m，外轮廓尺寸 4.8m×4.8m×46m。路堤与涵洞横纵向十字对称，故截取一半进行研究，涵洞纵向与钢化玻璃一侧垂直。试验前，对地基影响范围进行了数值模拟，为坡脚外不大于 13m[1]。考虑到试验精度，并结合离心机容量和模型箱尺寸，取模型率为 60。则涵洞外径为 80mm×80mm×367mm、内径为 66mm×66mm×367mm、壁厚 7mm，软基厚 250mm，涵顶填高 100mm。离心模型试验布置图如图 7.1 所示。

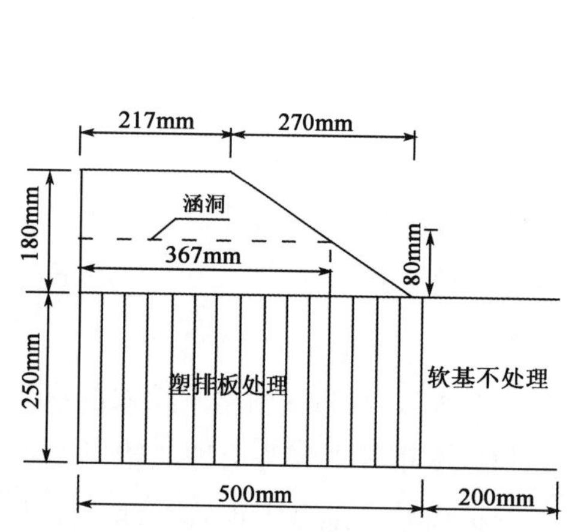

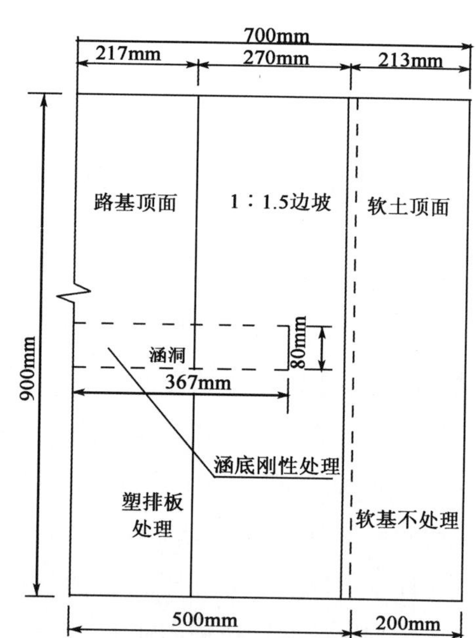

图 7.1 离心模型试验布置图

(2)模型材料和制作

模型所用软土为现场工点取回，重度为 17.9kN/m^3，内摩擦角为 10°，黏聚力为 15.7kPa，含水率为 44.1%。由于本研究主要模拟上埋式箱涵土压力变化规律，对涵洞材料不作模拟相似分析，仅要求涵洞在试验受力范围内发生弹性应变。普通模具钢在弹性范围内的抗压与抗拉能力都远高于涵洞通常采用的C30混凝土,选择其进行涵洞模拟。

试验用三块尺寸为80mm×250mm×100mm和一块尺寸为80mm×250mm×67mm的C30混凝土块连成一体模拟箱涵下的桩基础。用粗化纤毛线模拟涵侧塑料排水板[15],如图7.2所示。

地基处理后,在涵顶和涵侧贴微型土压力盒(图7.3)。为保证路堤与涵洞的紧密接触,选择河砂作为涵顶填料,并采用普通黏土包边,以保证其稳定性,包边土宽3cm。河砂重度为16.5kN/m^3,内摩擦角为30°,黏聚力为3kPa。

图7.2 涵洞及塑排板

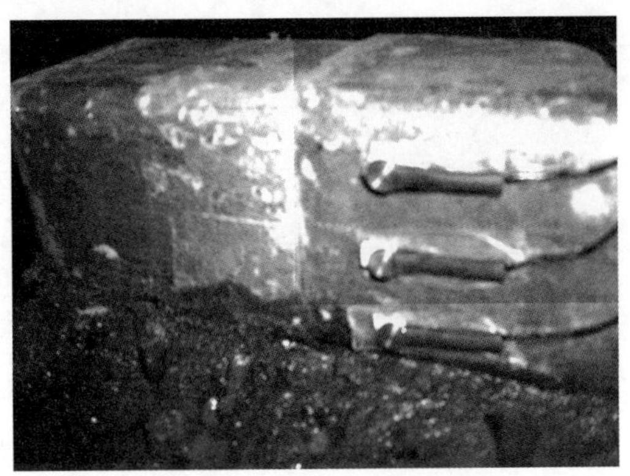

图7.3 土压力盒埋设

(3)边界条件处理

在模型箱四壁涂抹液体硅油,以减弱箱壁摩擦;路堤纵向为模型箱长边,加速度为60g时模拟现场54m,为涵洞宽的11.25倍,可忽略沟谷地形的边界影响。

(4)测点布置

为考察涵顶路堤沉降,布设4只位移计,从左至右依次记为a、b、c、d,位移计b位于涵洞中心。为考察路堤作用下涵洞土压力,在涵顶及其同一平面的路堤内等间距布置6只土压力盒,涵侧均匀布置3只土压力盒。依次记为T1~T9,如图7.4所示。

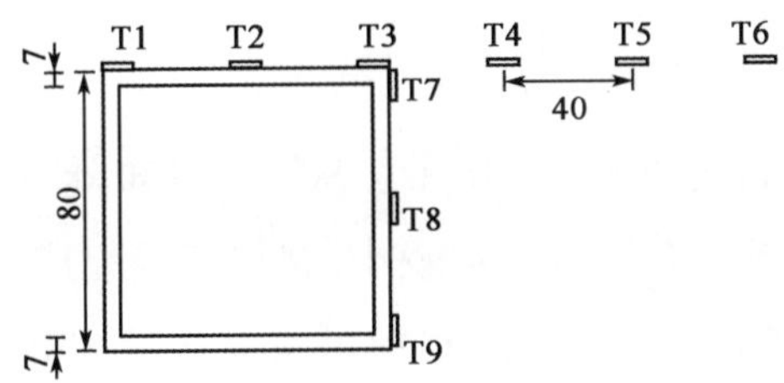

图7.4 土压力盒布置示意图(尺寸单位:mm)

(5)试验方案

原型分6层填筑,10g、20g、30g、40g、50g、60g分别模拟涵顶1m、2m、3m、4m、5m和6m的填高。为防止加速度突然增大导致路堤失稳,加速度缓慢升高,10g加速度下稳定时间较长。同时为了获取稳定期数据,最后一级加速度60g停留了较长时间。试验中加速度设置及变化情况具体见表 7.1。

加速度设置表　　表 7.1

模拟填高(m)	加速度(g)	加速度停留时间(min)	实际模拟时间(d)	累计模拟总天数(d)
1.0	10	120	8.3	8.3
2.0	20	60	16.7	25.0
3.0	30	60	37.5	62.5
4.0	40	60	66.7	129.2
5.0	50	60	104.2	233.3
6.0	60	120	300.0	533.3

7.1.2 试验结果分析

(1)涵顶路堤沉降

图 7.5 为试验前后模型图。由图可知,涵顶与两侧路堤之间有显著的差异沉降,且涵顶出现了“驼峰”,路堤边坡发生了较为严重的开裂破坏。

a) 试验前

b) 试验后

图 7.5　离心试验前后模型对比图

各点沉降随加速度变化曲线如图 7.6 所示。从图中可知,各点沉降随路堤填筑逐渐增大,但涵顶 b 点位移在路堤填筑至第 2 层后变化较小,路堤填筑完成后 300d 沉降仅为 0.77mm。涵侧路堤表面沉降随路堤填筑变化较大,至路堤填筑完成后 300d,a、c 和 d 三点沉降分别为 26.4mm、26.2mm 和 24.8mm,由于 a 和 c 对称于涵洞中心,两者沉降变形基本相当。位移计 d 距离涵洞中心较远,沉降变形比 a、c 两点小,表明此处受到了较小的竖向土压力作用。由此可见,管桩处理使涵洞处沉降远小于两侧路堤,进而产生跳车,严重时危害行车安全。由于涵洞与路堤间差异沉降可在施工期弥补,因此,合理确定路堤预压方案和安排工期,对于减小该差异沉降、提高道路服务水平具有重要意义。

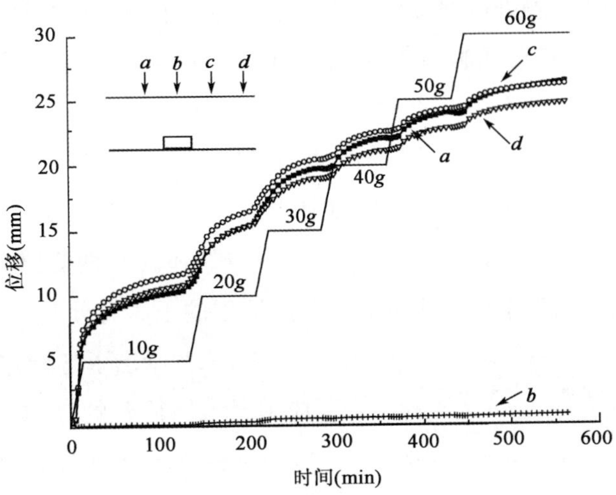

图 7.6 沉降随加速度变化曲线

(2)竖向土压力

图 7.7 为竖向土压力随涵顶路堤填筑高度的变化曲线。从图中可知,路堤填筑初期各点土压力差别不大;随填筑高度增加,各点土压力逐渐增加,且差值越来越大。至试验完成,有土压力 T1>T3>T6>T2>T5>T4,且 T1、T3 和 T6 三点的土压力大于土柱自重(自重为 99kPa)。

图 7.8 给出了不同路堤填高时各点土压力与土柱自重之间的差值,正值表示大于土柱自重。由图可知,随路堤填筑,涵顶两侧出现了土压力集中,与土柱自重最大差值出现在涵顶填土 6m 时的 T1 处,达 27.8kPa;但涵顶中心 T2 土压力比土柱自重小,且随路堤填筑差值逐渐增大。分析认为,涵侧地基过大的沉降对涵洞产生了向下拖拽作用,从而形成一个拱脚位于涵顶两侧的上凸压力拱。压力拱导致拱脚受到土柱自重和拖拽作用产生的附加应力的双重作用。同时,由于压力拱的作用,将在涵顶某一高度的路堤中形成等沉面,填筑高度大于等沉面后,涵洞上方土柱产生的土压力难以传递到涵顶中部,致使 T2 处的土压力比其上土柱自重小。

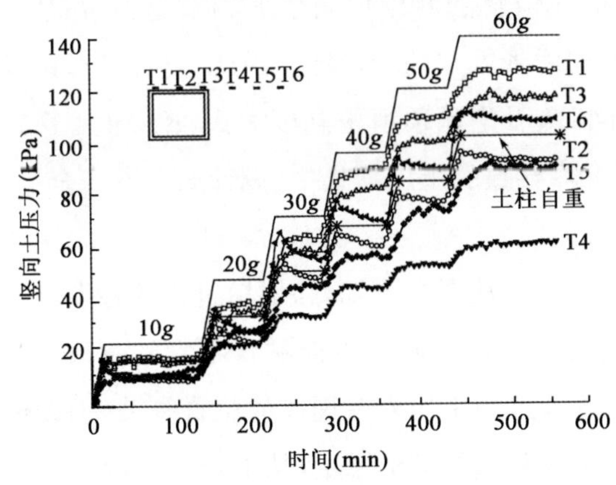

图 7.7 竖向土压力随涵顶填筑高度的变化曲线

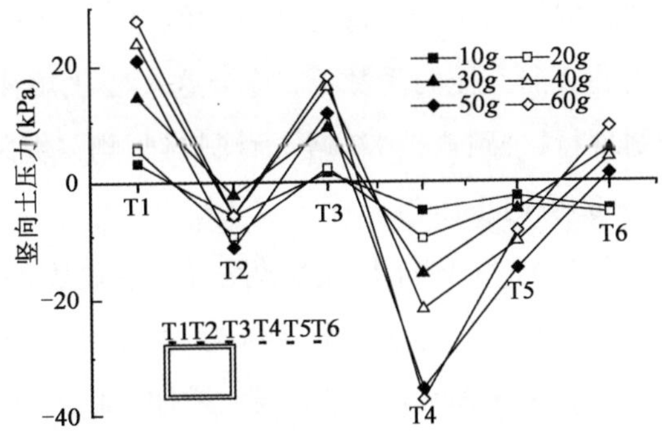

图 7.8 竖向土压力与土柱自重的关系

从图 7.8 可知，紧邻涵侧处的路堤中出现了土压力分散，路堤填筑完成后 T4 与其土柱自重差别最大，达 37.5kPa；随与涵洞距离的增加，土压力逐渐增大。表明涵洞的存在使相邻的路堤中产生了卸荷区，与图 7.6 中 d 点位移小于 a、c 两点的结论一致。这是由于涵侧的土体下沉时，受涵洞顶托及边壁的摩擦作用所致。由于在一倍的涵洞跨径处(T6)土压力又比土柱自重略有增加，表明涵侧路堤中的卸荷区跨度基本为一倍的涵洞宽度。

因此，涵洞的存在不但在涵顶产生了上凸的压力拱，还在其两侧路堤中产生了卸荷区，随涵洞与路堤刚度比减小，涵顶土压力集中和涵侧路堤中的土压力分散将逐渐减弱。

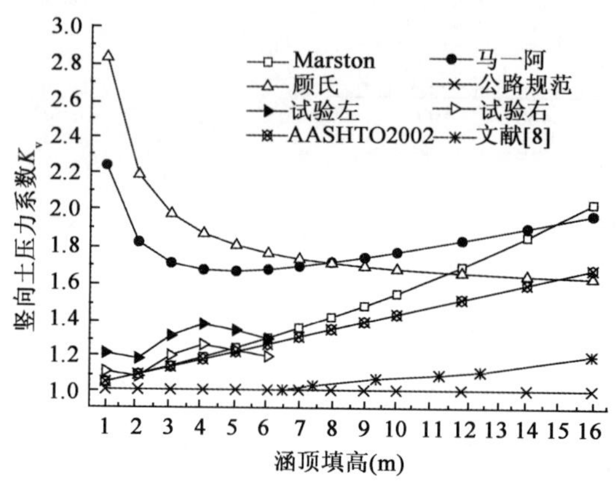

图 7.9　竖向土压力系数随涵顶填高变化曲线

图 7.9 给出了各种方法以离心模型试验对应工况为例得到的竖向土压力系数 K_v。由于该算例的 Marston 和马伊霍夫—阿达马斯等沉面高度为 16.8m，因此，仅对 16m 以下的填土高度进行分析。

从图中可知，K_v 随涵顶填高呈现不同的变化形态。顾氏方法的 K_v 随填高的增加而减小，且减小幅度逐渐降低，至涵顶填高 16m 时，基本稳定在 1.60 左右。马—阿方法得到的 K_v 先减小后增大，且不小于 1.66。Marston、AASHTO 2002 和文献[8]得到的 K_v 均随涵顶填高线性增加，其中 Marston 方法得到的 K_v 随涵顶填高增加更为迅速，在涵顶填高 16m 时达 2.02。AASHTO 2002 和文献[8]得到的 K_v 斜率基本相当，但文献[8]认为只有当路堤涵顶填高超过 6.5m 时才考虑土压力集中，这与图 7.8 显示的路堤填筑开始即出现土压力集中的结论不一致。离心模型试验中涵顶左侧和右侧 K_v 均呈现出了开口向下的抛物线分布，即随涵顶填高先增加后降低。

由于土压力集中导致的附加应力与土柱自重的比值将随涵顶填高增加越来越小，在某一涵顶路堤填高时，K_v 将达到最大值，然后随填高增加而降低并趋于稳定。因此，离心模型试验得到的竖向土压力系数 K_v 符合这一变化规律。同时，无论涵顶填土高度多大，K_v 均大于 1，表明现行《公路规范》忽略了涵洞与两侧路堤差异沉降导致的土压力集中，设计偏于不安全。

(3)侧向土压力

图 7.10 为侧向土压力随路堤填筑高度的变化关系。从图中可知，路堤填筑初期各点侧向土压力没有明显变化。分析认为，可能是由于侧向土压力盒与涵洞侧面贴合不紧密所致。当加速度逐渐变大时，侧向土压力增加，且 T9＞T8＞T7，这与土压力盒埋设的位置有关，埋设位置越低，所受土压力越大。至路堤填筑完成 330d，各点土压力趋于稳定，从上至下依次为8.39 kPa、32.08kPa 和 45.37kPa。

图 7.11 为侧向土压力系数 K_h 随涵顶填高变化曲线。从图中可知，涵侧上中部(T7 和 T8)的 K_h 在填筑初期增加较快，随后趋于平缓，填至 5m 后急剧增加，至路堤填筑完成 300d，T7 为 0.08，T8 为 0.23。涵侧下部(T9)K_h 变化规律与涵侧中上部有显著差别，随路堤填筑迅速增加，填至 5m 后，变化趋于稳定，至路堤填筑完成 300d，达到 0.26。对于离心模型试验对应工况，现行《公路规范》的 $K_h=\tan^2(45°-\varphi)$ 为 0.33，大于试验结果。分析认为，《公路规范》中的 K_h 由郎肯主动土压力得到，但涵侧路堤以沉降为主，与挡土墙后填土以侧向位移为主的位移模式不同，使涵洞侧压力小于规范值。

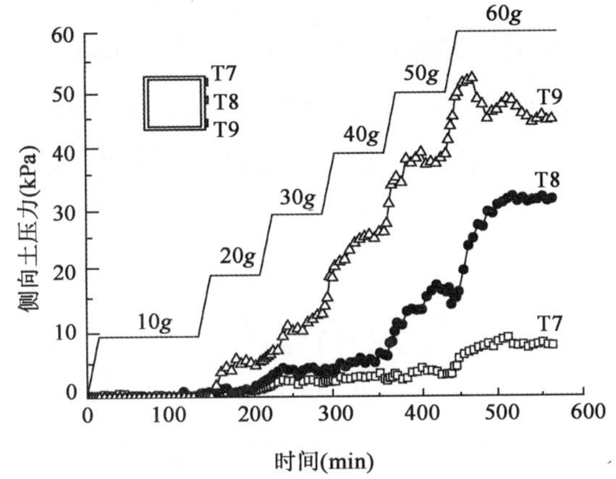

图 7.10　侧向土压力随路堤填筑高度的变化曲线

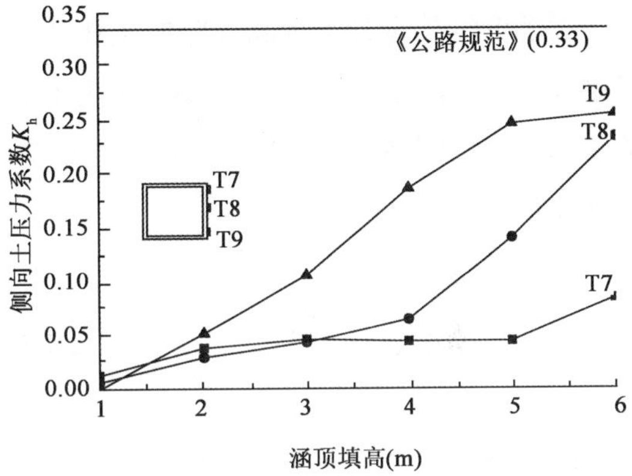

图 7.11　侧向土压力系数随涵顶填高变化曲线

(4)路堤、涵洞和地基的协同作用

图 7.12 给出了软基上路堤、涵洞和地基协同作用示意图。由于涵洞采用桩基，在路堤荷载作用下，涵洞内外土柱将产生沉降差 δ，从而使涵顶受到外侧土柱拖拽形成的附加应力 $\Delta\sigma$，$\Delta\sigma$ 为 δ 的函数，δ 越大，$\Delta\sigma$ 越大。由此，涵顶竖向土压力 $\sigma=\gamma_{上}\cdot H+\Delta\sigma(\delta)$，若 $\Delta\sigma$ 为零，则 $\sigma=\gamma_{上}\cdot H$，即为现行《公路规范》的计算方法，其中 $\gamma_{上}$ 为涵顶土柱重度。涵洞地基基础刚度越大，地基沉降越小，δ 越大，$\Delta\sigma$ 也就越大，就越容易引起涵洞结构的破坏。传统地基基础的设计理念是其刚度越大(地基处理得越好)、基础底面越宽(基础压力越小，基础沉降越小)，上部构造物就越安全。从前述分析可知，涵洞的实际工作状况刚好相反。事实证明这也是软土地基上涵洞产生病害的主要原因之一[2]。因此，采用传统的地基基础设计思想设计涵洞地基基础，且不考虑由此带来的涵顶竖向土压力集中是不科学的。

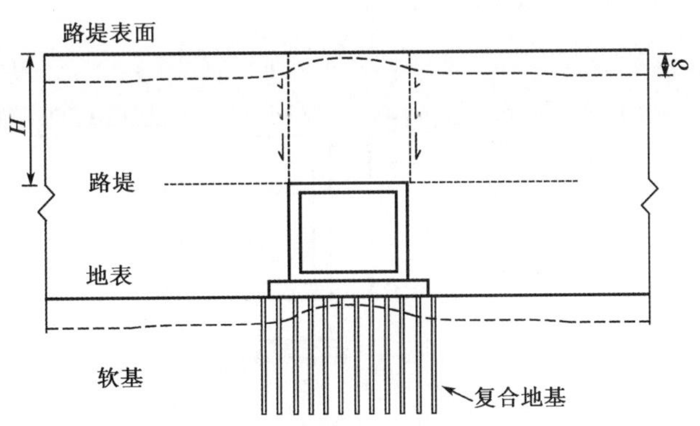

图 7.12　路堤、涵洞和地基的协同作用示意图

通过软基上路堤、涵洞和地基协同作用分析，为减少软基涵洞结构破坏，建议采取以下措施：

①涵顶路堤采用轻质填料。为使涵顶所受竖向土压力不大于涵顶同一平面路堤自重，须 $K_v \cdot \gamma_{上} \cdot H \leqslant \gamma_{土} \cdot H$，则 $\gamma_{上} \leqslant \gamma_{土}/K_v$，其中，$\gamma_{土}$ 为路堤填土重度。$\gamma_{上}$ 即为所选轻质填料的重度。该措施较为简单，易于实现。

②涵洞反开挖法施工。保证了涵洞与涵侧路堤具有相同的地基条件，减小了差异沉降 δ，甚至于能出现 $-\delta$，使涵顶竖向土压力不大于土柱自重。该措施对现场施工影响较大。

③涵洞结构设计考虑涵顶竖向土压力集中。若采用传统的设计理念设计软基涵洞地基基础，需将涵顶土柱自重乘以 K_v 作为竖向土压力，进而能充分考虑传统的强涵基、弱地基带来的涵顶内外土柱差异沉降产生的附加应力。该措施将提高涵洞结构配筋率，增加工程造价。

7.2 软土地基上埋式箱涵土压力的数值模拟

由于离心模型试验不可能涵盖所有工况。因此，数值模拟作为一种有益的补充显得尤为重要。

7.2.1 数值模拟的合理性

本节采用 FLAC3D 数值模拟手段对离心模型试验进行模拟。软土地基上高速公路箱涵，内径 4m×4m，壁厚 0.4m，涵顶填土高度 6m，路基顶面宽度 26m，软基深度 15m。观测点布置如图 7.13 所示。表 7.2 为模拟计算所需土工参数，由于箱涵及其基础假定为刚性，所以各项参数均取较大值，其余项目的土工参数则由室内试验或现场资料获取。计算结果如表 7.3 所示。

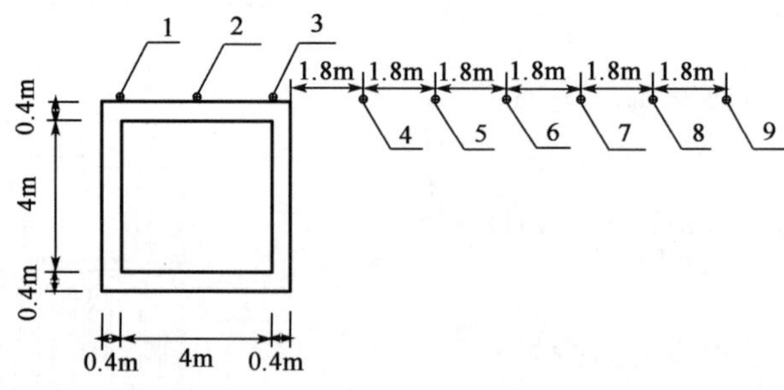

图 7.13 观测点布置

FLAC3D模拟计算所需参数　　表7.2

项目	重度(kN/m³)	内摩擦角(°)	黏聚力(Pa)	弹性模量(Pa)	泊松比	体积模量(Pa)	剪切模量(Pa)
路堤填土	16.5×10^3	30	3×10^3	20×10^6	0.2	11.1×10^6	8.3×10^6
软土地基	17.9×10^3	10	15.7×10^3	3×10^6	0.2	1.67×10^6	1.25×10^6
箱涵	25×10^3	50	70×10^6	25.5×10^9	0.2	1.42×10^{10}	1.07×10^{10}
涵底基础	25×10^3	50	70×10^6	25.5×10^9	0.2	1.42×10^{10}	1.07×10^{10}

数值模拟中垂直土压力分布随填筑高度变化表　　表7.3

涵顶填高(m)	0	1	2	3	4	5	6
观测点1(kPa)	0	20	51	80	105	138	160
观测点2 (kPa)	0	13	30	50	73	100	130
观测点3 (kPa)	0	20	51	80	105	138	160
观测点4 (kPa)	0	12	23	28	35	50	70
观测点5 (kPa)	0	13	37	63	87	105	117
观测点6 (kPa)	0	12	30	50	69	88	103
观测点7 (kPa)	0	12	29	47	65	82	99
观测点8 (kPa)	0	13	29	46	62	80	92
观测点9 (kPa)	0	13	30	46	63	80	92
土柱法算值(kPa)	0	16.5	33.0	49.5	66.0	82.5	99.0

图7.14给出了数值模拟的各点垂直土压力随路堤填筑高度的变化关系，正值表示比土柱自重大。从图中可知，随涵顶填土增加，垂直土压力在涵洞外角（观测点1和3）出现了应力集中现象，这是由于涵顶内外土柱沉降差引起的。与之对应，由于涵侧壁对土体的摩擦作用使涵侧（观测点4）应力分散，再继续向外延伸，土压力略比土柱自重大，并最终与土柱自重大小相当。这一规律与离心模型试验一致，验证了数值模型的合理性。

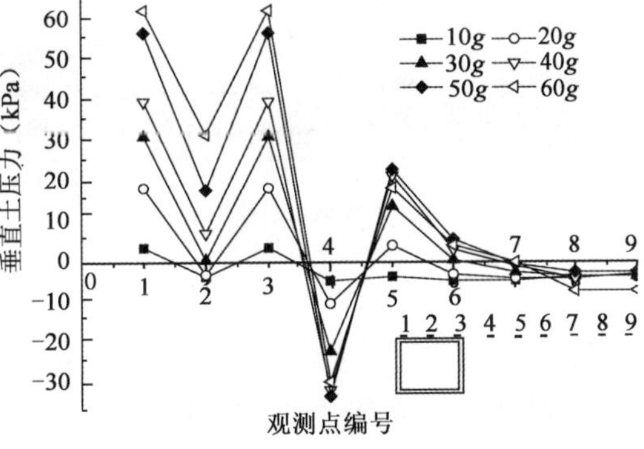

图7.14　垂直土压力随路堤填筑高度的变化曲线

7.2.2 基础形式对涵洞受力特性的影响研究

将前文数值模拟中涵洞基础弹性模量作一定调整，考察不同的涵洞基础刚度对结构物与周围土体的协同受力作用的影响。如图7.15所示。

由图 7.15 可知，刚度的变化导致垂直土压力在各种条件下的应力重分布现象有所差异，而且随着填土高度的不断增加，由基础刚度差异而导致的应力分布变化情况具有明显的规律性。

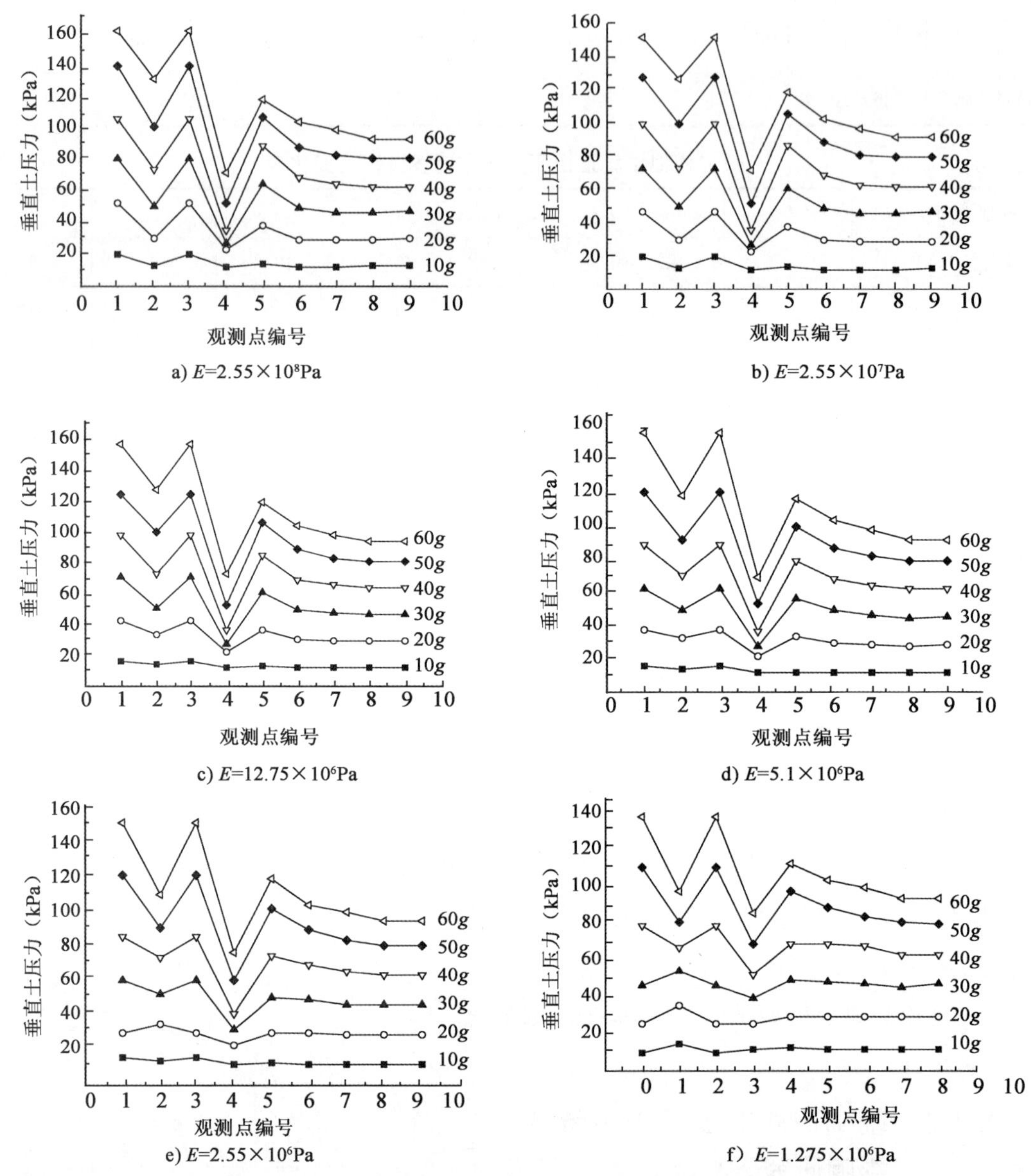

图 7.15　不同基础刚度条件下垂直土压力分布随填高变化图

首先，由于涵洞的本身刚度远大于周围土体，所以在双方的接触面上易产生应力集中现象，特别当两者之间存在一定的沉降差时，应力重分布现象将变得明显。此时，涵侧的垂直土压力向两侧传递，大部分传递到涵洞引起应力集中，小部分向外传递到附近土体，使得涵洞往外的一定距离内存在着一个相对于涵洞外角本身较小的应力集中现象。随着涵洞基础刚度不断变小，涵侧垂直土压力向外传递的比重不断加大，与之对应，向涵洞传递的比例在逐渐缩小；且涵侧的垂直土应力分散程度也随着沉降差的减小而减小，涵洞周围的整体应力分布曲线也因此而逐渐变得平缓。

其次，上覆荷载对垂直土压力分布的发展情况起着至关重要的作用。随着填土高度的不断增加，基础刚度较大者的应力集中现象在初期就已经十分明显，而且增幅较大，但随着填高的继续加大，到一定高度后的应力传递效果却不如早期明显，反映在图7.16中则表现为应力增长曲线随涵顶填高的增加而变缓；对于基础刚度较小的涵洞而言，涵洞与周围土体的沉降差增加缓慢，涵侧土压力向箱涵的传递效果逐步增强。由图7.15可知，其应力集中现象在初期尚不明显，到填筑后期的增加幅度较大，反应在图7.16中则表现为应力增长曲线随涵顶填高而变陡，但比较而言，其最终的垂直土压力值依然小于刚度较大者。

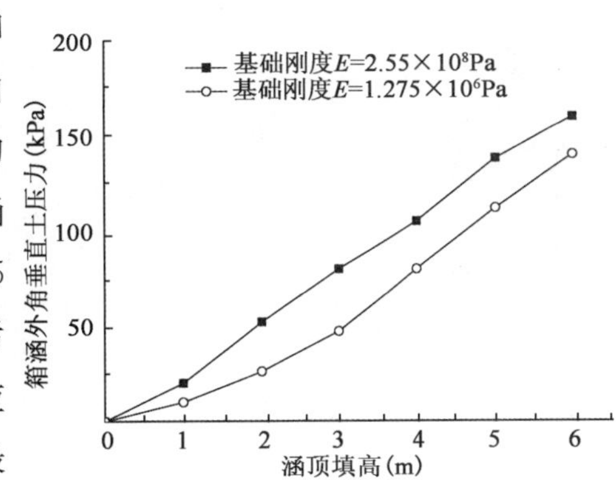

图7.16　不同刚度条件下涵洞外角垂直土压力对比图

由上述分析可知，沉降差异能直接影响涵洞的垂直土压力分布，而当涵洞基础刚度发生变化时，沉降差随之而改变。所以，涵洞基础刚度能直接影响箱涵与周围土体的协同受力作用关系，一方面随基础刚度减小，涵侧应力向两端的传递比例逐渐均衡，并且自身的应力分散程度减弱；另一方面，当涵顶填高增加时，基础刚度较小的涵洞后期应力集中增长较快，基础刚度较大者到后期时则因为沉降差过大等原因，应力传递则不如早期明显。反映在工程实际中，则可表述为涵洞基础的处治方式对涵洞上部结构受力有着极其显著的影响，当涵洞基础与周围地基之间的刚度差异较小时，对涵洞及其周围土体的变形和受力都将更为有利。

7.2.3　湖区软土地基上的涵洞回填区施工技术研究

涵洞的台背回填在路基施工中一直是质量控制的薄弱环节，特别对于软土地基涵洞而言，当台背回填控制不好时，较大的沉降差将使得涵洞产生各种不利的变形和应力作用。

由7.2.2节的分析可以证明，软基涵洞受力的典型问题源自于不同刚度影响下的沉降差异，所以在台背回填过程中要特别注意减小沉降差、均衡受力分布等问题。此外，由于软土地基涵洞在台背回填时易因为涵洞两侧的不均匀受力而导致结构物的侧移现象，所以采用前文建立的FLAC3D数值模型对其进行相应的分析，并提出较为全面的软基涵洞回填区施工技术。

工程实际中涵洞基础不可能完全刚性，甚至在常用的桩基处理时由于大量桩间土的存在，涵底会有侧向位移的发生，所以为了使涵洞侧向位移更能反映实际问题，模拟中取涵底基础的

弹性模量 $E=2.55\times10^{6}\mathrm{Pa}$，其余参数同前。该模拟过程只针对涵侧台背的回填，由于涵顶没有填土，基础刚度减小对涵洞竖向位移的影响程度有限，而且此处主要观测涵洞在侧向不均匀受力条件下的侧向位移情况，故将涵底基础的弹性模量取较小值。

在回填区的施工过程模拟时，先选择涵洞的一侧进行回填，分四层填筑完毕之后再对涵洞的另一侧进行回填，观测涵洞的侧向位移情况。

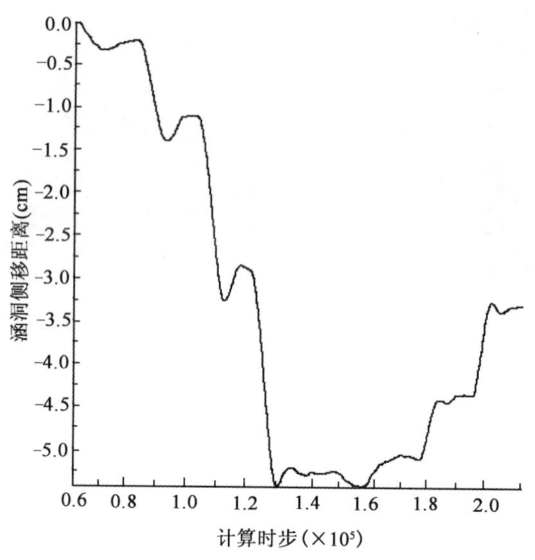

图 7.17　台背不均匀填筑条件下的涵洞侧移图

如图 7.17 所示，在涵洞单侧回填时，单侧路堤对涵洞的直接侧压力以及不均匀上覆荷载对涵洞基础的挤压作用使得涵洞发生侧移，在后续对涵洞另一侧的补充回填之后，涵洞已无法回归原位。而且该过程中由于涵洞沿路堤纵向来回移动，可能造成分节涵洞的错台破坏，对涵洞的功能性构成威胁。

综合以上研究，提出了湖区软土地基上的涵洞回填区施工技术：

(1)为使沉降差充分缓解，保证回填质量，台背沿路堤纵向应满足一定的范围要求，在设计时须充分考虑现场的不利地质情况，合理安排。施工过程中，在台背与已有路堤的交接处，应采用阶梯的形式进行过渡处理。此外为满足软基涵洞排水的要求，应在台背的回填范围内设置碎石、粗砂或砾料层，以便达到良好的排水作用，回填之前要做好基坑排水、清淤等工作。

(2)软土地基上不论采用中松侧实法填土、局部换填材料或者加固周围土体等施工工艺，都需要加大台背回填土的压实度。注意事项如下：第一，每层的松铺厚度不宜超过 15cm；第二，应严格进行含水率的控制，确保回填材料在最佳含水率状态下进行压实作业；第三，确定最佳施工组织方案，综合利用各类机械，除靠近结构物 50cm 用小型机动夯具夯实外，其他的大面积回填应使用大型振动压路机压实。

(3)选择合适的回填材料。一方面，为了更好地满足对材料密实度的要求，可对回填材料的级配、最大密度以及最佳含水率等方面进行考虑；另一方面，为了减小沉降差影响，均衡涵洞的受力分布，可综合对材料的重度、黏聚力以及内摩擦角等因素进行考虑。此外，合理选用土工格栅等相关措施对台背的回填质量也有一定程度的提高。

(4)回填的过程应在结构物两侧对称进行，保证两侧高程基本一致，以防止不对称的上覆荷载导致涵洞单侧受压，从而造成破坏。尤其对湖区软基涵洞而言，一方面单侧回填土的侧向土压力作用直接发生在涵侧，在不对称应力作用下使涵洞产生整体侧移；另一方面，软基涵洞的底部常采用桩基处理，而与此同时，桩间土的流塑性依然较大，当涵洞两侧的回填土施工不同步时，上覆荷载对下部软基的挤压作用使得软土向回填区的另一侧位移，极易导致桩基破坏，进而影响到上部结构物。

7.3 软土地基上埋式涵洞地基基础设计方法

7.3.1 涵洞埋设效应分析

传统的计算方法采用滑移线理论计算地基的极限承载力，计算推导过程中，先假设地基的破坏面和破坏面上的受力状态、抗剪强度，并假设地基土沿着破坏滑移面被挤出地面，如图 7.18所示。然后根据静力平衡条件求出地基极限承载力。虽然该方法在很多方面得到应用，但不适用于涵洞地基承载力的计算。涵洞基础不同于一般的建筑物基础，它类似于深埋的地下室基础。由于涵洞是空心的路堤下构筑物，其基底压力与两侧路基旁压荷载相差不大，对明涵而言，基底压力甚至小于旁压荷载，因此，沿路堤纵向不会出现假想的理想滑移面和地基土被挤出地面的现象。对于一般的涵洞而言，其基础宽度大于 2m，埋深大于 3m，满足 $h/b \leqslant 4$ 时，应按《公路桥涵地基与基础设计规范》(JTG D63—2007)(对于黏性土、粉土和黄土不作宽度修正)规定

$$[\sigma] = [\sigma_0] + k_1\gamma_1(b-2) + k_2\gamma_2(h-3) \tag{7.1}$$

式中：$[\sigma_0]$——天然地基容许承载力；

b——基础底面最小边宽；

h——基础底面埋深；

k_1、k_2——地基土容许承载力随基础宽度、深度的修正系数；

γ_1——基底下持力层土的天然重度；

γ_2——基底以上土的重度或不同土层的换算重度。

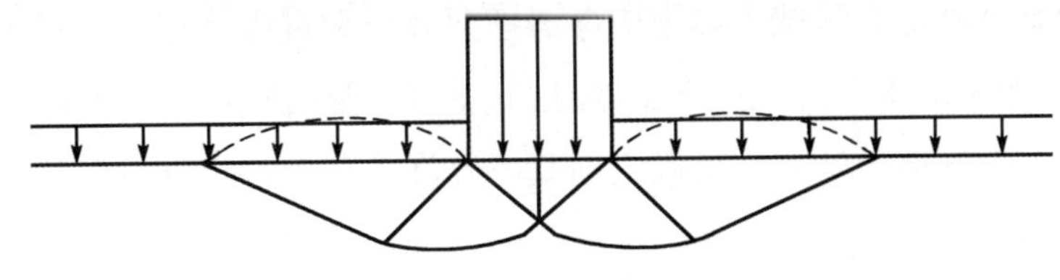

图 7.18 地基和基础工作示意图

离心模型试验中的高速公路上的某箱涵，洞顶填土高度 $H=6\text{m}$，填土内摩擦角 $\varphi=30°$，重度 $\gamma_2=16.5\text{kN/m}^3$，洞身净高 $H=$净宽 $D=4.0\text{m}$，$\gamma_1=17.9\text{kN/m}^3$。由于地基为黏土，不需宽

度修正。软土和硬壳层黏土的液性指数分别为1.21和0.50，若考虑埋设效应，$k_2=1.5$，则$[\sigma]=[\sigma_0]+1.5\times16.5\times7.8=[\sigma_0]+193.1$，对于10.8m填高的路堤，地基设计承载力为213.8kPa，因此，考虑埋设效应时只要$[\sigma_0]\geqslant10.7$kPa，地基承载力即可满足要求。显然，即使软土地基，天然地基容许承载力也能满足这一要求。若不考虑埋设效应，须$[\sigma_0]\geqslant213.8$kPa，这就对地基处理提出了非常高的要求。因此，对于该涵洞，若考虑埋深效应，不需进行地基处理，承载力即可满足要求。但涵洞下地基不但要满足承载力要求，还要满足工后沉降的要求，这就要求在地基处理方式选择时以控制沉降为目的。结合前文可知，管桩处理常导致涵顶应力集中。因此，以控沉为目的的地基处理即可抛弃管桩，而采用碎石桩、粉喷桩、石灰桩等柔性桩，只是在处理时一方面要沿路线方向尽可能处理的宽，另一方面布桩应能控制涵洞本身的差异沉降。

因此，可根据式(7.1)计算涵洞地基承载力，并进行深度修正。若软土地基无硬壳层，$[\sigma_0]$根据规范选取，或者根据由极限平衡理论推导的地基临塑荷载确定；若软土地基上有硬壳层，$[\sigma_0]$根据规范选取，或者根据式(5.76)确定。

7.3.2 涵洞地基与基础设计方法

由前文分析可知，由于公路涵洞地基与基础的受力工作特性与一般建筑物地基与基础的受力工作特性不同，因此《公路桥涵地基与基础规范》(JTG D63—2007)中的基底压力和地基承载力验算方法与原则不适合于涵洞工程。具体地说，规范中基础的埋置深度设计方法、沉降计算方法、稳定性计算方法仍适用于涵洞工程，但地基承载力的确定和基础设计原则不适用于涵洞工程，建议按下列方法进行设计：

(1)路堤下涵洞基底压力与相同高程下路基基底压力接近，地基承载力设计时，可以按两者相等考虑，而不能处理成“强涵基，弱路基”。当地基承载力不足时，应采用普通砂石换填并采取相应的防水措施，或者采用碎石桩、粉喷桩、石灰桩等柔性桩复合地基。地基处理时，不能仅仅处理涵洞地基，而要将涵洞两侧一定范围内的地基进行同样标准的处理(经验上取单侧处理宽度等于填土高度)。在未经专门论证的情况下不允许使用刚性桩进行涵洞地基处理。

(2)路堤下涵洞基础地基承载力确定应考虑埋深效应和宽度修正。沿路堤纵向，由于涵洞地基的旁压荷载增加了地基土的抗剪强度，使地基承载力显著提高。沿路堤横向，应考虑基础的宽度修正，通常可根据横向计算结果确定地基的容许承载力，并根据该容许值判断是否需要对地基进行处理。

(3)涵洞刚度与其两侧填料刚度差异较大，导致相同高程下涵顶与其两侧填料差异沉降过大，从而使涵顶产生应力集中。设计时应尽量减小该差异沉降，在结构物满足强度和使用功能要求的前提下尽量减小结构物的刚度和高度。

(4)由于改扩建工程涵洞拼接部分长度不大,出现纵向不均匀沉降产生“扁担效应”的可能小,无须在涵底设置预拱度。

7.4 本章小结

(1)涵洞桩基使涵顶与两侧路堤产生显著的差异沉降,且涵顶出现了“驼峰”。随与涵洞距离增加,沉降逐渐变大并趋于稳定。内外土柱沉降差在涵顶路堤中形成了拱脚位于两侧的上凸压力拱,并在拱脚出现了竖向土压力集中;涵顶填高超过等沉面后,土压力难以传递到涵顶中部,使该点土压力小于其上土柱自重。涵洞的存在使路堤应力重分布,并在其相邻的路堤中产生了显著的卸荷区,卸荷区范围基本为1倍的涵洞宽度。

(2)竖向土压力系数随涵顶填高呈开口向下的抛物线形态,在某一填土高度时达最大值;涵侧土压力和侧压力系数随路堤填筑高度增加而逐渐增加,且侧压力小于现行《公路规范》值。采用现行《公路规范》的侧压力进行涵洞结构设计偏于安全。

(3)涵顶竖向土压力集中是路堤、涵洞和地基协同作用的结果。为降低软基涵洞结构失效风险,可使用轻质填料填筑涵顶路堤、涵洞反开挖施工和结构设计考虑竖向土压力集中等措施。但每种措施各有优缺点,应酌情选择。

(4)软土地基上的涵洞地基基础设计应考虑埋设效应;路堤下涵洞基底压力与相同高程下路基基底压力接近,地基承载力设计时,可以按两者相等考虑,而不能处理成“强涵基,弱路基”。

本章参考文献

[1] 张涛. 软土地基上高速公路箱涵受力特性及设计研究[D]. 长沙:长沙理工大学,2012.

[2] 顾安全. 上埋式管道及洞室垂直土压力的研究[J]. 岩土工程学报,1981,3(1):3-15.

[3] Marston, A. The theory of external loads on closed conduits in the light of the latest experiments[J]. Bulletin 96, Iowa: Ames, Iowa Engineering Experiment Station, 1930.

[4] Spangler, M. G. A theory on loads on negative projecting conduits[C] //Proc., Highway Research Board, Washington, D. C., 1950, 30:153-161.

[5] American Association of State Highway and Transportation Officials, Inc. (AASHTO). AASHTO standard specifications for highway bridges[M]. 17th Ed., Washington, D.C., 2002.

[6] Mário Pimentel, Pedro Costa, Carlos Félix, et al. Behavior of reinforced concrete box

culverts under[J]. Journal of Structural Engineering,2009, 4:366-375.

[7] 严东方,林从谋. 上埋式涵洞顶部垂直土压力计算方法探讨[J]. 地下空间与工程学报,2007,3(2):245-251.

[8] 李永刚,孙建生. 软基涵洞土压力分析[J]. 土木工程学报,2003,36(6):96-104.

[9] 罗智刚,李永刚,李力. 涵洞洞顶垂直土压力的分析及计算[J]. 太原理工大学学报,2004,35(6):735-738.

[10] 杨锡武,张永兴. 公路高填方涵洞土压力变化规律及计算方法研究[J]. 土木工程学报,2005,38(9):119-124.

[11] 范鹤,范泽,王述红,等. 基于高填土涵洞相似材料模型的土压力研究[J]. 地下空间与工程学报, 2008, 4(2): 285-289.

[12] 郑俊杰, 赵建斌, 陈保国. 高路堤下涵洞垂直土压力研究[J]. 岩土工程学报,2009,31(7):1009-1013.

[13] 康佐,谢永利,杨晓华,等. 减荷拱涵周围土体位移变化的离心模型试验[J]. 中国公路学报,2006,19(6):13-18.

[14] 翁效林,谢永利,刘保健. 高填方路堤涵洞碎散体填土成拱效应离心模型[J]. 长安大学学报(自然科学版),2008,28(2):31-35.

[15] 侯瑜京. 离心模型试验模拟塑料排水板处理软基的试验研究[J]. 大坝观测与土工测试,1995,19(5):18-20.

第8章 老路基工作状态评价与加固

⇨8.1　基于人工开挖的老路基边坡工作性能评价

⇨8.2　基于轻型动力触探的老路基边坡工作性能评价

⇨8.3　老路基边坡加固措施

⇨8.4　路基改扩建综合排水技术

⇨8.5　本章小结

我国南方地区气候环境湿热，土质、地质与水文条件复杂，以最大干密度为目标设计的路基湿度状态随时间和空间的稳定性较差，在当地气候环境影响下，完工后路基的含水率会逐渐趋近于某一与气候、土质、水文等条件相适应的平衡状态，文献[1]也得出了一致的结论。因此，在高速公路改扩建工程实施之前，对老路基的工作状态进行评价并提出相应的加固措施，对于保证加宽完工后高速公路路基工作性能的稳定具有重要意义。本章以南方湿热地区某高速公路改扩建工程为依托，通过现场人工开挖并结合轻型动力触探，较为全面地对老路基工作状态进行了评价，并基于此提出了相应的加固措施和保证路基湿度稳定的排水措施。

8.1　基于人工开挖的老路基边坡工作性能评价

南方湿热地区某高速公路改扩建工程的老路于1997年建成通车后，截至改扩建已运营16年。由于老路路堤边坡上面植被茂盛，在进行高速公路路基拓宽时，老路路堤边坡的压实度和松散程度为新老路基拼接时需要考虑的一个重要因素。因此，为了研究老路基边坡的压实度和含水率，在依托工程A2标选取了4个典型断面：K64＋510断面、K64＋700断面、K64＋900断面、K65＋100断面，在A5标选取了1个典型断面：K24＋600断面，采用人工开挖的方式对老路边坡的压实度和含水率进行检测。检测时，从老路基路床顶的边坡外沿处开始垂直下挖，宽度为50cm，每垂直下挖20cm后得到一个水平面，进行一次环刀法测试；环刀法测试时，环刀的纵向方向（沿行车方向）每两个环刀为一组，间隔20cm；每一组环刀之间的水平距离（与行车方向垂直）为30cm，如图8.1所示，图8.2为环刀法现场开挖情况。

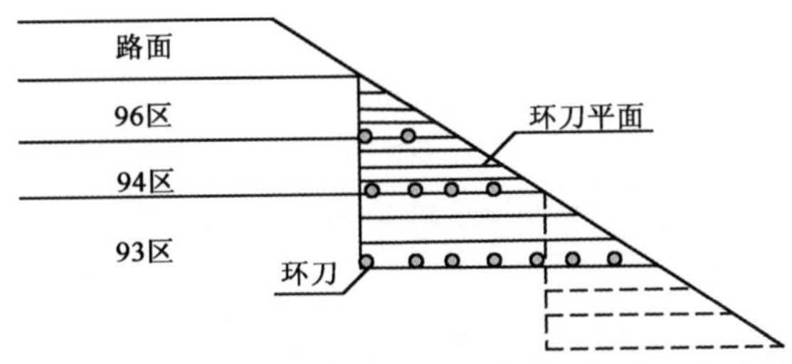

图8.1　环刀法测试示意图

8.1.1　击实试验

表8.1为各开挖断面不同层位路基土干法击实试验结果（与旧的土工规范一致）。从表中可知，不同断面土质可能存在差异，击实试验结果不同；同一断面不同层位路基土最大干密度越大，最佳含水率越低；各断面最大干密度在1.833～2.08g/cm^{3}之间，最佳含水率在7.1%～16.2%之间。96区、94区和93区最佳含水率平均值分别为11.82%、11.7%和11.61%。

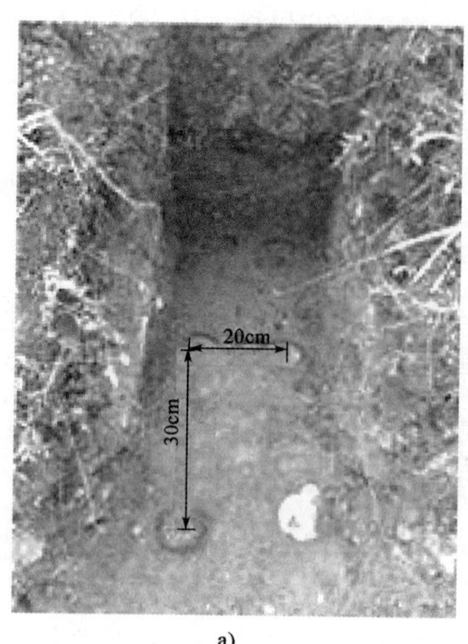

a)

b)

图 8.2　环刀法现场开挖情况

各断面不同层位路基土干法击实试验结果

表 8.1

<table>
<tr><th>区域</th><th>断　　面</th><th colspan="2">最大干密度(g/cm³)</th><th colspan="2">最佳含水率(%)</th></tr>
<tr><td rowspan="5">96 区</td><td>K64+510</td><td>2.04</td><td rowspan="5">平均值为 1.99，
方差为 0.01</td><td>11.8</td><td rowspan="5">平均值为 11.82，
方差为 8.45</td></tr>
<tr><td>K64+700</td><td>2.08</td><td>7.1</td></tr>
<tr><td>K64+900</td><td>1.99</td><td>11.4</td></tr>
<tr><td>K65+100</td><td>2.02</td><td>12.6</td></tr>
<tr><td>K24+600</td><td>1.833</td><td>16.20</td></tr>
<tr><td rowspan="5">94 区</td><td>K64+510</td><td>2.01</td><td rowspan="5">平均值为 1.98，
方差为 0.01</td><td>12.3</td><td rowspan="5">平均值为 11.7，
方差为 2.27</td></tr>
<tr><td>K64+700</td><td>2.09</td><td>9.0</td></tr>
<tr><td>K64+900</td><td>1.90</td><td>11.4</td></tr>
<tr><td>K65+100</td><td>2.05</td><td>12.3</td></tr>
<tr><td>K24+600</td><td>1.863</td><td>13.50</td></tr>
<tr><td rowspan="7">93 区</td><td>K64+510</td><td>2.03</td><td rowspan="7">平均值为 1.94，
方差为 0.01</td><td>8.8</td><td rowspan="7">平均值为 11.61，
方差为 5.88</td></tr>
<tr><td>K64+700</td><td>2.03</td><td>8.9</td></tr>
<tr><td>K64+900</td><td>1.98</td><td>10.2</td></tr>
<tr><td>K65+100</td><td>1.95</td><td>12.5</td></tr>
<tr><td rowspan="3">K24+600</td><td>1.856</td><td>13.75</td></tr>
<tr><td>1.933</td><td>11.25</td></tr>
<tr><td>1.805</td><td>15.90</td></tr>
</table>

8.1.2　人工开挖测试结果分析

图 8.3 为各断面现场开挖及数据采集方案。其中 V 表示竖向剖面，从路肩由近及远，依

次编号为 V1、V2……H 表示横向水平面，由上至下依次编号为 H1、H2……数据采集时，分别沿 V 剖面和 H 横向水平面进行。

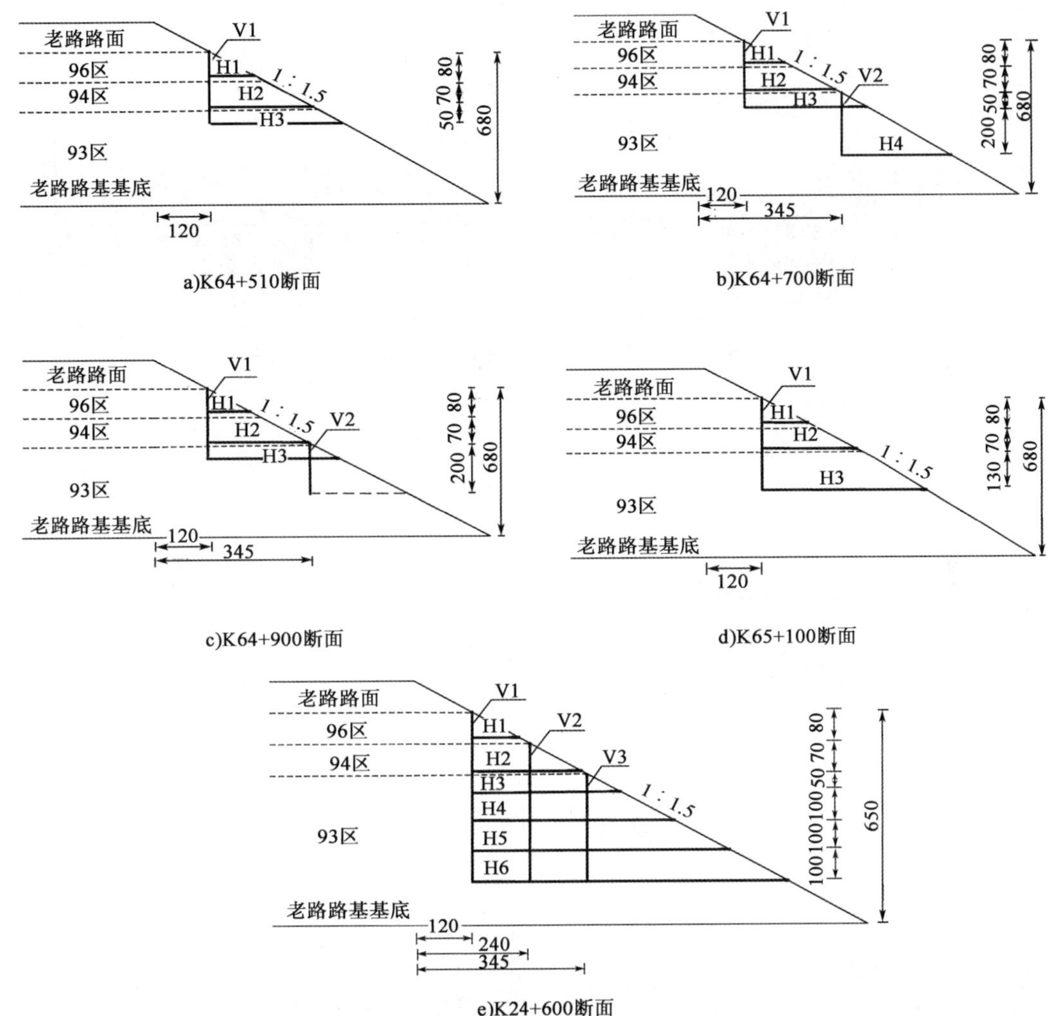

图 8.3 各断面现场开挖及数据采集方案(尺寸单位:mm)

图 8.4 和图 8.5 为不同剖面压实度沿竖向变化规律。从图中看出，不同层位压实度远小于现行规范设计标准，即使按旧压实标准(95 区、93 区和 90 区)，压实度也远不够。96 区压实度在 73%～92%之间，94 区压实度在 71%～87%之间，93 区压实度在 75%～88%之间，各层位压实度没有明显的大小差异，且 93 区压实度更为均匀。

图 8.6 和图 8.7 为各断面不同剖面含水率沿竖向变化规律。从图中看出，随深度增加，含水率逐渐增大，96 区和 94 区含水率差别不大，基本在 9%～20%之间，变异性很大；93 区含水率较 96 区和 94 区大，且随深度增加，含水率进一步增加，基本在 16%～24%之间变化(K65+100 断面 V1 剖面在 210cm 深度处测试值异常)。这是由于在 8 月份测试，正值江西炎热少雨季节，96 区和 94 区含水率更易受到天气影响所致。

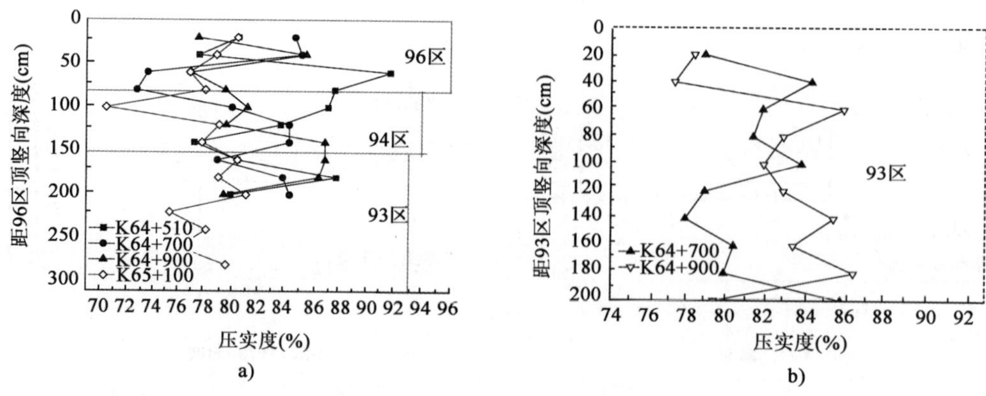

图 8.4　各断面 V1(左)和 V2(右)剖面压实度沿竖向变化规律

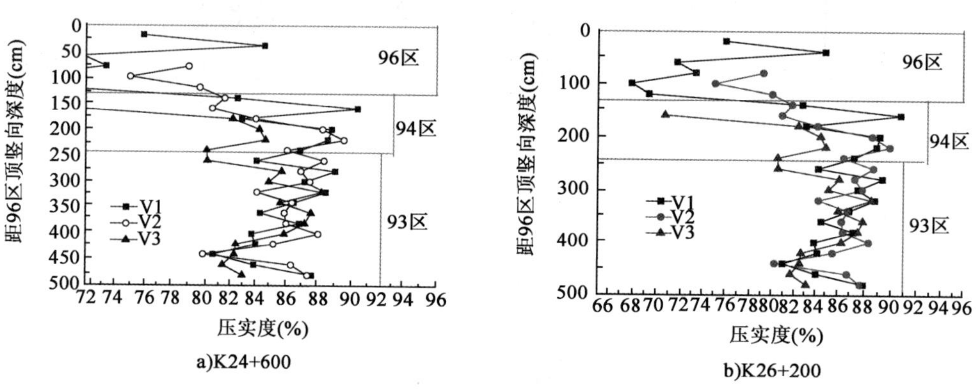

图 8.5　K24＋600 和 K26＋200 各剖面压实度沿竖向变化规律

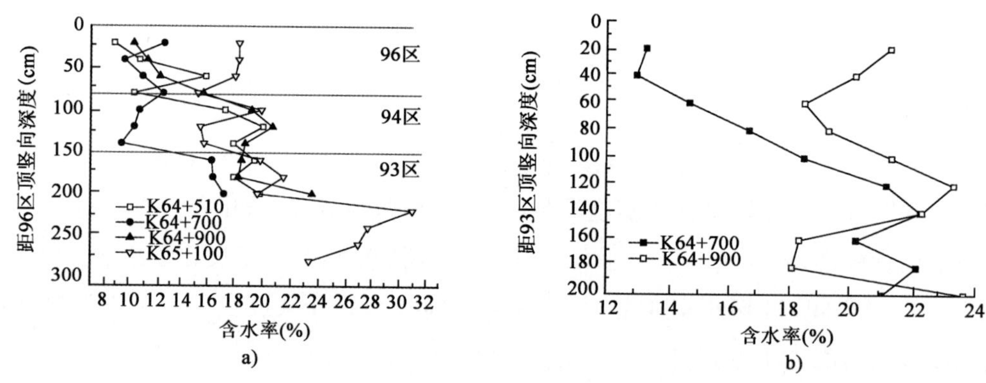

图 8.6　各断面 V1(左)和 V2(右)剖面含水率沿竖向变化规律

图 8.8～图 8.11 为各断面压实度、含水率随距老路边坡坡面距离的变化关系，为便于比较，压实度和含水率的纵坐标轴标尺相同。从图 8.8 和图 8.9 看出，压实度基本上呈现 96 区(H1 水平面)＜94 区(H2 水平面)＜93 区(H3/H4 水平面)，只有 K64＋510 断面压实度向内

逐渐增加，其他三个断面压实度随向边坡内变化不大。从与距边坡坡面距离的变化关系看，93区压实度更为均匀。这可能是由于93区埋置深，在与外界的湿热交换过程中，含水率变化较小的原因所致。这一点从图8.7中93区含水率较为均匀的变化规律得到反映。

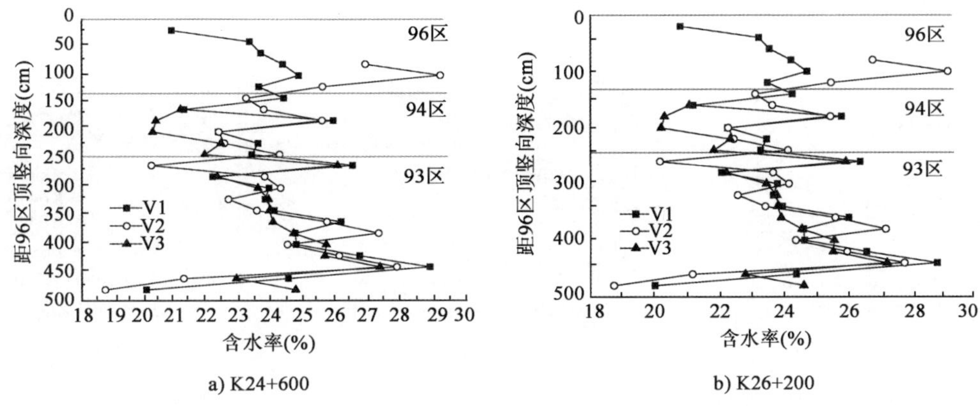

图8.7　K24+600和K26+200各剖面含水率沿竖向变化规律

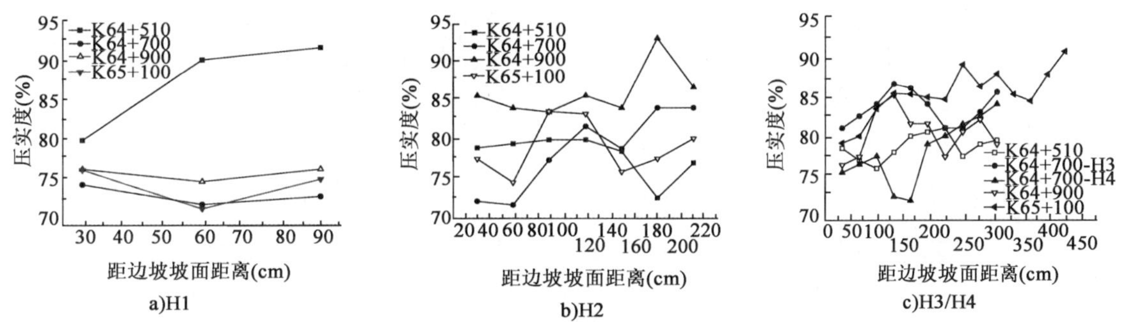

图8.8　H1(左)、H2(中)和H3/H4(右)压实度随距老路边坡坡面水平距离变化规律

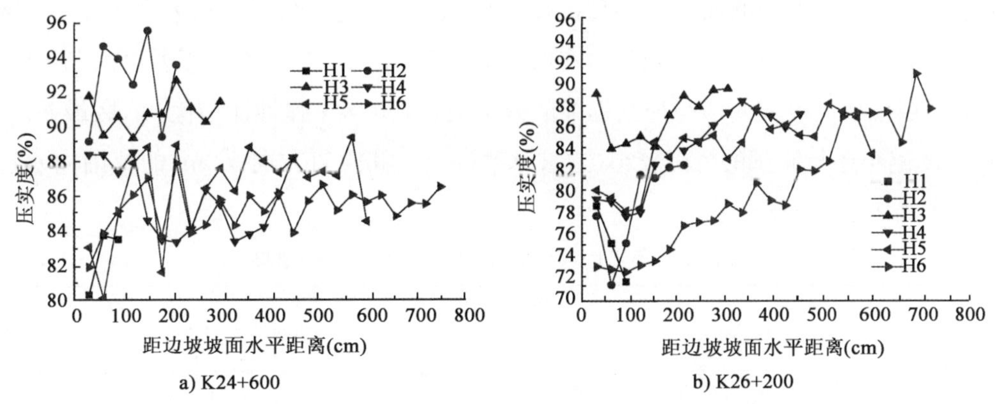

图8.9　K24+600和K26+200各水平面压实度随距老路边坡坡面水平距离变化规律

从图 8.10 和图 8.11 看出，96 区和 94 区含水率变异性较大，93 区含水率较为均匀；且含水率 96 区＜94 区＜93 区。分析原因认为，一方面 96 区和 94 区测试的水平范围较小，较易受到天气等外界的影响，变异性较大，且几个断面在 8 月份开挖，正值江西炎热少雨季节；另一方面，经过若干年的运营，老路基内部的含水率已接近稳定，基本在 20%左右。

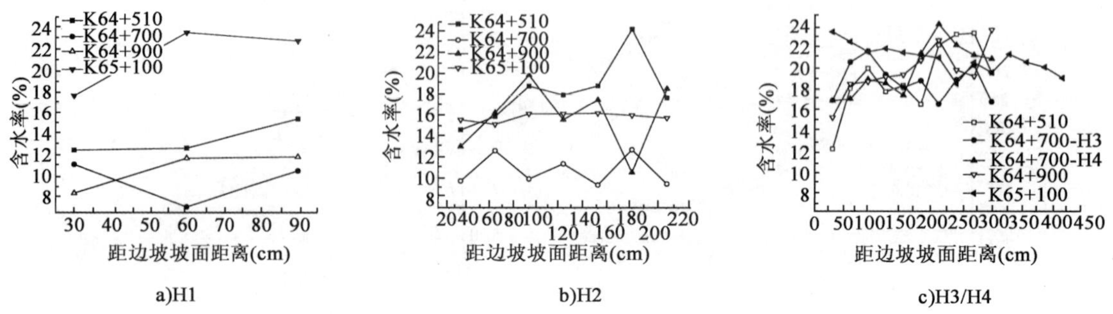

图 8.10　H1(左)、H2(中)和 H3/H4(右)含水率随距老路边坡坡面水平距离变化规律

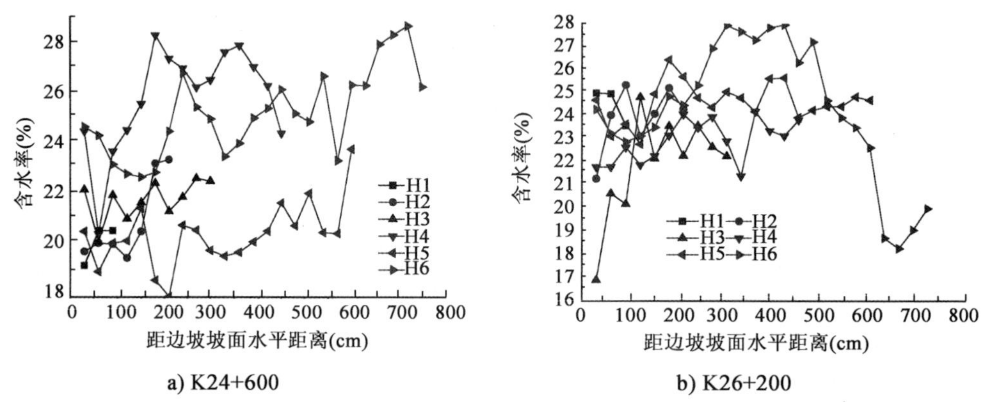

图 8.11　K24＋600 和 K26＋200 各水平面含水率随距老路边坡坡面水平距离变化规律

表 8.2 给出了各开挖断面不同层位的压实度、含水率统计结果。从表中看出，96 区压实度平均值仅为 79.22%，小于 94 区的 81.58%和 93 区的 84.11%，变异系数 94 区最大，93 区最小。对各层位压实度实测值与控制标准的差值而言，93 区工作性能最优，96 区最差。当然，96 区压实度偏小还与测试的范围较小(边坡水平 1.2m 和竖直方向 0.8m 的范围内)、边坡表面长期与大气接触，较松散有关系。

各开挖断面不同层位的压实度、含水率统计结果　　表 8.2

层　位	样 本 数	压实度(%)		含水率(%)	
		平均值	方差	平均值	方差
96	30	79.22	28.38	17.14	23.03
94	102	81.58	37.92	19.17	16.69
93	701	84.11	15.40	23.07	11.34

对于各层位的含水率，96 区最小，93 区最大，但平均值均高于表 8.1 中的最佳含水率平均值。表明路基运营期湿度必然增加至某一与气候环境、土质、压实度等相关的平衡湿度，并使压实度降低。因此，现行的以最大干密度对应的含水率为施工含水率的路基土湿度设计方法不适用于南方湿热地区路基土。同时，各层位含水率方差较小，表明含水率比压实度更均匀。这是由于路基土含水率影响因素较压实度少，变异性较小。综合比较图 8.4～图 8.11 和表 8.2看出：

(1)96 区和 94 区易受到气候的影响，干湿循环更为强烈，从而使得该层位路基强度(压实度)和含水率表现出较强的季节性，且离散性较大；从满足各层位的工作性能要求来看，93 区工作性能最优，94 区次之，96 区最差。

(2)93 区由于埋置深，含水率更为稳定，且比 96 区和 94 区大。这是由于经过十多年的运营，老路基内部含水率已与周围环境协调，达到了一个稳定的状态，且路基内部湿度状态基本不受大气干湿循环的影响。

(3)经过若干年运营，路基土含水率逐渐趋于某一与气候环境、土质、压实度等相关的平衡湿度状态，且平衡含水率比以最大干密度对应的最佳含水率大。因此，以最大干密度对应的最佳含水率不宜作为南方湿热地区路基土的施工含水率。若以此为路基土湿度设计状态，经过若干年运营后，路基土必然含水率增加，压实度降低，进而承载能力降低，变形增加。

(4)从现场测试结果来看，南方湿热地区路基土不满足规范压实度要求的范围要超过 2m。因此，台阶开挖时，应根据现场实际情况将松散范围内的路基土清除。

8.2　基于轻型动力触探的老路基边坡工作性能评价

高速公路改扩建工程新老路基拼接时，老路的边坡松散程度对新老路基的拼接有着直接影响，为了能够得到老路基边坡的松散程度，笔者在依托工程老路边坡上面展开了轻型动力触探试验，并拟通过选取典型断面人工开挖测试压实度与轻型动力触探试验进行比对，从而寻找出一种采用轻型动力触探锤击数与压实度之间的关系，进而通过轻型动力触探确定老路基边坡削坡厚度、台阶开挖尺寸等。

根据依托工程的现场实际，分别对老路基边坡处的 96 区顶、94 区顶、93 区顶进行动力触探试验，每个断面共 3 个触探点，如图 8.12 所示，其中 K24＋600 处的触探点每次贯入深度为 3.6m，K65＋100 处的触探点每次贯入深度为 2.6m，贯入杆每贯入 10cm 记录一次数据，试验流程如图 8.13 所示。

共完成 27 个断面，共 81 个触探点，合计 200 多延米的轻型动力触探试验。图 8.14～图 8.19给出了几个典型断面的每 10cm 的锤击数随深度的变化曲线。

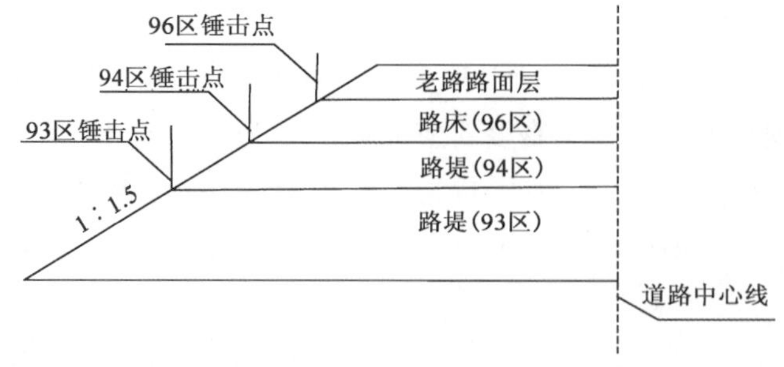

图 8.12 老路边坡动力触探试验典型断面锤击点位置示意图

a) 动力触探锤击　b) 记录数据

c) 拼接贯入杆　d) 拔出动力触探探头

图 8.13 轻型动力触探现场试验流程

图 8.14～图 8.16 为 K24＋600 断面的试验数据图,其中,图 8.14 为在老路基边坡顶端(即 96 区顶)进行试验的结果,依图可知,在深度为 110～140cm 处,锤击数明显增大,根据在现场测试时的实际情况可知,在试验进行到该处时,探头遇到了石块,因此该 30cm 深度范围内的锤击数值属于变异点,扣除变异点后,在 96 区顶进行动力触探试验的锤击数比较均匀,每 10cm 的锤击次数基本分布在 10～15 次,在整个深度范围内,锤击次数有减小的趋势。

图 8.15 为距老路基路床顶 80cm 处(即 94 区顶)进行试验的数据结果图。依图可知,在深度为 50~60cm 和 280~300cm 的范围处,锤击数明显增大,根据在现场测试时的实际情况可知,在试验进行到该两处时,探头遇到了石块,因此,这两处深度范围内的锤击数值属于变异点,扣除变异点后,在 94 区顶进行动力触探试验的锤击数比较均匀,每 10cm 的锤击次数基本分布在 10~13 次,体现了较好的规律性。

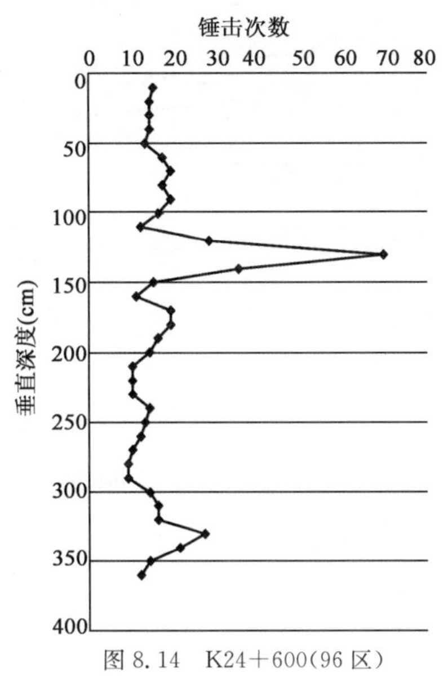

图 8.14 K24+600(96 区)

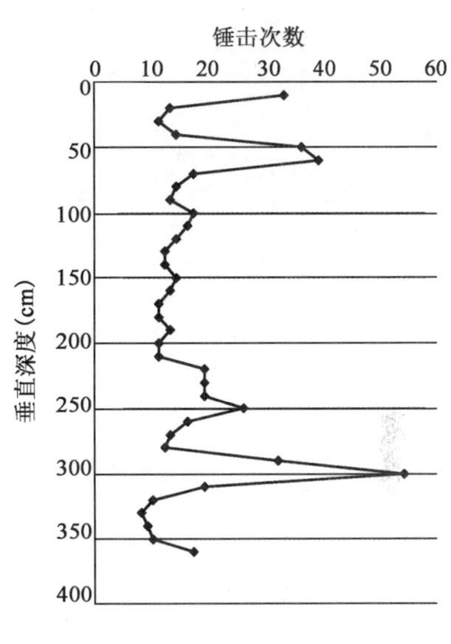

图 8.15 K24+600(94 区)

图 8.16 为距老路基路床顶 150cm 处(即 93 区顶)进行试验的数据结果图。依图可知,整个深度范围内,每贯入 10cm 的锤击次数变化较大,变化范围在 10~20 次,平均值为 15 次左右,且大部分的锤击次数分布在 15 次左右的附近。

图 8.17~图 8.19 为 K65+100 断面的试验数据图。其中,图 8.17 为在老路基边坡顶端(即 96 区顶)进行试验的结果。依图可知,在深度为 130~150cm 和 160~190cm 的范围处,锤击数明显增大,根据在现场测试时的实际情况可知,在试验进行到该两处时,探头遇到了石块,因此,这两处深度范围内的锤击数值属于变异点,扣除变异点后,在 96 区顶进行动力触探试验的锤击数基本分布在 3~11 次,锤击数的变化幅度较大,但每 10cm 的锤击次数基本分布在 5~10次。

图 8.18 为距老路基路床顶 80cm 处(即 94 区顶)进行试验的数据结果图。依图可知,在深度为 110~130cm 的范围处,锤击数明显增大,根据在现场测试时的实际情况可知,在试验进行到该处时,探头遇到了石块,因此,该处深度范围内的锤击数值属于变异点。扣除变异点后,在 94 区顶进行动力触探试验时,在 0~50cm 深度范围内,锤击数很小,为 2 次左右,这是由于边坡植被较为丰富、边坡表面比较松散的缘故引起的;而在 50~260cm 深度范围内,每

10cm 的锤击数比较均匀，每 10cm 的锤击次数基本分布在 8～10 次，体现出了较好的规律性。

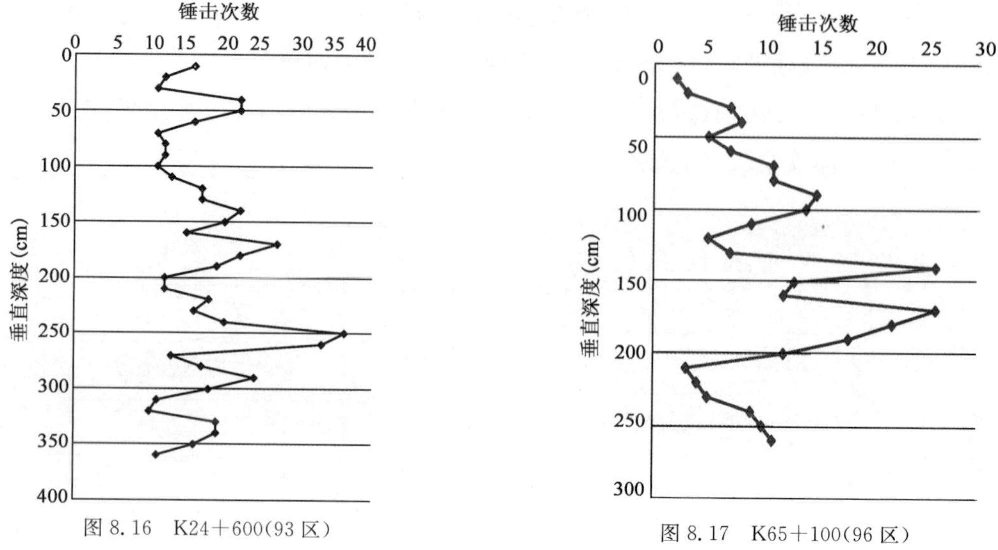

图 8.16 K24＋600(93 区)

图 8.17 K65＋100(96 区)

图 8.19 为距老路基路床顶 150cm 处(即 93 区顶)进行试验的数据结果图。依图可知，整个深度范围内，每贯入 10cm 的锤击次数变化较大，变化范围在 3～13 次，但大部分的锤击数分布在 3～7 次的范围内，有较好的规律性。

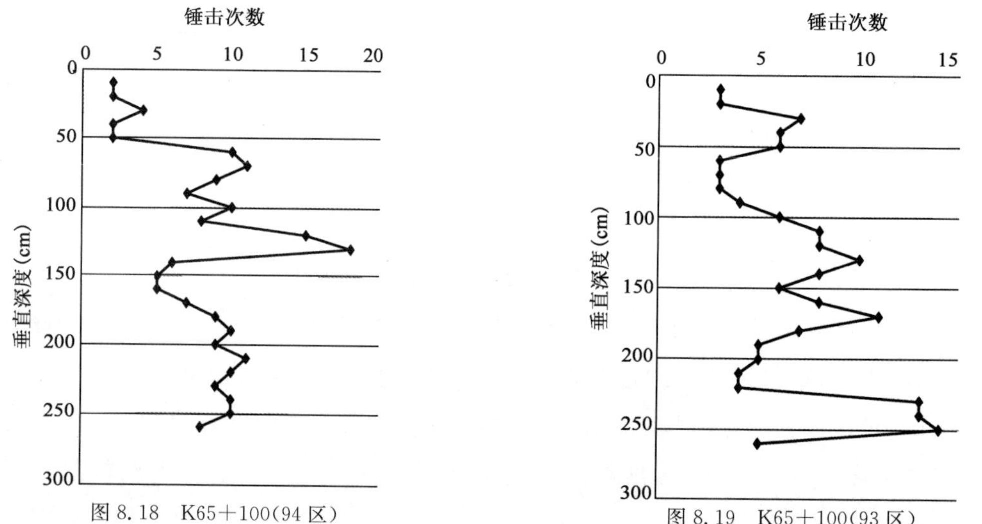

图 8.18 K65＋100(94 区)

图 8.19 K65＋100(93 区)

总体而言，老路边坡松散范围大，在水平方向上大于 2m，与老路边坡开挖的结论一致。

8.3 老路基边坡加固措施

我国现行规范规定：拓宽原有路堤时，应在原有路基坡面开挖台阶，台阶宽度不应小于 1.0m。张军辉[2]建议，台阶宽度采用 100～200cm。但由老路边坡的现场人工开挖和轻型动力触探试验结果可知，由于南方潮湿多雨，高速公路改扩建工程中老路边坡松散范围大，路基土含水率高，根据现行规范建议的台阶尺寸很难开挖成型，如图 8.20 所示。为此，根据改扩建工程路基填筑进度，提出了新的台阶开挖控制方法，如图 8.21 和图 8.22 所示。

a)

b)

图 8.20　老路边坡台阶开挖垮塌

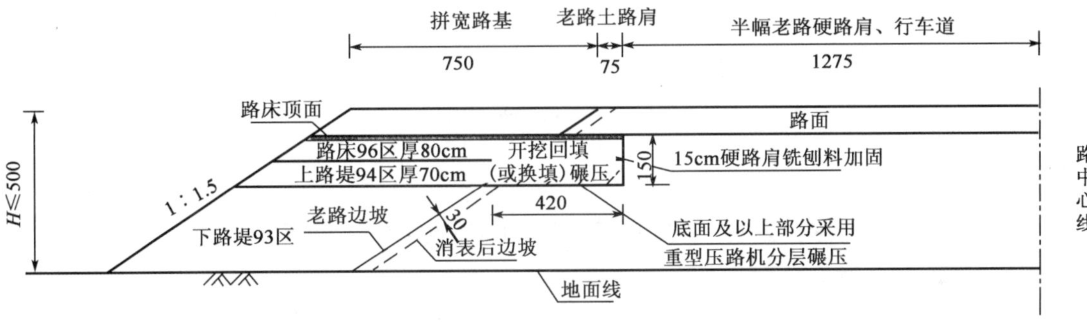

图 8.21　台阶开挖控制方法(一)(尺寸单位:cm)

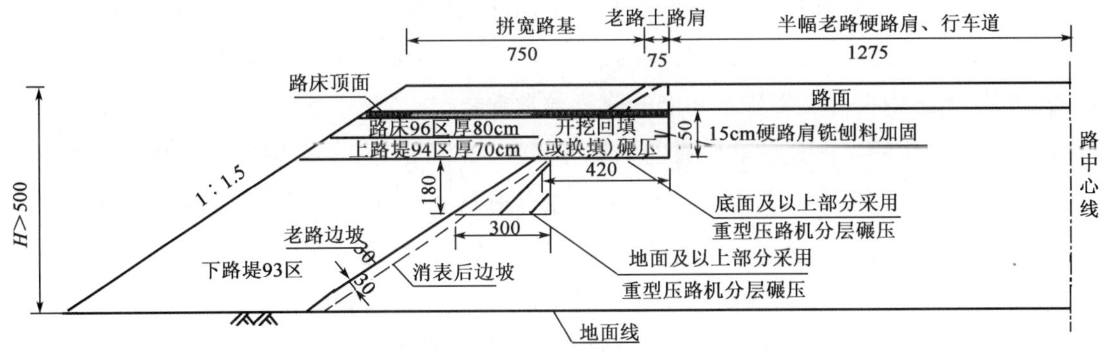

图 8.22　台阶开挖控制方法(二)(尺寸单位:cm)

图 8.21 为新路基尚未填筑断面的老路基边坡台阶控制方法。沿老路土路肩 75cm 处开

挖 1.5m×4.2m 台阶，对老路部分 94 区底面进行重型压路机碾压，然后与扩建部分同时填筑至路床顶面以下 15cm 处。

当路基填筑至路床顶面以下 3.3m 时，沿老路边坡开挖成 1.8m×3.0m 台阶，并重型碾压，然后与扩建部分同时填筑，如图 8.22 所示。

采用新的台阶开挖控制方法后，老路基边坡开挖面平整，如图 8.23 所示。

a)

b)

图 8.23　老路边坡台阶平整

8.4　路基改扩建综合排水技术

我国南方气候潮湿多雨，且雨季多与高速公路路基改扩建工程施工期重合，因此保证排水畅通对于保证改扩建路基的工作性能非常重要。

8.4.1　老路中央分隔带排水系统

高速公路排水一直都是必须重视的问题，早期修建的部分高速公路没有中央分隔带排水设施，或者排水设施失效，已不能满足高速公路改扩建后的排水要求。无论是分离式路基还是整体式路基，老路中央分隔带排水功能的修复异常重要。

目前比较常用的方法是挖除原有的中央分隔带，重新布设中央分隔带地下排水设施，并在表面植树。此法改建道路时工程量较大，由于原有道路的存在，横向排水管设置困难；同时将中央分隔带的水引入路基存在一定的危险性，降雨量较大时，地下排水设施若不能将大量下渗的雨水完全排除，雨水将浸入无防渗墙保护的路基，导致路基水损病害；另外，开挖中央分隔带的废料污染环境。第二种方法是直接挖除原有中央分隔带内的结构物，回填石灰处治土，然后采用水泥混凝土预制块或者设置沥青石屑封闭顶面，不让水分进入。此法的封闭顶面使用若干年后易产生缝隙使地表水下渗，水渗入后无法排出的雨水将浸入无防渗墙保护的路基，导致路基水损病害。此外，也有人提出了在中间的路缘带设置不大于 30cm 厚度的锯槽防渗墙或者 50cm 厚度的碎石排水墙，以此来防止中央分隔带的雨水浸入路基，但是这两种设施所用的材料与路基弹性模量相差大，而且尺寸也比较大，荷载作用下易产生较明显的不均匀沉降或裂缝，大大降低了其防渗效果，另外也缺乏实际的应用经验。因此，结合依托工程，发明了一种高速公路改扩建工程中央分隔带排水系统[3]。

该排水系统包括：排水砂垫层 1，顶面密封层 2，带排水孔路缘石 3，锯槽防渗墙 4。顶面密封层 3 铺筑在排水砂垫层 1 上面，带排水孔的路缘石 3 在拆除老路路缘石之后铺筑，锯槽防渗墙 4 紧贴带排水孔路缘石 3 的外侧，如图 8.24 所示。

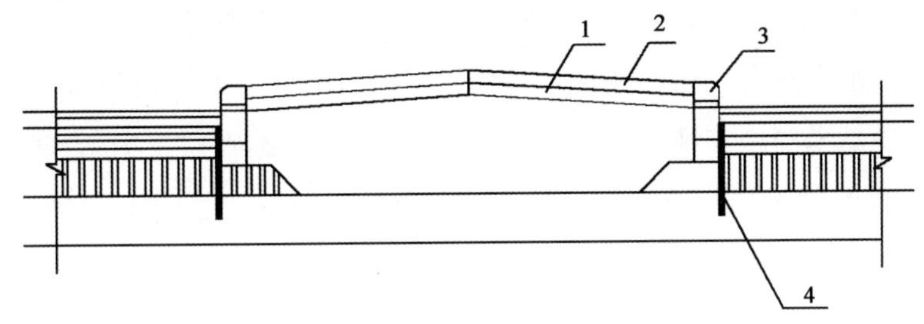

图 8.24　老路中央分隔带排水系统

排水砂垫层 1 在原有中央分隔带清表整平（顶面坡度 10%，由中间分别向两侧倾斜）并压实后铺筑，厚度 10cm，并保证排水砂垫层 1 顶面坡度为 10%，在保证其良好的排水性同时亦须保证其密实性。

顶面密封层 2 采用水泥混凝土预制板铺筑，厚度 10cm，铺筑在排水砂垫层 1 上面，顶面密封层 2 两侧顶面的高程等于或高于路缘石的顶面高程，并保证其下方没有脱空，顶面坡度 10%可确保降雨能被迅速排除到密封层外，尺寸可根据中央分隔带具体调整，然后用水泥砂浆密封板间隙，同时在中间位置预留植树孔，植树孔间距 2m。

带排水孔的路缘石 3 在拆除老路路缘石之后铺筑，老路路缘石可用作新路缘石下方的垫块，待新路缘石安置稳固后，在与排水砂垫层 1 底面齐平的高度处钻一直径 3cm 的排水孔，排水孔纵向间距 2m，铺筑砂垫层时，需在排水孔内侧放置一纱布，以防止砂子流入排水孔。

锯槽防渗墙 4 紧贴路缘石外侧，厚度 2.5cm，深度应达到老路路面结构层底面以下 10cm，防渗墙采用具有防水性能的水泥、高岭石粉混合液灌注，以此防止中央分隔带的水浸入路基。

该高速公路改扩建工程中央分隔带排水系统，将落入中央分隔带范围内的雨水有效地排到路基范围以外，减少了路基由于雨水渗入而产生的病害，保证了高速公路改扩建工程的质量。铺设的排水砂垫层 1 可排除由于密封层开裂而渗入到路基的水，提高了高速公路改扩建后中央分隔带排水的可靠度和耐久性。

8.4.2 老路堤渗水处治系统

目前，在高速公路改扩建工程中，由于原有路基排水系统设计不完善或年久被破坏，经常造成路基填方边坡坡面或坡脚出现渗水现象。若不将其有效排除，施工场地内会大量积水，将降低路基强度，影响施工活动及施工质量。另外，高速公路改扩建后，原有路基渗流出来的水若不通过一个有效的途径排出，势必会对路基造成冲刷或软化，降低路基的整体强度，改扩建后路基的质量难以得到保障。所以设计一套完善、有效的高速公路改扩建工程路堤渗水处治系统，对避免老路堤渗水浸湿新填筑路堤，减小新、老路堤的沉降差，提高拼接部位路基强度，确保拼接整体稳定性，保障路基改扩建工程的施工质量具有重要意义。

现行规范对排水方法有严格的要求，但涉及高速公路改扩建工程排水的建议和方法较少。现有的技术方案多是采用透水性砂砾填筑路基顶面，设置路基碎石排水层，此种技术方案并不能排除老路边坡坡面和坡脚的渗流水，且工程造价高。为此，发明了一种老路堤渗水处治系统[4]。

该系统包括横向盲沟、纵向连续盲沟、泄水槽。对于老路坡脚渗水或老路基底设有排水垫层的路段，在老路坡脚处设置一道纵向连续盲沟，在拼接路基每隔 20m 增设一道横向盲沟，如图 8.25 所示。

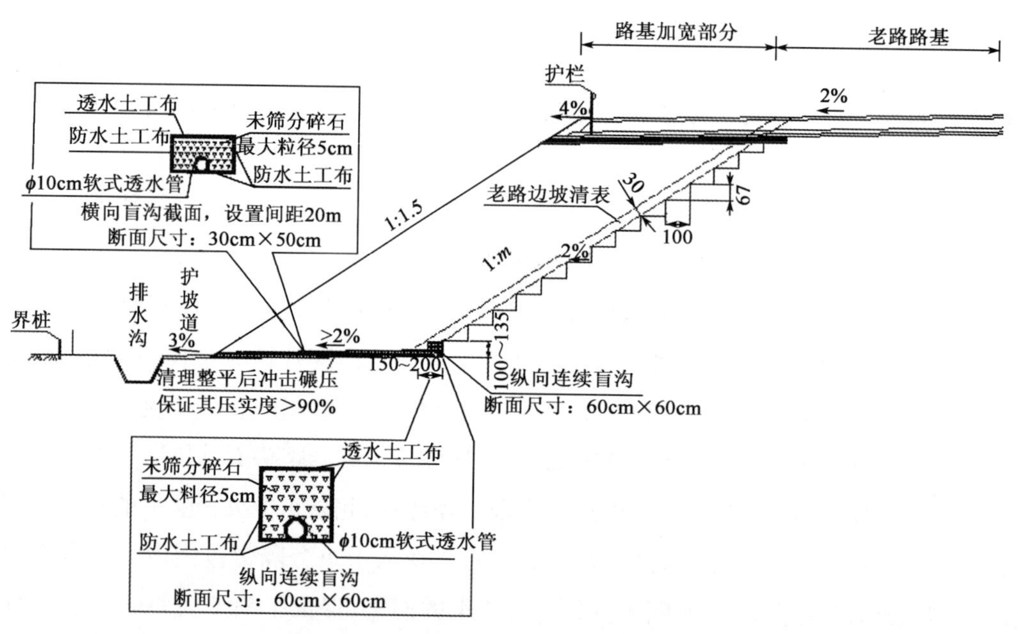

图 8.25 老路坡脚渗水或老路基底设有排水垫层的路段排水系统(尺寸单位:mm)

对于老路堤中间部位渗水的路段，在渗水处各设置一道纵向连续盲沟和一道横向盲沟；对于老路堤坡面有大面积渗水的路段，在老路堤边坡每填高 2m 的边坡台阶设置一道纵向连续盲沟，在拼接路基处每隔 20m 设置一道横向盲沟，如图 8.26 所示。

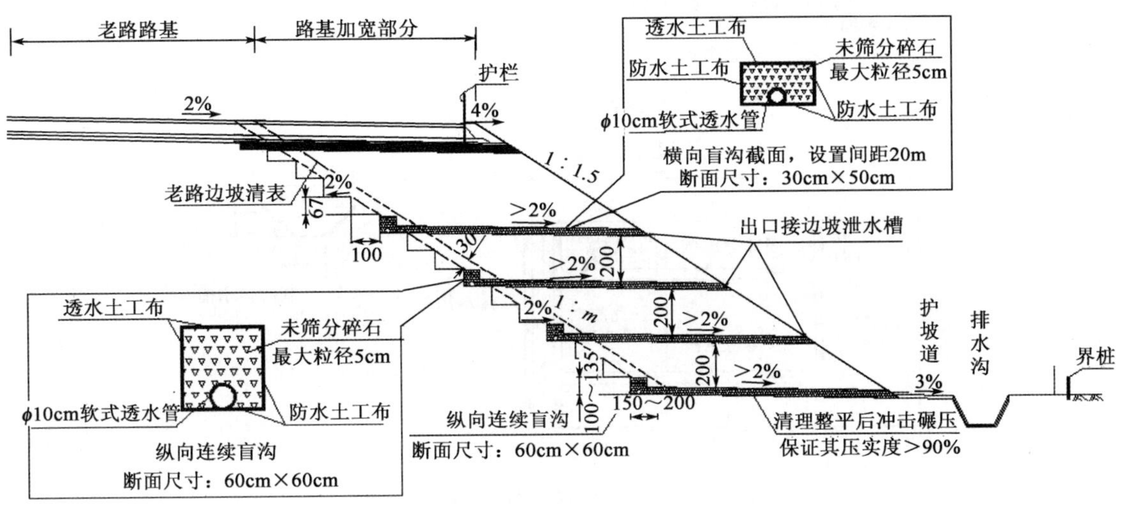

图 8.26 老路堤中间或坡面大面积渗水路段排水系统

纵向连续盲沟和横向盲沟底面及新填路基侧面采用防水土工布包裹，防止盲沟内的水渗进路基；盲沟顶面及临老路基侧面采用透水土工布包裹，路基内的水即可有效的渗入盲沟中；盲沟内设置 ϕ10cm 软式透水管，纵向连续盲沟纵向坡度与纵坡相同，以保证水流通畅。

8.4.3 施工期路表排水系统

我国已完成的高速公路改扩建工程虽提及施工期排水的重要性，但尚未提出有效措施，且现有的高速公路改扩建工程施工期排水系统不能有效地将落入老路面、老路堤边坡和新路堤表面的降雨汇集并顺利排出路基范围，不能有效避免高速公路改扩建工程施工期排水不利的问题。为此，发明了一种高速公路改扩建工程施工期路表排水系统[5]，用于将老路表面水、老路堤边坡水和新路堤表面水排除在路基范围以外，旨在解决现有的高速公路改扩建工程施工期排水系统不能有效地将落入老路面、老路堤边坡和新路堤表面的降雨汇集并顺利排出路基范围，不能有效避免高速公路改扩建工程施工期排水不利的问题。

该系统包括临时拦水埂、新路堤表面临时排水槽、新路堤表面横坡、新路堤边沟，如图 8.27所示。在老路路缘石内侧修筑临时拦水埂，拦水埂施工结束后拆除，临时拦水埂开口处连接老路急流槽，用来将拦水埂拦截到的老路路表的雨水排到新路堤表面临时排水槽，新路堤表面临时排水槽采用敞口的梯形断面的 PVC 管，尺寸为 0.2m×0.6m×0.2m(下底×上底×高)，该 PVC 管一端与急流槽连接，另一端伸出新路堤至新路堤外侧边沟，从而将落入老路面范围的水排出路基范围，同时，新路堤表面设置向外的 2%～4%的横坡，排除老路边坡和新路堤表面的水。

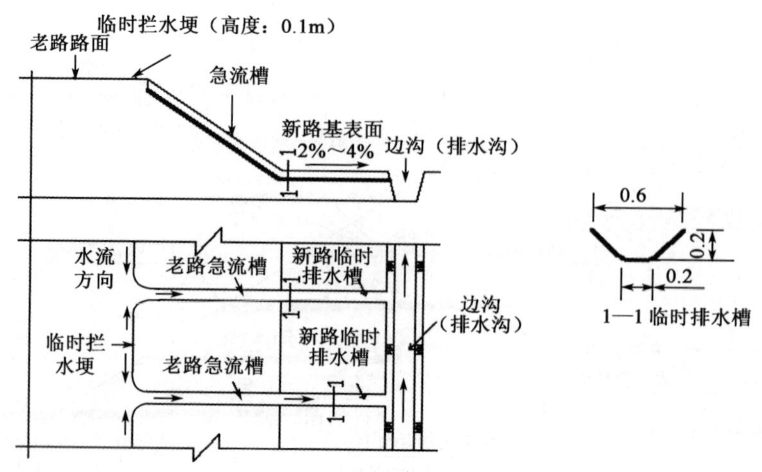

图 8.27　改扩建工程施工期路表排水系统(尺寸单位:m)

8.5　本章小结

(1)96 区和 94 区易受到气候的影响,干湿循环更为强烈,从而使得该层位路基强度(压实度)和含水率表现出较强的季节性,且离散性较大;93 区由于埋置深,含水率更为稳定,且比 96 区和 94 区大;经过若干年运营,路基土含水率逐渐趋于某一与气候环境、土质、压实度等相关的平衡湿度状态,且平衡含水率比以最大干密度对应的最佳含水率大。因此,以最大干密度对应的最佳含水率不宜作为南方湿热地区路基土的施工含水率。若以此为路基土湿度设计状态,经过若干年运营后,路基土含水率必然增加,压实度降低,进而承载能力降低,变形增加。

(2)南方湿热地区路基土不满足规范压实度要求的范围要超过 2m。因此,台阶开挖时,应根据现场实际情况将松散范围内的路基土清除。

(3)根据现场施工进度,提出了老路基边坡加固措施。

(4)改扩建过程中,应进行旧路中央分隔带排水、老路堤渗水处治和施工期路表排水等技术措施,保证将落入老路中央分隔带范围内的水、老路基内部的水和施工期路表的水排除。

本章参考文献

[1] NAASRA Materials Engineering Committee and ad hoc Subcommittee on Moisture Conditions in Subgrades. Prediction of soil moisture conditions for pavement design[C]. Proceedings, 7th Conference of Australian Research Board, Vol. 7, Part 8, 1974.

[2] 张军辉. 软土地基上高速公路路基路面加宽关键技术[M]. 北京:人民交通出版社, 2012.

[3] 张军辉, 郑健龙, 周宇, 等. 一种高速公路改扩建工程中央分隔带排水系统[P]. 中国专利:201320296384.7,2015.5.

[4] 张军辉, 郑健龙,周宇,等. 一种高速公路改扩建工程路堤渗水处治系统[P]. 中国专利:201310210684.3,2015.8.

[5] 张军辉, 郑健龙,周宇,等. 一种高速公路改扩建工程施工期路表排水系统[P]. 中国专利:201310202442.x,2015.8.

第9章 高速公路加宽工程加筋路堤的性状分析

⇨9.1 加宽工程加筋路堤离心模型试验
⇨9.2 加宽工程加筋路堤离心模型试验的有限元分析
⇨9.3 土工格栅现场测试及分析
⇨9.4 本章小结

新建工程中，路堤加筋可以限制横向扩展和软基水平位移[1-3]。加宽工程中加筋路堤的性状已有相关研究[4-6]，但对软基上加宽工程加筋路堤性状的研究并不多[4]，有必要对其进行进一步的分析。

本章根据软基上高速公路加宽工程加筋路堤的离心模型试验，对加宽工程路堤加筋处治技术进行了研究。考虑到模型试验的局限性，采用有限元方法对离心模型试验进行了数值模拟。模拟分析与试验结果具有良好的一致性。接着，采用建立的数值模型进一步分析了加筋路堤筋材模量对变形的影响、筋材应变、筋材铺设位置、嵌入长度等，并与现场测试结果进行了对比分析。

9.1 加宽工程加筋路堤离心模型试验

9.1.1 离心模型试验

本次试验在南京水利科学院 400g·t 大型土工离心机上进行，该机最大有效转动半径为 5.5m，最大离心加速度为 200g，模型比尺为 1∶62.5。实际老路堤宽 13m，高 4.0m，边坡比 1∶1.5，位于 9.6m 厚的软土地基上。加宽路堤宽 12.5m，高度和坡比与老路堤相同，模型各部分尺寸以及位移、孔压传感器和应变片测量单元布置如图 9.1 所示。

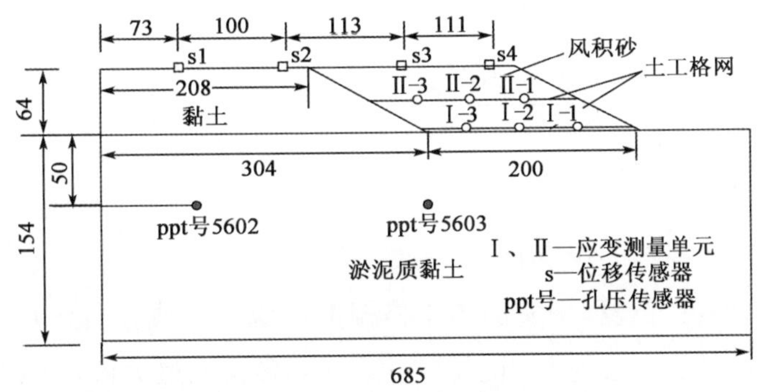

图 9.1 离心模型试验详图(尺寸单位:mm)

模型地基为淤泥质黏土料，制备方法为固结法，即将过筛的风干土料加水配制成泥浆，逐级加载固结，最后制备成所要求的密度和强度的试样，最大固结荷载为 140kPa。老路堤填料为黏土料，制备方法为控制密度的分层击实法。为避免填筑时对预拉伸土工格网上布置的应变片测量单元带来明显的冲击扰动，新路堤填料为风积砂，模型制备时，采用等落高单孔漏斗法制作，落高控制在 1.0m，制备出的砂试样的干密度为 1.70g/cm^3，相应的相对密度 D_r = 0.62。各填料物理性质指标如表 9.1 所示。

填料物理性质指标 表 9.1

填料名称	比重 G	液限 w_L(%)	塑限 w_P(%)	塑性指数 I_P(%)	最佳含水率 w_{op}(%)	最大干密度 ρ_{dmax}(g/cm^3)	最小干密度 ρ_{dmin}(g/cm^3)
软黏土	2.72	58.6	25.5	33.1	—	—	—
黏土	2.72	30.6	15.5	15.1	13.5	1.895	—
风积砂	2.70	—	—	—	—	1.80	1.55

为考察土工格栅对加宽工程的影响，设计了两组离心模型试验，如表 9.2 所示。模型 GA2th 和 GA3th 模拟老路堤填筑时分 6 级升速至模型设计加速度 62.5g，即 10g、20g、30g、40g、50g 和 62.5g，每级停留 5min，这一加载程序相当于 4m 原型堤身分 6 级填筑，每级停留时间为 14d；模拟加宽路堤填筑时直接升速至模型设计加速度 62.5g，停留 6.5min，前一组模型加宽路堤中埋设两层土工格栅，一层紧贴地基表面，一层位于加宽路堤中部位置。试验选取 8mm×8mm 拉伸土工格网来模拟原型土工格栅，其抗拉强度 T_m=1.0kN/m，初始拉伸模量 E_m=7.0kN/m，每层格栅分别粘贴三个应变片，土工格栅和应变片布置如图 9.1 所示。离心模型试验详细内容见文献[4]。

离心模型试验设计 表 9.2

试验代码	加筋类型	考察内容
GA2th	两层土工格网	加宽路堤填筑竣工时新老路堤沉降变形特性
GA3th	无筋	

9.1.2 试验结果分析

(1)加宽路堤中土工格栅的拉应变

图 9.2 为加宽路堤填筑过程中实测土工格栅的拉应变曲线。当离心加速度达到设计值 62.5g 时，大部分应变测量单元实测到的拉应变均达到各自的最大值，第 I 层土工格网中靠近新堤坡脚处的第 I-1 应变测量单元处拉应变值最大，其他两处拉应变值大小差不多；第 II 层土工格网中靠近老堤侧的第 II-3 应变测量单元处拉应变值最大，而其他两处拉应变值相对较小，并且在停机过程中不断调整而松弛，测值最后趋于零。同时，第 I 层土工格网拉应变比第 II 层的大，从而表明，土工格网铺设在软基和路堤之间比铺设在加宽路堤中部加筋效果显著。

第 I-1 和第 II-3 应变测量单元处拉伸应变值最大这一分布，表明两侧点连线为加宽路堤中剪切受力最大区域，连线右上侧相对左下侧存在滑动剪切趋势，而土工格网的铺设有助于防止可能出现的剪切滑动、调整堤身荷载的传递方向和范围。

(2)软基中的超孔隙水压力

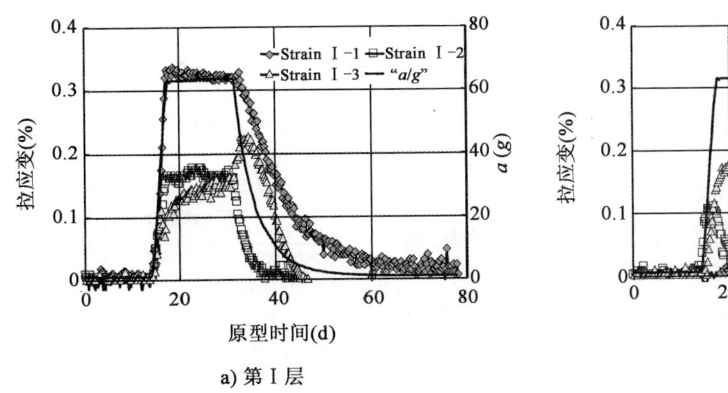

a) 第Ⅰ层

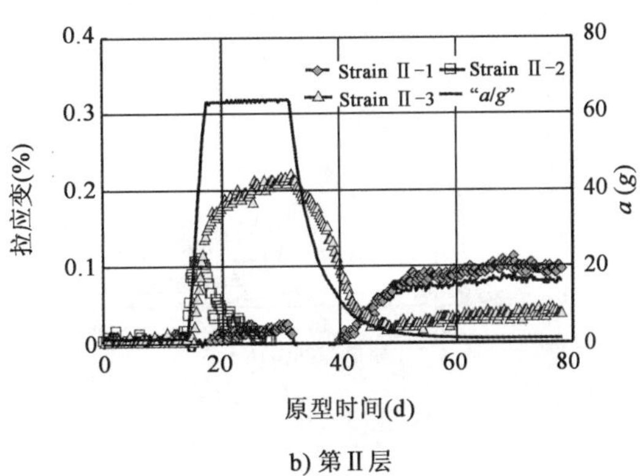

b) 第Ⅱ层

图 9.2 第Ⅰ层和第Ⅱ层土工格栅实测拉应变

图 9.3 给出了试验加载过程中模型软基中孔隙水压力的发展变化。从图中可知，加筋模型 GA2th 软基中测量到的孔隙水压力比没有加筋模型 GA3th 中测值小，在模型 GA2th 中 ppt 号 5602 和 ppt 号 5603 两测点的最大测值为 52.2kPa 和 60.4kPa，在模型 GA3th 则为 55.5kPa 和 63.7kPa。假定孔隙水压力系数相同，总孔隙水压力测值小，则超静孔隙水压力反应小，说明加宽路堤荷载在测点处产生的大主应力增量 $\Delta\sigma_1$ 小，也就间接表明在加宽路堤中埋设的土工格网发挥了调整荷载扩散应力的作用。

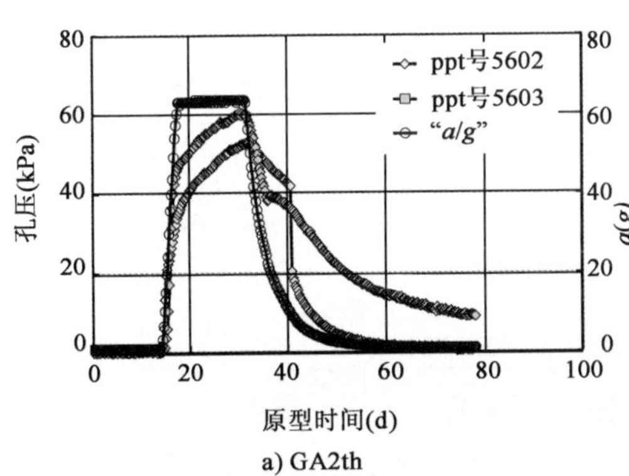

a) GA2th

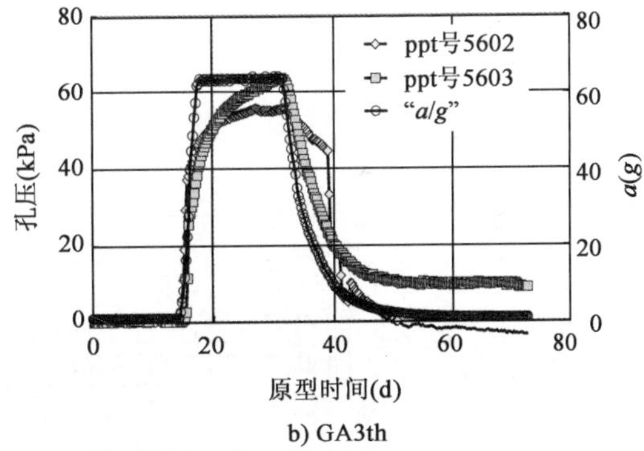

b) GA3th

图 9.3 加宽路堤填筑时模型 GA2th 和 GA3th 软基中孔压变化曲线

(3)新老路堤沉降变形

图 9.4 为试验加载过程中模型堤顶沉降的发展变化图。需要说明的是，由于老路堤填筑后中间有一个停机过程(相当于老路堤卸载)，然后再模拟新路堤填筑，该试验程序给沉降数据的整理分析带来诸多不便，因此很难给出新路堤填筑引起的真正附加沉降，图中给出的为老路堤卸载后新路堤加载在各点产生的沉降值。尽管如此，从图中仍可以看出，加筋模型 GA2th 新老路堤顶新发生的总沉降和差异沉降都均稍稍小于没有加筋模型 GA3th 中的沉降测值，由此证实新路堤中埋设的土工格网发挥了减小沉降特别是差异沉降的作用。

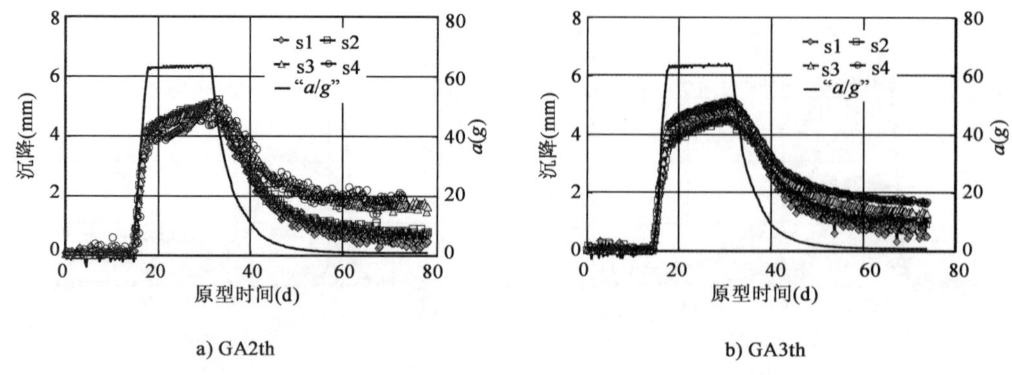

a) GA2th　　　　b) GA3th

图 9.4　模型 GA2th 和 GA3th 实测堤顶沉降曲线

9.2　加宽工程加筋路堤离心模型试验的有限元分析

由于离心模型试验价格较昂贵，且试验时不可能对所关心的问题进行全面研究。所以，根据试验所模拟的问题原型，采用有限元方法对问题进行补充分析是一种合理和经济的方法。

9.2.1　几何模型

为更全面地研究软基上加宽工程加筋路堤性状，参照离心模型试验所模拟的原型尺寸大小，建立了图 9.5 所示的二维平面应变有限元计算模型。坐标原点在地基左下角处，模型的边界约束条件为：地基和路堤填土竖向边界设置 x 向约束，地基底部设置 x、y 向约束。

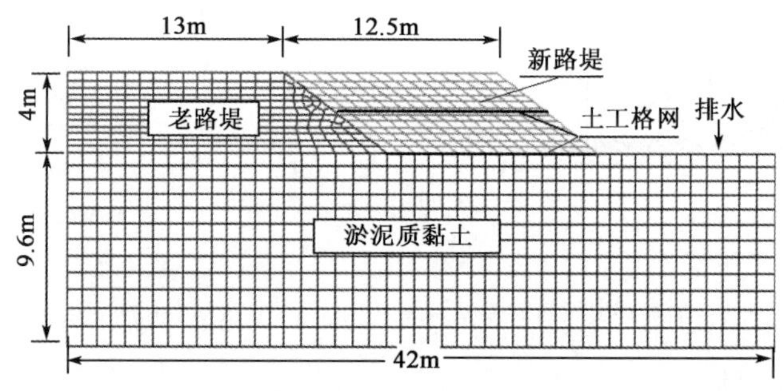

图 9.5　有限元计算模型

已有研究表明，土与格栅相对位移极小，故不引入接触单元而假设为完全黏结关系[7]。有限元模拟中，采用 ABAQUS 的 Embedded Element 方法将格栅单元嵌入到填土单元中。土工格栅采用 T2D2 平面三节点杆单元模拟，并使用 ABAQUS 的关键词 No Compression 使其只能承受拉应力，而不能受压。软基土体采用平面应变减缩积分孔压/应力耦合单元模拟，路堤采用平面应变减缩积分单元模拟。

9.2.2 材料参数

有限元分析时，软基和新老路堤填土采用 Duncan-Chang 模型，参数由离心模型试验材料根据相关试验得到，计算参数如表 9.3 所示。土工格栅泊松比为 0.18，应变 5%时的等效弹性模量为 5.95GPa，等效面积为 $1.2\times10^{-4}m^2$。

有限元分析中的土层参数 表 9.3

材料	γ (kN/m³)	φ_d (°)	c (kPa)	R_f	K	n	G	F	D	k_x, k_y (10^{-7}cm/s)
老路堤	19.0	28.0	30.0	0.80	150	0.40	0.35	0.01	1.0	—
新路堤(砂)	18.0	34.0	0.0	0.60	280	0.80	0.24	0.002	2.7	—
软基	19.0	31.4	28.0	0.65	80	0.46	0.16	0.03	3.32	4.3

9.2.3 离心模型试验的数值模拟结果

(1)新路堤中土工格栅的拉应变

图 9.6 为计算得到的停机前土工格栅拉应变随距新路堤左边界距离的变化曲线。从图 9.2和图 9.6 中看出，计算和实测的土工格栅拉应变量值基本相当，计算结果稍大于实测值，这是因为计算中假定土工格栅和新路堤土体之间完全黏结，而试验时两者界面会产生一定的相对位移。并且，第 I 层土工格栅拉应变比第 II 层的大，表明土工格栅铺设在软基和路堤之间比铺设在新路堤中部加筋效果显著，和实测结果结论一致。

(2)新老路堤变形

图 9.7 为加宽后新老路堤表面附加沉降(相对于加宽前)，从图中看出，加筋使得新老路堤间的沉降变缓，并减小了两者的差异沉降，表明新路堤加筋可以减小新老路堤之间的差异沉降，和实测结果结论一致。

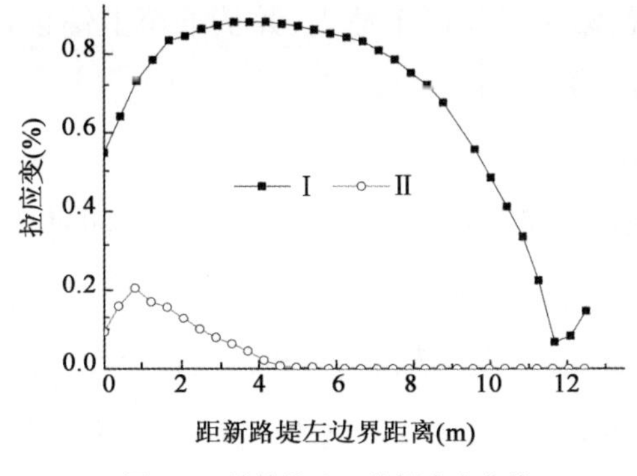

图 9.6 计算的土工格栅应变曲线

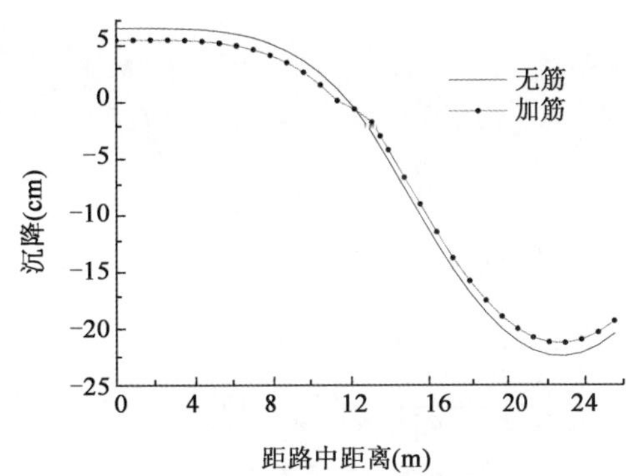

图 9.7 加宽后新路堤表面产生的附加沉降

(3)软基中的超孔隙水压力

表 9.4 列出了 ppt 号 5602 和 ppt 号 5603 两点最大超孔隙水压力的计算和实测值。从表中看出,加筋路堤软基中超孔压计算结果比没有加筋时小,和实测规律一致。间接表明在新路堤中埋设的土工格网发挥了调整荷载、扩散应力的作用。同时,从表中还看出,各点实测值均比计算结果小。这是因为孔隙水压力传感器是在软土层固结完成后埋设到位的,难免在这一埋设过程中传感器探头携带空气泡进入探头周围土体,气泡存在还将导致实测到的孔隙水压力值小于真实值,从而低估了实际产生的孔隙水压力值和超静孔隙水压力值。同时,密闭气泡的存在也导致实测超孔隙水压力值反应滞后,例如在离心加速度达到设计值 62.5g 后孔隙水压力值本应即刻达到最大值,然而气泡存在使孔隙水压力值最大值的出现推迟了约 5min,在原型则要推迟约 2 周时间,从表 9.3 中可以看出这一点。因此,这次孔隙水压力测量值仅具有参考价值。

实测和计算的最大超孔隙水压力值(单位:kPa)　　表 9.4

位置＼代码	GA2th		GA3th	
	实测	计算	实测	计算
ppt 号 5602	21.0	65.2	24.3	70.62
ppt 号 5603	29.2	56.1	32.5	58.07

另外,实测超孔隙水压力 ppt 号 5602 比 ppt 号 5603 小,而计算结果恰好相反。这是因为有限元模拟时没有考虑离心机停机的卸载过程,因此新路堤填筑时软基中的超孔压仅消散一小部分,而离心模型试验中老路堤卸载后软基中超孔压基本消散完毕。当老路堤下软基中超孔压基本消散完毕后进行新路堤填筑时,会在新路堤下软基中产生一个高超孔压区[8],从而使新路堤下的 ppt 号 5603 超孔隙水压力比老路堤下的 ppt 号 5602 大。

9.2.4 加宽工程加筋效果的进一步分析

在加宽路堤中布置六层筋,每层筋铺设在将加宽路堤按老路堤施工分层的每一层土下面,也就是说,第一层筋位于地表,并从下至上铺设,依次记为 g_1～g_6。

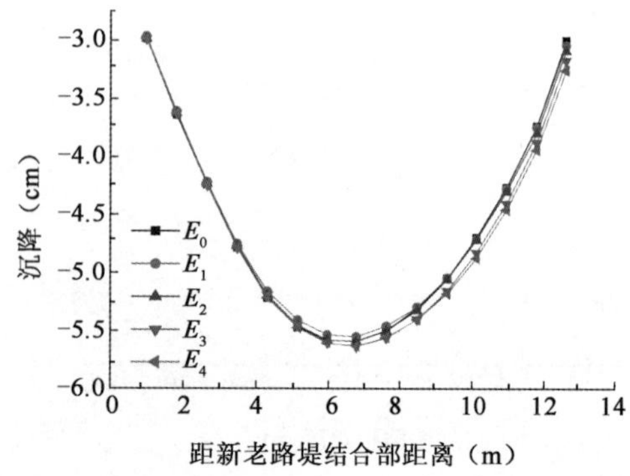

图 9.8　不同筋材模量时加宽路堤表面沉降曲线

(1)沉降变形

分别进行了包括不加筋和加六层筋(四种筋材等效弹性模量)共五种工况的沉降变形计算,筋材等效弹性模量分别为 E_1=1.49GPa、E_2=5.95GPa(基本计算模型)、E_3=23.9GPa 和 E_4=59.5GPa,将不加筋工况记为 E_0。图 9.8 给出了加宽完工后加宽路堤表面沉降随距新老路堤结合部距离变化曲线。

从图中看出，随距结合部距离增加，沉降先减小后增大，在加宽路堤断面形心垂线位置达最大值，这和第3章中的结果和实测资料是一致的。同时，加筋后最大值左侧的沉降变化不大，右侧的沉降略有增加，表明加筋虽然不能有效减小沉降，但可以使其趋于均匀，减小差异沉降。这是因为加筋提高了新老路堤的整体性，且筋材左侧嵌入老路堤，而右侧处于自由状态，从而导致沉降略向右侧倾斜。同时，随筋材模量增加，右侧沉降增量变大，表现为加宽路堤横坡比的减小，没有加筋和四种筋材模量时横坡比分别为0.445%、0.432%、0.430%、0.425%、0.409%，表明加筋可以减小差异沉降，且筋材模量越高，效果越明显。

(2)水平位移

图9.9给出了加宽完工后加宽路堤底部水平位移随距新老路堤结合部距离变化曲线。从图中看出，加筋减小了左右两侧的水平位移，限制了加宽路堤横向扩展，并且筋材模量越高，加筋效果越明显。

图9.10给出了加宽完工后新老路坡脚水平位移随深度变化曲线。从图中看出，加筋减小了新老路坡脚水平位移，并且筋材模量越高，效果越明显。同时，地表以下4m内的土体侧向位移减小较大，加筋效果是明显的，而4m以下土体侧向位移改变不大，加筋效果不明显，说明加筋对软基侧向位移的影响范围是有限的，只能对浅层地基进行处理。

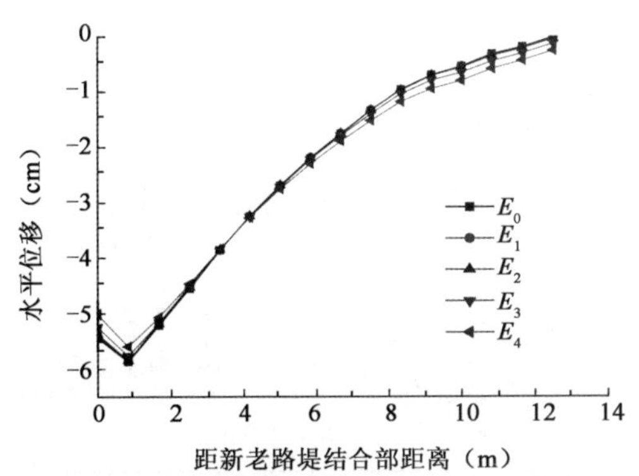

图9.9　不同筋材模量时加宽路堤底部水平位移变化曲线

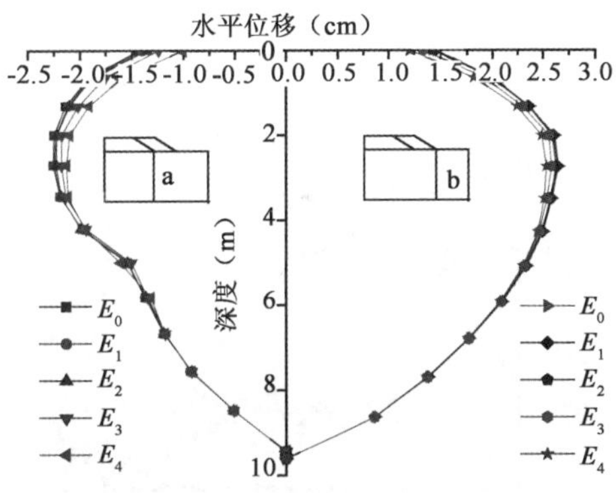

图9.10　新老路坡脚水平位移变化曲线

(3)筋材拉伸应变

图9.11给出了模量为E_2=5.95GPa时各层筋材的拉伸应变曲线。从图中可以看出，由于地基土在填料竖向荷载长期作用下产生固结变形，地基表层将产生“锅底状”的沉降变形，于是路堤在横截面上将产生受弯效应，但由于路堤填料不能提供拉力，“拱效应”不能很好发挥，堤底将产生张拉裂缝；在加筋路堤中，筋材良好的受拉特性使得土拱能够得到足够的拱脚水平力，可以形成有效的土拱效应，路堤在横截面上就像是一根受弯的梁，筋材就相当于梁中承担拉力的钢筋，这样就充分利用了路堤填料本身的刚度，调整了地基的沉降变形。由图9.11还

表明，随距结合部距离增加，筋材拉伸应变减小，至加宽路堤边缘，拉伸应变已保持在比较低的水平。第一层和第二层筋材最大拉伸应变在接近结合部位置出现，而第三层筋材（基本位于加宽路堤中部位置）最大拉伸应变出现在加宽路堤边缘，这和图 9.2 中离心模型试验结果一致。拉伸应变这一分布规律表明，第一层和第三层筋材最大拉应变点连线为加宽路堤中剪切受力最大区域，连线右上侧相对左下侧存在滑动剪切趋势，铺设筋材有助于防止可能出现的剪切滑动，调整堤身荷载传递方向和范围。

此外，从图中还可以看出，随筋材铺设位置上移，加筋效果迅速变差，第四层以上已起不到加筋作用。这是由各层筋材所处位置水平位移决定的，如图 9.12 所示，完工后加宽路堤底部发生了向道路内侧的水平位移（负值），但左侧位移大，右侧位移小，从而可使筋材处于"张拉"状态，有利于筋材加筋作用的发挥。而加宽路堤中部和顶部水平位移使筋材有由两端向中间"收缩"趋势，不利于加筋作用的发挥。因此，实际加宽工程中，筋材应铺设在路堤中部以下位置。刘汉龙[9]认为，尽管路堤中部加筋对位移影响不大，但可以有效提高路堤整体稳定性，综合考虑，本书建议加宽工程新路堤加两层筋，一层在底部，一层在中部。如果只加一层，应加在底部偏上、中部以下的地方。同时，从图 9.12 中加宽工后 15 年路堤底部水平位移变化规律看出，此时即使是底部筋材也不再起到加筋作用效果，表明加宽路堤加筋只能起到增强路堤短期稳定性的作用，但对于长期稳定作用是不大的，这与加筋在新建工程中的作用是一样的[1-3]。筋材模量取其他值时拉伸应变变化规律与图 9.11 相同，这里不再赘述。

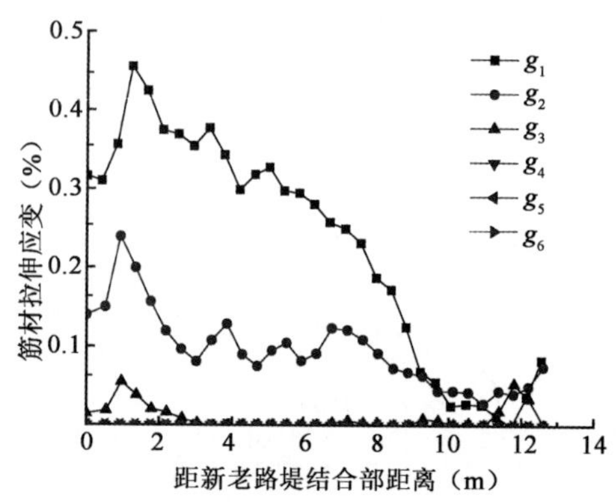

图 9.11　筋材模量为 E_2 时筋材拉伸应变曲线

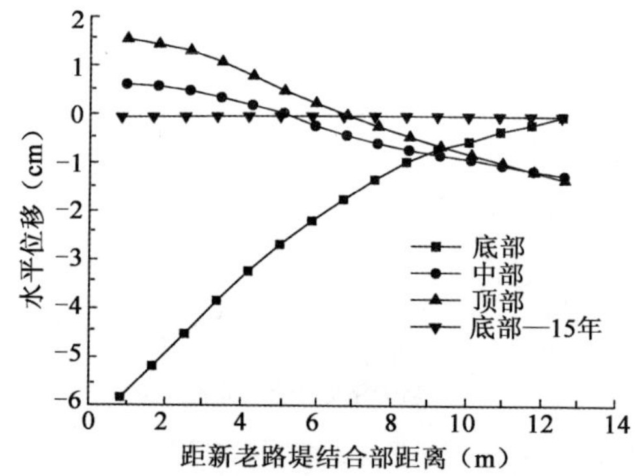

图 9.12　加宽路堤不同位置水平位移曲线

图 9.13 给出了不同筋材模量时第一层筋材拉伸应变变化规律。从图中看出，随模量增加，筋材最大拉伸应变出现的位置略向右移。并且模量越大，筋材拉伸应变越平缓，表明筋材模量增加，提高了其调整路堤荷载的能力，进而使路堤沉降趋于均匀。

（4）筋材嵌入老路堤长度分析

从前面分析可知，加宽路堤中只有其中部以下筋材才能起到加筋效果，因此，下面仅对第一层和第二层筋材嵌入老路堤长度进行分析。

图 9.14 给出了模量为 E_2＝5.95GPa 时第一层和第二层筋材的拉伸应变变化曲线，坐标原点为新老路堤结合部。从图中可知，筋材在老路堤中仍存在拉伸应变，随距结合部距离增加至 3m，拉伸应变迅速减小到零。从而表明，实际工程中，应将筋材嵌入老路堤中，以更好发挥加筋作用，但嵌入长度不宜过长（本研究中嵌入长度应在 3m 以内），以免浪费。

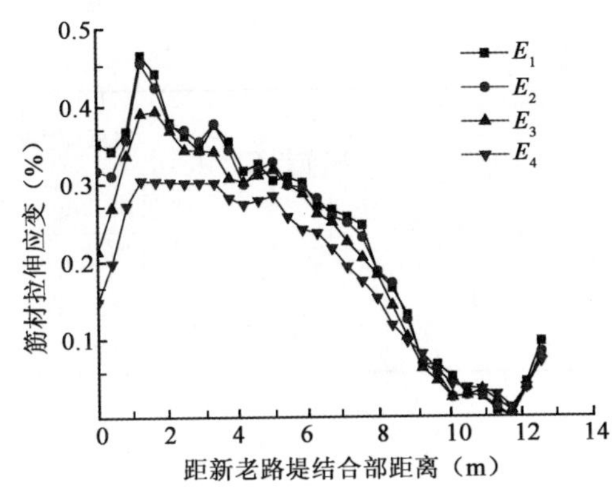

图 9.13　不同筋材模量时第一层筋材拉伸应变变化曲线

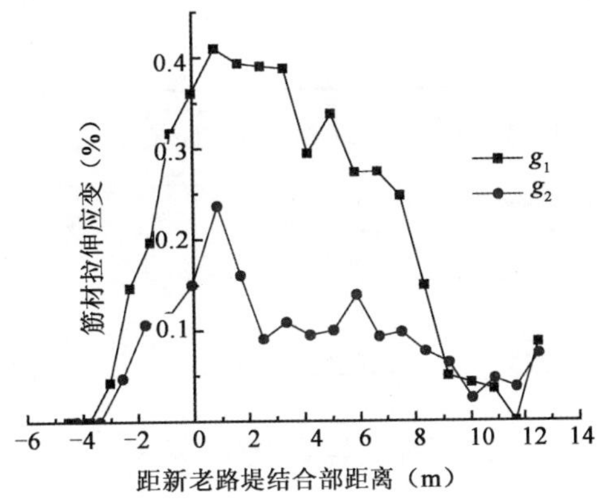

图 9.14　第一层和第二层筋材拉伸应变变化曲线

(5)地基刚度对加筋效果的影响分析

图 9.15 给出了 E_2＝5.95GPa 时三种地基刚度 K_1＝40、K_2＝80 和 K_3＝120 时第一层筋材拉伸应变变化曲线。从图中看出，随地基刚度增加，筋材拉伸应变迅速减小，分别为0.80％、0.46％、0.29％，从而表明，地基刚度增加，加筋效果降低。

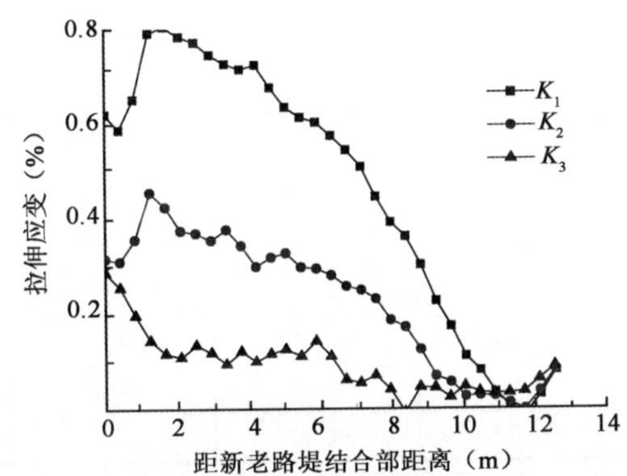

图 9.15　不同地基刚度第一层筋材(g_1)拉伸应变变化曲线

9.3　土工格栅现场测试及分析

在沪宁高速公路加宽工程试验段铺设土工格栅断面上埋设变形传感器，来量测上、中、下不同层位土工格栅的变形，并根据其变形测试结果，来研究各个层位土工格栅在路基加宽拼接中所发挥的作用，为路基加宽拼接提供依据[10]。

9.3.1 试验方案

在沪宁高速公路加宽工程先导试验段中进行了土工格栅的应用效果试验，通过不同铺设层位及铺设长度组合进行土工合成材料铺设层位、横向铺设长度的试验，综合研究土工合成材料在路基加宽拼接中的应用效果。具体试验方案如表 9.5 所示。

土工格栅试验断面　　表 9.5

代表断面	长度(m)	填筑高度(m)	土工合成材料			格栅应力计
			类型	铺设层数	展布长度(m)	
K0+380	100	2.8	土工格栅	2	4	2 组 2 层 12 个
K0+550	100	3.0	土工格栅	2	6	2 组 2 层 12 个
K0+710	200	3.0	土工格栅	4	4	2 组 4 层 24 个
K1+550	115	3.7	土工格栅	4	6	2 组 4 层 24 个

9.3.2 测试结果统计及分析

测试结果如表 9.6～表 9.8 所示。

底部土工格栅测试成果统计表　　表 9.6

格栅位置	应变(%)			应力(kN/m)		
	最大值	最小值	平均值	最大值	最小值	平均值
K0+710	0.48	0	0.12	6.72	0	1.61
K1+550	1.00	0.73	0.88	14.00	10.22	12.32
合计	1.00	0	0.37	14.00	0	5.18

中部土工格栅测试成果统计表　　表 9.7

格栅位置	应变(%)			应力(kN/m)		
	最大值	最小值	平均值	最大值	最小值	平均值
K0+380	0.38	0.00	0.23	5.32	0.00	3.15
K0+550	0.34	0.00	0.13	4.76	0.00	1.76
K0+710	2.15	0.00	0.47	29.10	0.00	6.41
K1+550	2.52	0.00	0.71	31.81	0.00	9.32
合计	2.52	0.00	0.39	31.81	0.00	5.26

上部土工格栅测试成果统计表　　表 9.8

格栅位置	应变(%)			应力(kN/m)		
	最大值	最小值	平均值	最大值	最小值	平均值
K0+380	3.47	0.00	0.90	38.78	0.00	10.67
K0+550	0.07	0.00	0.02	0.98	0.00	0.25
K0+710	0.29	0.00	0.11	2.80	0.00	1.52
K1+550	0.53	0.00	0.13	7.42	0.00	1.69
合计	3.47	0.00	0.24	38.78	0.00	3.04

通过测试结果,可得出以下结论:

(1)布设层位分析

沪宁高速公路加宽工程先导试验段加宽路基的施工从 2003 年 6 月开始,2003 年 12 月完成路基施工,并开始路面结构层的施工,在试验段通车后,加宽路基已普遍发生 2～3cm 沉降量的状态下,各个层位土工格栅应力测试结果均较小,73.3%的观测点应变小于 0.3%,其中 34.8%的观测点从开始观测以来始终无变形,远小于土工格栅设计抗拉强度 80kN/m 时对应的应变(约 8%)。但从已有成果仍能看出,底部土工格栅应变平均值为 0.37%,中部土工格栅应变平均值为 0.39%,上部土工格栅应变平均值为 0.24%,表明底部和中部加筋效果接近,都优于上部土工格栅,这和前文分析是一致的。之所以中部土工格栅拉伸应变大于底部土工格栅,分析其原因可能是测试时软基沉降量不大,加筋效果没有充分发挥,进而不能明显将底部和中部土工格栅拉伸应力拉开距离。

(2)锚固长度分析

土工格栅正常发挥作用时,其中部的应力应大于两侧锚固段的应力,理想状态是从中部受力最大的点到土工格栅两端逐步降低到零。从试验段的测试成果来看,有近 60%的测试断面(有明显应力应变发生的测试断面)中,土工格栅在内侧拼接段的测点应力大于或接近于中部的测点应力值,表明土工格栅在内侧拼接段的锚固长度不足,导致土工格栅与路基土体发生一些整体位移,削弱了土工格栅的受力作用。建议加宽工程中土工格栅的锚固长度须进一步提高,保证土工格栅作用的发挥,这和前文的分析结论是一致的。

(3)展布长度

沪宁高速公路加宽工程先导试验段中共布设 72 只传感器来监测在路基加宽拼接中土工格栅应力应变状况,其中 K0+380 和 K0+710 断面监测的土工格栅展布长度为 4m,K0+550 和 K1+550 断面监测的土工格栅展布长度为 6m。从 2003 年 7 月开始埋设位移传感器开始观测至通车后的观测数据来看,4m 土工格栅中位于加宽路基外侧的测点应变均值为 0.12%,6m 土工格栅中位于加宽路基外侧的测点应变均值为 0.17%,表明 6m 的土工格栅在 4m 之外的 2m 仍能提供拉力;同时,结合前文离心模型试验及其有限元分析可知,底层筋材最外侧仍有拉应力,因此,建议加宽工程中土工格栅应在加宽路堤全宽铺设。

9.4 本章小结

(1)离心模型试验与数值模拟方法相结合能够较全面地研究高速公路加宽工程加筋路堤的工作性状,有助于公路施工工艺设计和方案优化。

(2)加宽工程路堤加筋可以减小新老路堤的差异沉降,限制加宽路堤的侧向位移。加筋效果随模量增加而增加。

(3)筋材铺设在加宽路堤中部以下时,可以限制变形的发展,越接近底部效果越明显。同时考虑到路堤中部加筋可以有效提高其整体稳定性,建议加宽工程新路堤加两层筋,一层在底部,一层在中部;如果只加一层,应在底部偏上、中部以下的地方。同时,为更好地发挥加筋作用,筋材应嵌入老路堤一定长度。

本章参考文献

[1] Sharma J S, Bolton M D. Finite element analysis of centrifuge tests on reinforced embankments on soft clay[J]. Geotextiles and Geomembranes, 1996, 19 (1):1-17.

[2] J N Mandal, A A Joshi. Centrifuge modelling of geosynthetic reinforced embankments on soft ground[J]. Geotextiles and Geomembranes, 1996, (14):147-155.

[3] J S Sharma, M D Bolton. Centrifugal and numerical modelling of reinforced embankments on soft clay installed with wick drains[J]. Geotextiles and Geomembranes, 2001, (19): 23-44.

[4] 汪浩.新老路结合部处治技术研究[D].南京:东南大学,2004.

[5] 孙杰.软土地基高速公路拼宽工程变形特性研究[D].南京:河海大学,2005.

[6] 冯战.土工网处理新老路基结合部位差异沉降的技术研究[D].长沙:长沙理工大学,2003.

[7] Han J, Gabr M A. Numerical analysis of geosynthetic-reinforced and pile-supported earth platforms over soft soil[J]. Journal of Geotechnical and Geoenvironmental Engineering, ASCE, 2002, 128(5):44-53.

[8] 曲向进.沈大高速公路改扩建工程技术方案研究[D].大连:大连理工大学,2003.

[9] 刘汉龙,吴维军,高玉峰.土工织物加固堤防非线性有限元分析[J].岩土力学,2003,24(1):79-87.

[10] 江苏省交通科学研究院.沪宁高速公路扩建工程路基拼接设计及施工技术研究总报告[R].2004.

第10章 路基沉降预测及堆载预压动态设计

⇨10.1 常用沉降预测方法

⇨10.2 基于MATLAB的沉降预测方法可视化开发

⇨10.3 路堤预压土高度的动态设计与施工

⇨10.4 本章小结

高速公路改扩建工程中路基拼接的核心问题是新老路基的差异沉降控制。因此，应对拼接路基的沉降进行准确预测，当其不能满足工后沉降要求时，需进行堆载预压，加快其施工期变形，减小工后沉降。

10.1 常用沉降预测方法

在软土地基上修建高速公路，地基的沉降是一个非常引人关注的问题。高速公路对路基的工后沉降控制地非常严格，对于新建高速公路，一般路基容许工后沉降为 30cm，通道、涵洞处容许工后沉降为 20cm，桥台过渡区则为 10cm；对于高速公路改扩建工程，新老路基工后横坡度的工后增加值不大于 0.5%。为了使路基的工后沉降在容许范围之内，首先必须根据实测沉降数据预测出路基的最终沉降量。对于沉降量大的地段，当总沉降减去已完成沉降大于工后沉降控制标准时，还需要根据预测出的最终沉降来设计预压土，使地基在路面结构层施工之前的沉降量达到一定值，从而使工后沉降控制在容许范围之内。

路基沉降预测方法可以分为三类：传统预测方法、数值分析方法和根据实测沉降资料预测法。传统预测方法以土力学为基础，数值分析方法以本构理论为基础，根据实测沉降资料的预测方法则更多地依赖于实测沉降数据[1]。

10.1.1 传统预测方法

传统的沉降预测方法指的是建立在太沙基等人创立的经典土力学基础之上的方法，其中引入了很多简化假定，在进行沉降预测时将地基沉降分为瞬时沉降、主固结沉降和次固结沉降三个部分，并按分层总和法分别进行计算。传统预测方法包括：一维沉降计算法、司开普顿和比伦法、三维计算法和应力路径法等。这些方法都做了如下假定：

(1)地基土的压缩变形发生在有限的深度范围内。

(2)在自重应力下地基土的固结已完成，地基土的变形是由附加应力引起的。

(3)基底附加压力是作用于地表的局部柔性荷载。

(4)地基任意深度处的附加应力相等，且等于基础中心点下该深度处的附加应力值(即地基变形在侧限条件下发生)。

一维沉降计算法即为单向分层总和法，是将地基分成若干层，求出每一层的压缩量，然后将各分层的压缩量叠加起来，这种方法的计算结果与实测值存在较大的误差，引起误差的主要原因是这种计算方法假定土体为线弹性体，未考虑土体的剪切变形、土的非线性特性及土层间的相互作用。

司开普顿和比伦法考虑土体在三向应力状态下的固结过程中既有侧向压缩，也有侧向膨胀，并且将三维应力条件下固结体积变形与竖向沉降联系起来，但是计算时依然采用了一维压缩条件下的值。实际上，土体的竖向应变和体积应变之间的关系与有效应力路径的方向有关。

基于弹性理论的三维沉降计算方法可分为两种，一种是从弹性理论的应力应变关系的基本方程出发分层计算各土层的压缩量，然后总和起来得总沉降量。另一种则是利用弹性理论中的位移方程直接计算沉降量。以上基于弹性理论的沉降计算方法虽然较一维应力状态下的沉降计算方法有所改进，但是在计算过程中由于泊松比和压缩模量不是常数，而是和应力存在函数关系，故其计算不能得到普遍解答。

应力路径法的原理是土体中某一点的应力状态，可用莫尔应力圆来表示，若用这一应力状态中的最大剪应力(和相应的正应力)点来代替莫尔应力圆，用最大剪应力点的变化曲线来表示土体单元从一种应力状态转变到另一种应力状态，就是应力路径。其计算方法为先在地基中选取需要计算沉降的点，再计算所选点处的初始自重应力及附加应力，然后在试验室内做三轴试验，量取附加应力下土样固结前、后的垂直应变，最后用试验中量取的应变计算沉降。这种方法的优点是考虑了土体压缩性和泊松比不是常数的因素，缺点是试验技术复杂，一般工程试验不易做到，三轴试验也不能完全模拟现场应力应变状态，且应力计算仍采用的是弹性理论，这就使得此法在实际应用中受到很大的限制。

10.1.2 数值分析方法

数值分析方法包括有限元法和有限差分法。

用有限元法计算时，将地基和路堤作为一个整体来进行分析，对其划分网络，形成离散体结构，在荷载作用下求得任一时刻路堤和地基各点的位移和应力。有限元法能够充分考虑土体的非线性本构关系和复杂的边界条件。但是有限元法计算工作量大，且参数确定困难，这样势必造成对工程技术人员的素质要求过高，因此在工程实际中不能得到普遍应用，目前主要用于重要工程和重点地段。

有限差分法指的是用差分公式将地基沉降问题的控制方程转化成差分方程，然后结合初始条件和边界条件，求解线性代数方程组，得到所求问题的数值解。有限差分法是在常规计算方法的基础上，用差分法将土层的不均匀性、土性参数的非线性变化等因素纳入到计算程序中，所以它是传统计算方法的改进，而且该方法比较直观，容易编程。

10.1.3 根据实测沉降资料的预测方法

传统沉降预测方法和数值计算方法都过于依赖试验，需要通过对土样做大量的试验来获取尽可能接近实际的参数，但由于土体性质的复杂性以及其他条件的影响，通过试验得到的土体参数往往是十分离散和不确定的。而根据实测资料的沉降预测是在取得较为充分的沉降资料的基础上进行的沉降预测，能综合考虑各种复杂因素对土体性质的影响，因此预测精度相对较高。鉴于此，运用实测沉降资料预测路基沉降更加受到工程界的关注，研究此类方法也更有工程实践意义。

根据实测资料进行沉降预测的方法主要有曲线拟合法(双曲线法、指数曲线法、时间对数拟合法、泊松曲线法、Asaoka 法、三点法、星野法、李国维的直线拟合法等)、灰色预测法、神经网络预测法、遗传算法、反分析法、基于遗传算法和神经网络的预测方法、皮尔—遗传神经网络法等。每种方法都有各自的优缺点。

(1)曲线拟合法

①双曲线法[2,3]。假定沉降平均速度随时间按双曲线变化，其基本方程式为

$$S_t - S_0 = \frac{t - t_0}{a + b(t - t_0)} \tag{10.1}$$

②指数曲线法[4]。假定沉降平均速度随时间按指数曲线变化，其基本方程式为

$$S_t - S_0 = a[1 - e^{-b(t-t_0)}] \tag{10.2}$$

③时间对数拟合法[5]。假定沉降平均速度随时间按对数曲线变化，其基本方程式为

$$S_t - S_0 = a\lg(t - t_0) + b \tag{10.3}$$

利用这些曲线方程可以计算任一时刻 $t(t \geqslant t_0)$ 的沉降量 S_t。同时，对 S_t 分别求一阶导和二阶导可以求得沉降速率及沉降速率变化率。当 $t \to \infty$ 时，利用极限方程可以推算出最终的地基沉降量 S_∞。其中 t_0 为荷载稳定之后的某一时刻，S_0 为其对应的沉降量，a、b 为待定参数。

④泊松曲线法，也就是逻辑斯蒂成长曲线[6]，也称为皮尔曲线，其表达式为

$$y_t = \frac{c}{1 + ae^{-bt}} \tag{10.4}$$

式中：a、b、c——待定参数；

t——时间；

y_t——t 时刻的沉降值。

⑤Asaoka 法[7]是一种从一定时间过程所得的沉降观测资料来预测最终沉降量和沉降速率的方法，其基本表达式为

$$S_j = \beta_0 + \beta_1 S_{j-1} \tag{10.5}$$

式中：S_j——时间 t_j 时的沉降量，$t_j = j\Delta t$，$j = 1,2,3\cdots$，且 Δt 为常数。

根据实测沉降资料，作图确定待定参数 β_0、β_1 和最终沉降量。

⑥三点法[8]。认为在任意时刻 $t(t \geqslant t_0)$，主固结沉降量为

$$S_1(t) = \overline{U_t} \cdot S_{1c} \tag{10.6}$$

式中：$\overline{U_t}$——t 时刻地基的平均固结度，用式(10.7)表示。

$$\overline{U_t} = 1 - A \cdot e^{-Bt} \tag{10.7}$$

式中：A、B——待定系数。

将式(10.6)和式(10.7)合并可得

$$S_1(t) = S_{1c}(1 - A \cdot e^{-Bt}) \tag{10.8}$$

从实测的早期 S-t 曲线上选择荷载停止施加以后的三个时间 t_1、t_2、t_3，其中 t_3 应尽可能与曲线末端接近，时间差$(t_2 - t_1)$和$(t_3 - t_2)$应相等且尽量大些。由 t_1、t_2、t_3 对应的 $S_1(t_1)$、$S_1(t_2)$、$S_1(t_3)$可以求得参数 S_{1c}、A、B，即

$$S_{1c} = \frac{S_1(t_3)[S_1(t_2) - S_1(t_1)] - S_1(t_2)[S_1(t_3) - S_1(t_2)]}{[S_1(t_2) - S_1(t_1)] - [S_1(t_3) - S_1(t_2)]}$$

$$B = \frac{1}{t_2 - t_1} \ln \frac{S_1(t_2) - S_1(t_1)}{S_1(t_3) - S_1(t_2)}$$

$$A = e^{Bt_1}\left[1 - \frac{S_1(t)}{S_{1c}}\right]$$

采用三点法推算最终沉降量，一般要求观测资料持续时间较长、荷载稳定、实测沉降曲线基本处于收敛阶段。且计算时应尽可能取较长的时间段，并多取几个不同时间段来分别计算，取其平均值作为最终的沉降值。

⑦星野法[8]。认为固结沉降是时间平方根的函数，t 时刻固结沉降量计算式为

$$S_t = \frac{AK\sqrt{t - t_0}}{\sqrt{1 + K^2(t - t_0)}} \tag{10.9}$$

则总沉降为

$$S = S_0 + S_t = S_0 + \frac{AK\sqrt{t - t_0}}{\sqrt{1 + K^2(t - t_0)}}$$

式中：S_0——假定的瞬时沉降；

t_0——假定的瞬时沉降时的时间；

A、K——待定参数。

将上式变成直线方程的形式，即

$$\frac{t - t_0}{(S - S_0)^2} = \frac{1}{A^2K^2} + \frac{1}{A^2}(t - t_0) \tag{10.10}$$

式中：$\frac{1}{A^2K^2}$——直线的截距；

$\frac{1}{A^2}$——直线的斜率。

计算时根据假定的几组 t_0、S_0 和实测值 S、t 点连成曲线图，从中选取合适的假定线，确定参数 A、K 的值，再代入计算任意时刻的沉降量 S_t。利用星野法预测路基沉降的关键是调

整星野法中的假定瞬时沉降和假定瞬时沉降发生的时间，使得回归分析的数据点能较好地落在一条直线上。

⑧直线拟合法。李国维[9]等根据土力学基本理论提出的沉降预测法（称之为直线拟合法）利用整个填土加载过程的实测填土厚度、沉降数据，能更准确地反映地基的沉降发展规律。在填土加载卸载波动频繁，填土过程线呈锯齿形，或者填土过程中超载欠载明显的情况下，该方法都能保证沉降预测的准确性，克服了传统曲线拟合法沉降预测时依赖恒载下沉降数据的不足。因此，适用于软基上高速公路路基预压方案的动态设计。该方法沉降发展过程关系式为

$$S_{\mathrm{t}} = \alpha\sum_{i=1}^{n}h_i - \frac{\beta\sum_{i=1}^{n}h_i}{t} \tag{10.11}$$

式中：S_{t}——t 时刻的累计沉降；

$\sum_{i=1}^{n}h_i$——t 时刻累计填土厚度；

i、n——填土级数和累计填土级数；

α、β——待定系数。

式(10.11)又可改写为

$$\frac{S_{\mathrm{t}}t}{\sum_{i=1}^{n}h_i} = \alpha t - \beta \tag{10.12}$$

根据实测填土厚度和沉降数据并利用上式进行线性拟合，可求得参数 α、β。由式中可以看出，当 t 足够大时，沉降 $S_{\mathrm{t}} \to \alpha\sum_{i=1}^{n}h_i$。因此，最终沉降 S_∞ 表示为 $S_\infty = \alpha\sum_{i=1}^{n}h_i$。

(2)灰色预测法

GM(1,1)模型是灰色系统理论中最基本同时也是最常用的模型，它是通过对已知的单位时段内的沉降量的研究分析来获得沉降的变化规律，从而预测它在未来时间内的变化量[10,11]。其基本思想是对无规则的数据序列做一系列变换，使其变得有规则。

GM(1,1)常用的微分方程式为

$$\frac{\mathrm{d}X^{(1)}}{\mathrm{d}t} + aX^{(1)} - u \tag{10.13}$$

对原始数列做累加生成

$$X^{(1)}(i) = \sum_{k=1}^{i}X^{(0)}(k) \qquad (i = 1,2,3,\cdots,n) \tag{10.14}$$

得到 GM(1,1)灰色微分方程的时间响应序列解为

$$\hat{X}^{(1)}(k+1) = \left[X^{(1)}(1) - \frac{u}{a}\right]\mathrm{e}^{-ak} + \frac{u}{a} \qquad (k = 1,2,\cdots,n)$$

还原值

$$\hat{X}^{(0)}(k+1)=\hat{X}^{(1)}(k+1)-\hat{X}^{(1)}(k) \qquad (k=1,2,\cdots,n)$$

根据上列各式,便可对观测数列的后序值进行预测。

(3)神经网络预测法

神经网络中目前比较成熟且应用最为广泛的是误差逆传播网络,简称 BP 网络。一般由输入层、隐含层及输出层组成,同层节点间没有任何联系,不同层节点均采用前向连接方式。BP 神经网络模型实现特定的输入与输出的映射分为学习过程和运用过程两部分。其学习过程可归纳为“信号正向传播、误差逆向传播、记忆训练、学习收敛”。具体算法可归纳如下[12-14]:

①网络初始化:随机给全部权值及神经元的阈值赋以初始值,给定输入模式 A_k 和输出模式 Y_k。

②用输入模式 A_k 计算中间层各单元的输入 B_j,然后利用 B_j 计算中间层各单元的输出 b_j。

③利用 b_j 计算输出层各单元的输入 C_t,然后利用 C_t 计算各单元的响应 c_t。

④计算各单元的一般化误差并修正连接权,通过修正各权值使误差最小。

⑤选择下一个学习模式对从第 3 步开始,直至全部模式对训练完毕。

⑥达到误差精度和循环次数后输出结果,否则返回第③步。

(4)遗传算法

遗传算法模拟了自然选择和遗传过程中发生的繁殖、杂交和变异现象。在利用遗传算法求解问题时,每个可能的解都被编码成一个“染色体”,即个体,若干个体便构成了群体,即所有可能解。选择、交叉、变异这 3 个操作算子构成遗传算法的遗传操作[15]。使用遗传算法时,首先要随机地产生一些初始解,同时给出一个目标函数和适应度值,然后再根据预定的目标函数对初始解进行评价,根据适应度值按“优胜劣汰”的原则选择复制下一代。在这个过程当中,因为选择来复制的是好的个体,因此,选择出来的个体经过杂交和变异算子进行再组合生成的新的一代就继承了上一代的优良性状,这样一来,就可以使得遗传过程朝着更优解的方向进行。

(5)反分析法

反分析法是利用施工过程中实测的地基沉降资料反演确定地基土的物理力学模型参数,再将反演得到的参数代回到正分析模型中计算地基沉降量[16]。进行反分析的方法有很多种,其中直接反分析法是比较有效、稳定且应用较多的一种方法,其具体步骤如下:

①建模。这个模型是一个描述实际岩土工程结构问题或理论数学的模型,其中含有一组待定的材料性质参数,用列阵 $\boldsymbol{P}$ 表示。

②待定参数的选取。用理论模型在外部条件下产生的响应作为待定参数的函数。

③建立目标函数 $J(p)$ 并确定参数的约束条件。目标函数的通用表达式为

$$J=J(X^{*},X) \tag{10.15}$$

式中:J——目标函数;

X^*——观测值向量；

X——有限元计算值。

④选择优化策略，使

$$J(p^*) = \min J(p)$$

式中：p^*——最终反分析结果。

(6)基于遗传算法和神经网络的预测方法

基于遗传算法和神经网络的预测方法是遗传算法和神经网络法两种方法的结合[17]。它是指在人工神经网络的学习过程中，应用遗传算法对神经元连接权值进行编码，并随机生成初始群体，进行交叉、变异，同时计算能量函数，调整交叉、变异概率，迭代，直至神经网络训练完成。这种新算法能够改变神经网络法收敛时间长、搜索能力较差的弱点。

(7)皮尔—遗传神经网络法

皮尔—遗传神经网络法是在总结分析皮尔曲线法、遗传算法、神经网络法三种方法的基础上提出来的，它结合了这三种方法的优点。研究表明[18]，皮尔曲线可以较准确地描述高路堤沉降趋势，但是趋势项的偏移量是一个复杂的非线性序列，使用皮尔曲线计算时误差较大，因而采用神经网络模型进行外推。然而人工神经网络学习过程又有收敛时间过长、易陷入局部最小以及搜索能力较差等缺点，故采用遗传神经网络法进行研究。这种方法与上述的基于遗传算法和神经网络的预测方法的唯一不同就是先采用皮尔曲线建模，然后对趋势偏移量用神经网络法建模，其后的算法同遗传—神经网络法。

10.2 基于 MATLAB 的沉降预测方法可视化开发

由于受多种因素的影响，所以在软土地基沉降观测资料的分析中，很难找到一种适合各种情况的方法来确定沉降量，往往需要采用多种不同的方法来分析实测沉降观测资料，并根据多种方法得出的结果进行分析比较以最终确定采用哪种方法。如果采用手算，则费时费力，容易出错，为此，本节基于现有的 MATLAB 软件开发了软土地基沉降预测的可视化操作界面，以减少工作量和实现沉降预测的可视化操作。

10.2.1 MATLAB 软件简介

MATLAB(MATrix LABoratory，即矩阵试验室)是美国 MathWorks 公司于 1984 年推出的一种为科学和工程计算而专门设计的高级交互式软件包。MATLAB 环境集成了图示与精确的数值计算，是一个可以完成各种计算和数据处理可视化的、强有力的、易于使用和理解的工具。目前，MATLAB 已经被证明是一种适应多学科、多种工作平台的功能强大、界面友好、语言自然并且开放性强的大型优秀应用软件。

随着 MATLAB 更高版本的出现,MATLAB 图形界面设计技术进入了一个新的阶段。它为用户提供了一个实用的用户图形界面开发程序,将该程序与用户的编程经验结合起来,用户可以很容易地写出高水平的用户界面程序,而且该软件完全是可视的,其方便程度类似于 Visure Basic。程序介绍及操作步骤如下。

10.2.2 可视化操作界面

(1)功能简介

软土地基上路堤沉降预估的可视化操作界面可以实现下述的功能:

①拟合方法的选择。提供双曲线拟合法、指数曲线拟合法、皮尔模型拟合法、GM(1,1)模型拟合法和灰色 Verhulst 模型拟合法五种拟合方法。

②分段拟合。根据选择的拟合数据起点、终点和拟合方法可以对拟合数据分段,采用不同的拟合方法进行拟合。

③在同一坐标系中绘制原始数据和拟合数据曲线图,以便于比较,而且可以将采用不同方法得到的拟合曲线绘制在同一坐标系下。

④显示、保存拟合参数,绘制拟合误差曲线图。

⑤预测未来时刻的沉降值。根据保存的拟合参数和给出的需要预估沉降值的时刻,即可预估未来时刻的沉降值。

(2)工作流程

①在 MATLAB 中打开拟合程序的友好界面。

②打开拟合数据文件。

③选择拟合数据的起点、终点以及拟合方法。

④开始拟合。

⑤预估沉降值。

⑥退出。

(3)操作步骤

①建立拟合数据文件。

②启动可视化操作界面。

启动 MATLAB,在 MATLAB 命令窗口(图 10.1)中单击打开文件按钮(图 10.1 中箭头)或者单击 File 中的 Open 菜单,选择“ * . m”文件,打开后会出现图 10.2 所示窗口。

单击 Debug(图 10.2 中箭头)中的 Run,则会出现沉降预测的可视化操作界面。或者启动 MATLAB,在 MATLAB 命令窗口中单击打开文件按钮或者单击 File 中的 Open 菜单,选择

“＊.fig”文件，即可直接打开可视化操作界面，如图 10.3 所示。

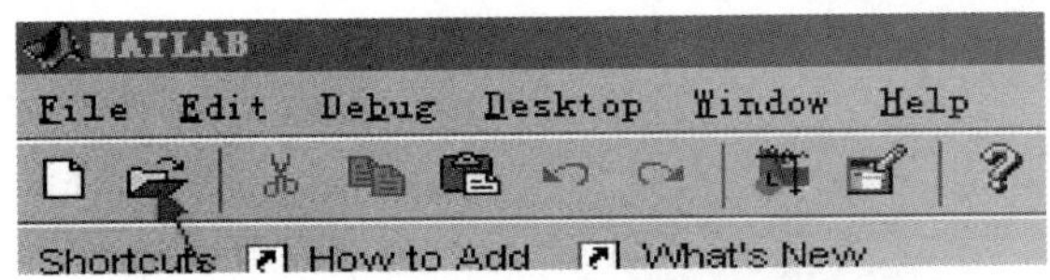

图 10.1 MATLAB 命令窗口

图 10.2 Open 菜单

③选择起点、终点以及拟合方法，单击拟合，则会出现图 10.4 所示的拟合曲线。

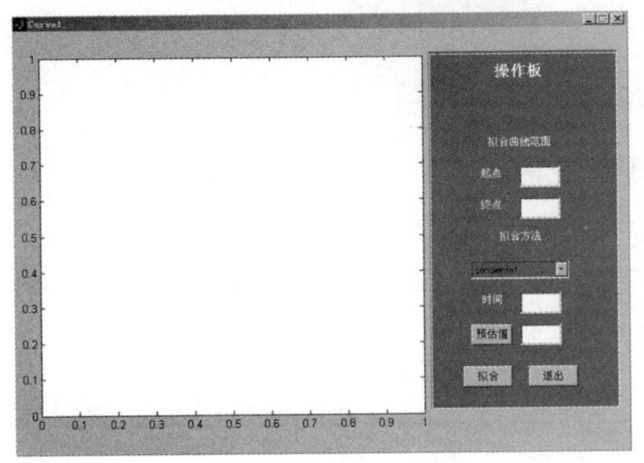

图 10.3 可视化操作界面

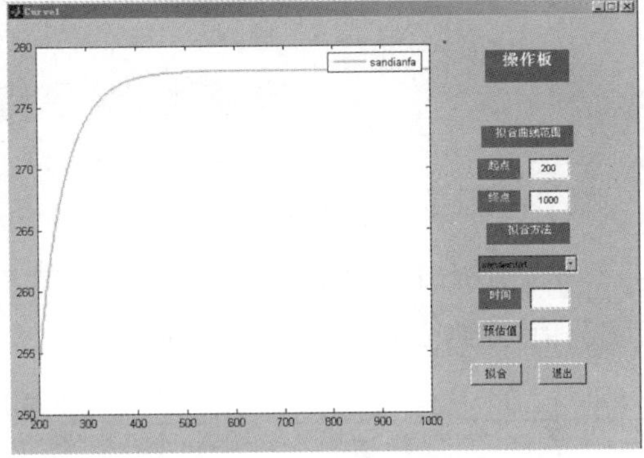

图 10.4 拟合曲线

④输入时间，单击预估值便可得到对应时间的沉降预测值。

⑤退出。单击界面上的退出按钮即可退出该界面操作。

10.2.3 实例分析

以某高速公路 K109＋870 断面为例进行沉降预测的可视化操作。该断面填高 5m，软基深度为 13m，地基处理方式为塑料排水板。该断面填高—时间—沉降图如图 10.5 所示。

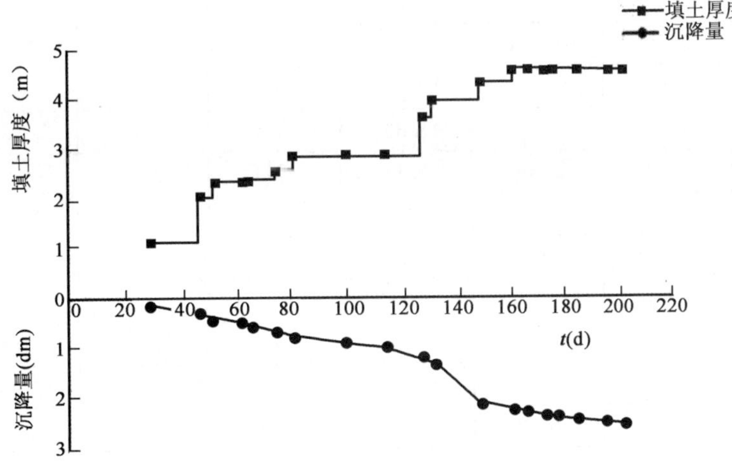

图 10.5 某高速公路 K109＋870 断面填高—时间—沉降图

分别用三点法、直线拟合法、双曲线法、皮尔曲线法、指数曲线法及Asaoka法来进行预测，可视化界面如图10.6所示。

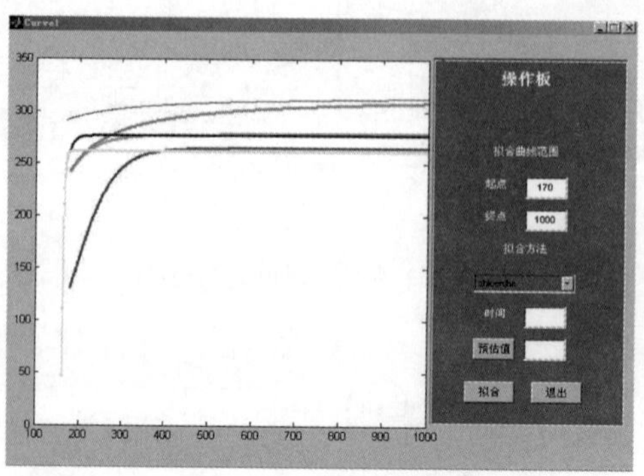

图10.6　可视化界面

注：——皮尔曲线法；——三点法；——直线拟合法；——指数曲线法；—— Asaoka法；——双曲线法

表10.1给出了各预测值与实测值，由表可知，直线拟合法、三点法以及双曲线法的预测结果跟实测值较接近，由此可知这三种预测方法比较合适。

各预测值与实测值

表10.1

时间(d)		162	167	174	177	186	197	203
实测值(mm)		228	233	238	240	246	253	256
直线拟合法	预测值	227.96	233.95	238.22	241.54	246.24	252.31	254.34
	残差	−0.04	0.95	0.22	1.54	0.24	−0.69	−1.66
	误差(%)	−0.02	0.41	0.09	0.64	0.10	−0.27	−0.65
三点法	预测值	228	232.60	238	239.99	245	249.56	251.48
	残差	0	−0.4	0	−0.01	−1	−3.44	−4.52
	误差(%)	0.00	−0.17	0.00	0.00	−0.41	−1.36	−1.77
双曲线法	预测值	228	232.62	238.33	240.54	246.50	252.63	255.55
	残差	0	−0.38	0.33	0.54	0.5	−0.37	−0.45
	误差(%)	0.00	−0.16	0.14	0.22	0.20	−0.15	−0.18
指数曲线法	预测值	228	234.07	241.36	244.10	252.15	257.81	260.71
	残差	0	1.07	3.36	4.1	6.15	4.81	4.71
	误差(%)	0.00	0.46	1.41	1.71	2.50	1.90	1.84
皮尔曲线法	预测值	227.03	229.83	232.12	242.74	253.82	254.34	264.47
	残差	−0.97	−3.17	−5.88	2.74	7.82	1.34	8.47
	误差(%)	−0.43	−1.36	−2.47	1.14	3.18	0.53	3.31
Asaoka法	预测值	228.4	233.23	239.56	240.73	251.31	261.33	261.33
	残差	0.4	0.23	1.56	0.73	5.31	8.33	5.33
	误差(%)	0.18	0.10	0.66	0.30	2.16	3.29	2.08

10.3 路堤预压土高度的动态设计与施工

软基上高速公路路基的工后沉降控制是影响工程质量的关键因素。为使工后沉降满足要求，势必要求地基沉降变形在路面施工前大部分或基本完成，而对路基进行预压是解决这一问题的有效措施。由于堆载预压法具有施工控制简单、应用成熟、预压效果好、成本低廉等优点，被广泛应用。

目前，对于软基上高速公路路基预压高度和预压时间的确定均建立在现场勘察时土样土工参数和太沙基一维固结理论基础之上，无法考虑路基填筑过程中加载历时随机性大、土体参数变异、勘察取样间隔过大等问题，从而使设计阶段计算出的预压方案与路基实际性态脱节，无法指导现场施工。因此，充分利用路基填筑期的实测沉降资料，选择合理的地基沉降预测和固结系数计算方法，提出路基预压方案动态设计的方法，有利于合理指导路基填筑，有效控制工后沉降，提高工程质量。

10.3.1 基于实测资料的软土地基固结系数计算

固结系数是软土地基处理设计中的重要参数。软基处理方法的选择、施工工期、预压荷载以及工程造价等都与固结系数密切相关。其确定方法可分为室内试验方法[19]和基于现场实测沉降或孔压数据的反演分析方法[20]。由于室内土工试验的环节较多，且试验结果又受取土质量、试验技术水平及计算方法等各种因素的影响。相对而言，由现场实测资料反分析得到的固结系数更加令人信服，并用以对地基加固设计参数进行再次优化，从而更科学地进行软基加固施工，这正是土体固结系数反分析的意义所在。目前，基于实测沉降或孔压数据反算固结系数的方法主要有修正 Asaoka 法[20]、实测沉降推算法[21]、实测孔压推算法[22]等，《港口工程地基规范》(JTS 147-1—2010)提出的根据分级加荷实测沉降数据求解软土地基固结系数的方法，公式简单，适合手算，便于工程应用，可用于软基上路基堆载预压的动态设计。

其基本步骤如下：

(1)通过实测沉降数据采用李国维等提出的直线拟合法预测路基等载下的最终沉降量 $S_{\infty等}$。

(2)按式(10.16)将实测的地基沉降与时间的关系曲线转化为$\overline{U'}$-t曲线。

$$\overline{U'} = \frac{S_t}{S_{\infty等}} \tag{10.16}$$

式中：$\overline{U'}$——对应于累计填土荷载$\sum P$ 的固结度；

S_t——对应于任一时刻 t 的地基沉降。

(3)按式(10.17)和式(10.18)将$\overline{U}'$化为瞬时加荷条件下的固结度$\overline{U}$,并绘$\overline{U}$-t 曲线。

当 $t<T_2^0$ 时,
$$\overline{U}=\overline{U}'\frac{\sum S_i}{S_1} \tag{10.17}$$

当 $t>T_2^0$ 时,
$$\overline{U}=[\overline{U}'-\sum_{i=2}^{n}\overline{U}_{(t-\frac{T_i^0+T_i^f}{2})}\frac{S_i}{\sum S_i}]\frac{\sum S_i}{S_1} \tag{10.18}$$

式中:S_i——第 i 级荷载作用下的最终沉降量;计算加荷期间的固结度时,S_i 变为 ΔS_i,ΔS_i 为对应于 t 时刻的荷载 ΔP_i 作用下的最终沉降量;

S_1——第 1 级荷载下的最终沉降量;

T_i^0——第 i 级加荷的起始时间;

T_i^f——第 i 级加荷的终止时间,计算加荷期间的固结度时,T_i^f 应改为 t。

(4)由$\overline{U}$-t 曲线,并根据固结度理论公式$\overline{U}=1-\frac{8}{\pi^2}e^{-\frac{\pi^2\cdot C_v t}{4H^2}}$,可通过最小二乘法运用 MATLAB 编程计算固结系数 C_v,式中 H 为排水距离。

最小二乘法计算固结系数的具体算法如下:

任意时刻固结度 $U_i=1-\frac{8}{\pi^2}e^{-\frac{\pi}{4}\cdot\frac{C}{H^2}t_i}$,令 $E(C)=(U_1-U_1^0)^2+(U_2-U_2^0)^2+\cdots+(U_n-U_n^0)^2$。从初始估计 C_0 开始,采用迭代方法解决问题。其每一步的增量为 δC^i,使得 $E(C^i+\delta C^i)$最小,其中 C^i 和δC^i 分别表示C 的第i 步近似值和第i 步增加值。当$E(C)$小到一个给定的正常数时,迭代过程终止。

通过计算,方程能够得到 $\varphi(C)$的稳定点,$C_{(k+1)}=C_{(k)}-(A^TA)^{-1}A^Tf_{(k)}$,把 $D_{(k+1)}$作为 $F(D)$的极小点的第 $k+1$ 次近似。

①给定初点 $C_{(1)}$、t_1、C_1、U_1,允许误差 $\varepsilon>0$,令 $k=1$。

②将 $C_{(1)}$代入式子,并依据式子,计算 U_2。

③依据式子,计算函数数值 $f_1[C_{(k)}]=U_1-U_1^0$,依次计算,一直到求出 $f_e[C_{(1)}]$,得到向量 $\boldsymbol{f}_{(k)}=\begin{bmatrix}f_1[C_{(k)}]\\f_2[C_{(k)}]\\\vdots\\ [f_nC_{(k)}]\end{bmatrix}$,然后依据式子计算一阶偏导数 $A_k=\frac{\partial f_i[C_{(k)}]}{\partial C}$,$i=1,2,\cdots,e$,$j=1,2$,得到 $e\times1$ 矩阵 $\boldsymbol{A}_k=(a_{ij})_{e\times1}$。

④解方程组 $A^TA(C-C_{(k)})=-A^Tf_{(k)}$,求得 $C_{(k+1)}=C_{(k)}-(A^TA_k)^{-1}A^Tf_{(k)}$。

⑤若$\|C_{(k+1)}-C_{(k)}\|\leqslant\varepsilon$,则停止计算,得到解 $C^*=C_{(k+1)}$,即获得最佳系数 C;否则,让 $k=k+1$,返回步骤②。

10.3.2 堆载预压的动态设计方法

(1)公式推导

高木俊介法计算地基平均固结度的公式如下[23]

$$\overline{U_{\mathrm{t}}} = \sum_{i=1}^{n} \frac{q_n}{\sum \Delta p_i} \left[(T_i^{\mathrm{f}} - T_i^0) - \frac{\alpha}{\beta} \mathrm{e}^{-\beta t} (\mathrm{e}^{\beta T_i^{\mathrm{f}}} - \mathrm{e}^{\beta T_i^0}) \right] \tag{10.19}$$

式中:$\alpha=\frac{8}{\pi^2}$,$\beta=\frac{\pi^2 C_{\mathrm{v}}}{4H^2}$;

H——排水距离;

q_n——加荷速率;

$\sum \Delta p_i$——各级荷载累加值;

T_i^0——第 i 级加荷的起始时间;

T_i^{f}——第 i 级加荷的终止时间;

t——时间,它指的是从路堤填筑开始至预压土卸载为止的整个时间段。

公式中各变量单位前后统一即可。

$\overline{U_{\mathrm{t}}}$算出后,通过式(10.20)计算等载或超载预压卸载后的沉降量 $S_{\mathrm{t}}{}'$。

$$S_{\mathrm{t}}' = \overline{U_{\mathrm{t}}} \cdot S_{\infty等} \tag{10.20}$$

取预压土高度为 Δh,并假设填高与对应的总沉降呈线性关系,则填土荷载($\sum h_i+\Delta h$)对应总沉降为

$$S_{\infty} = S_{\infty等} \cdot \frac{\sum h_i + \Delta h}{\sum h_i + 0.95} \tag{10.21}$$

式中:0.95——路面结构层等效为填土时的厚度;

$\sum h_i+0.95$——实际路面施工完后地基上的荷载,即对应于 $S_{\infty等}$ 的荷载。

将 Δh 代入式(10.19)计算$\overline{U_{\mathrm{t}}}$,并根据式(10.20)求 S_{t}',$S_{\infty}-S_{\mathrm{t}}'$ 即为工后沉降。反复调整预压高度 Δh,直至工后沉降 $S_{\infty}-S_{\mathrm{t}}'$ 在控制标准范围内,并且与控制标准比较接近,则此时的预压高度满足要求。由于现场施工时的预压土压实度标准低于正常路基压实度,采用该方法计算得到的预压土高度在实际施工时还应根据现场预压土施工压实度进行高度换算。若最终计算的预压土高度超过规范允许的最大高度要求,可通过延长预压期的办法降低预压土高度。

(2)实例分析

以某高速公路的一个典型断面为例说明预压土高度计算方法。该断面软基深度 19m,塑

料排水板处理，填土高度 4.771m，设计预压时间为 1 年。沉降历时如表 10.2 所示。

某高速公路 K101＋180 填高—观测时间—沉降　　表 10.2

填高(m)	0.378	0.768	0.784	0.784	1.363	1.363	1.363	1.946
天数(d)	3	9	11	14	44	79	98	117
沉降量(mm)	0	70	75	75	120	150	163	255
填高(m)	2.544	2.544	2.544	2.544	3.253	3.897	4.464	4.464
天数(d)	137	139	159	199	212	229	243	256
沉降量(mm)	308	310	326	354	435	518	592	621

①推算等载下最终沉降 $S_{\infty等}$。

根据直线拟合法，预测等载下最终沉降量为 $S_{\infty等}=793$mm。

②反算固结系数 C_v。

将表 10.2 中的填高—沉降—时间曲线按式(10.16)将实测的地基沉降与时间的关系曲线 S_t-t 化为$\overline{U'}$-t 曲线，如图 10.7 所示；并按式(10.17)和式(10.18)将$\overline{U'}$化为瞬时加荷条件下的固结度$\overline{U}$，并绘$\overline{U}$-t 曲线，如图 10.8 所示。然后，采用编制的 MATLAB 程序计算固结系数 C_v，得固结系数为 $C_v=0.0511\text{cm}^2/\text{s}$。

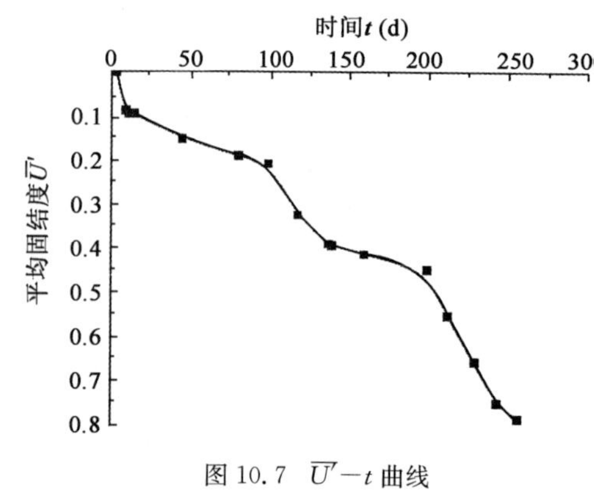

图 10.7　$\overline{U'}-t$ 曲线

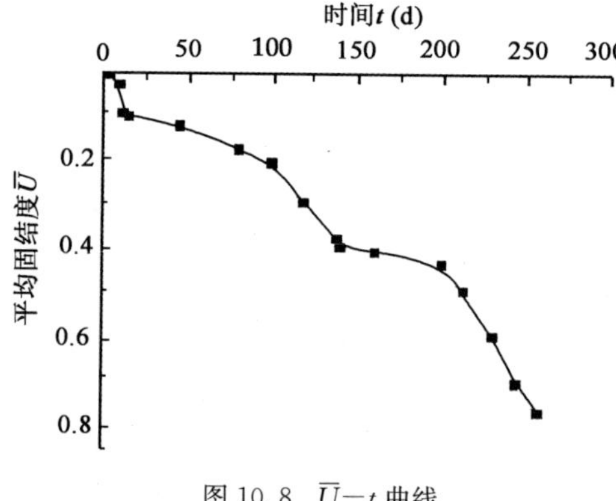

图 10.8　$\overline{U}-t$ 曲线

③计算堆载预压高度 Δh。

将固结系数 C_v、排水深度 H、预压天数 t、每层填土高度 h_i 以及每层填土的加载时间 (T_i-T_{i-1})代入公式 (10.19)得

$$\overline{U_t}\cdot\sum\Delta p_i=\sum_{i=1}^{n}q_n\left[(T_i^f-T_i^0)-\frac{\alpha}{\beta}e^{-\beta t}(e^{\beta T_i^f}-e^{\beta T_i^0})\right]=101.5 \tag{10.22}$$

若选择预压高度 Δh(可初选 1m)，则$\sum\Delta p_i=\rho g(\sum h_i+\Delta h)$，将其代入式(10.22)中，可得固结度

$$\overline{U_t}=\frac{101.5}{\sum\Delta p_i} \tag{10.23}$$

为避免误差因素的影响，确保后期安全施工，若选取软基上高速公路路基正常路段工后沉

降标准为 8cm，则应有

$$S_{\infty}-S'_{t}=S_{\infty}-S_{\infty等}\overline{U_{t}}\leqslant 0.08\text{m} \tag{10.24}$$

将初选的预压高度代入式(10.21)中求 S_{∞}，并与式(10.23)一起代入式(10.24)中，反复试算直至满足式(10.24)且最为接近 8cm，即为所求的预压土高度 Δh。采用此方法，求得 K101+180 预压高度值 Δh=1.9m。该预压土高度对应的路基压实度为 93%，由于预压土施工压实度一般控制在 85%，则实际施工时的预压土高度为 $\Delta h\times0.93/0.85=2.1$m。

④堆载预压的动态设计。

为体现预压方案的动态设计理念，对算例分别计算出不同的工后沉降控制标准(10cm、15cm、20cm、25cm、30cm)及不同预压期(6 个月、8 个月、10 个月、12 个月)下的预压土高度，结果如表 10.3 所示。

不同工后沉降控制标准和不同预压期下的预压土高度(单位:m)　　表 10.3

控制标准 / 预压时间	10cm	15cm	20cm	25cm	30cm
6 个月	4.0	3.3	2.5	1.8	1.0
8 个月	3.0	2.3	1.6	1.0	0.3
10 个月	2.3	1.8	1.1	0.5	0.0
12 个月	1.9	1.3	0.8	0.2	0.0

由表 10.3 可知，当控制标准为 10cm，且预压时间 6 个月时，所算出的预压高度超过了《公路路基设计规范》(JTG D30—2015)对最大预压土高度的限制，若依此施工，可能会导致路堤的失稳破坏。故而建议延长预压时间，确保施工过程的安全稳定进行。当预压时间较为充分(如 12 个月)，控制标准较宽松时(如 30cm)，计算的预压高度为 0，表明路基在自然条件下静置一年即可满足工后沉降的要求。因此，实际工程中，可采用提出的路基堆载预压的设计方法，结合工期和工后沉降标准等，动态设计预压方案。

10.3.3　预压施工控制技术

常见的预压方法有土预压法和水预压法两种。对于土料来源比较方便的地方，一般采用土预压法；对于土料来源不方便，运距远，但是靠近水源的地方，从经济的角度考虑，可以采用水预压法。

(1)土预压法

①施工要求。

a. 预压土施工之前，应先测量该层的高程、路基横坡度、宽度及压实度。

b. 预压土应在路基宽度内全幅施工，不留车道。预压土边坡按 1∶1.5 执行，以此确定预压土顶宽度。

c. 预压土顶面必须整平，非超高段落设置 2%的双向横坡以利排水；超高段落的横坡取路面设计横坡值。

d. 路基预压应沿纵向连续满布加载土方，加载高差过渡段设置在加载高度小的段落内，相邻两段落进行顺坡处理，其纵坡不宜大于 10%。

e. 施工层厚不大于 50cm，确保压实度不小于 85%。如压实度达不到要求时，必须加高预压土高度，其增加高度按当量土重新换算。

f. 当预压期沉降量大于 15cm 时，应及时补加载至预压高程，以确保预压强度。

g. 为确保压实度和路基稳定，加载必须分层填筑，每日填筑的速率不得大于 50cm，加载高度在 80～100cm 的分 2 层填筑，加载高度在 100～150cm 的分 3 层填筑，加载高度在 150～200cm 的分 4 层填筑。

②施工准备。

a. 预压土填料选用细粒土填料，施工之前须到取料场采取土料进行试验。

b. 按照测量要求进行测量放线，放出边线、中线及高程控制桩。

c. 在填筑之前，认真检查下承层，只有下承层各方面符合要求时才能进行预压土施工。

③施工方法。

a. 预压土填筑之前，沿基床底层顶面纵向铺设一层聚丙烯编织布，每幅纵向搭接长度为 0.1m，编织布铺设时要整平、压紧，然后在其上填土。为防止填筑完成后，雨水直接冲刷路肩，编织布应超过路基顶宽外边缘 0.3m。

b. 预压土必须分层填筑，每层填筑厚度不超过 50cm，为保证边坡压实质量，填筑时两侧各加宽 20～30cm。

c. 摊铺平整，填料摊铺平整使用推土机进行初平，再用平地机进行终平。控制层面无显著的局部凹凸，路拱做成 4%的横向排水坡。

d. 碾压夯实。压实顺序按先两侧后中间、先静压后振动的操作程序进行。各区段交接处互相重叠压实，纵向搭接长度 5m，沿线路纵向行与行之间重叠 0.4m。

e. 预压土填筑到顶面时，应做出横向排水坡，以利于排水，面要平整、防止积水，边坡按设计要求做成 1∶1 的坡，坡面要平整顺直。

f. 预压土卸载。实际工程中通常采用沉降速率法，以月沉降速率来控制卸载时间。

④预压土施工期间沉降观测。

a. 预压土施工过程中必须坚持每层监测一次，如沉降速率大于 10mm/日或水平位移大于 5mm/日，则必须停止加载，且必须每天观测一次，直至连续三次观测结果都在稳定控制标准范围之内，才能进行下一层预压土的施工。

b. 预压期第一个月隔日观测 1 次，第一个月至第三个月每周观测 1 次，以后每半月观测一次。

(2)水预压法

①施工流程。

a. 围堰修筑。水预压采用围堰保水,预压前必须先进行围堰的修筑。围堰顶宽一般为1m,外坡度为1∶1.5,内坡度为1∶1,底宽根据内外坡坡度及预压土换算高度得到(图10.9)。围堰长度不宜太长,一般控制在20～50m范围内。在有沉降板位置,则设置横向围堰。为保证水载质量,防止下雨等情况引起的溢水冲刷,围堰内充水高度应低于堰顶20cm左右,在围堰上须设置若干溢水口以便排放雨水保持水深,溢水口底高程应高出设计水位10cm。开始筑围堰时,应在底部埋设排水管。修筑好后的围堰如图10.10所示。

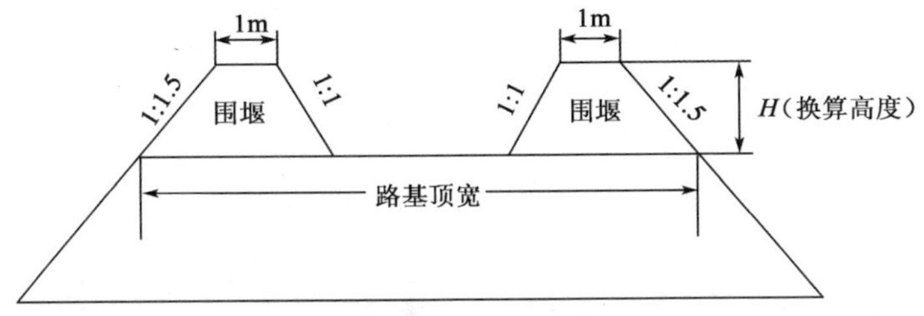

图10.9 水预压围堰横断面图

b. 铺设薄膜。铺设薄膜时先将整条薄膜沿路线纵向拉直摆放,然后同时两侧张拉,展开薄膜直到覆盖整个水载区,包括围堰。铺设薄膜时须检查薄膜铺设范围内有无尖锐物体,有的话必须去除,以免划破薄膜导致漏水。薄膜铺设时务必考虑一定的预留量,防止蓄水或者差异沉降所导致的薄膜拉破。此外要注意张拉力度,防止撕裂破坏,铺完后仔细检查薄膜的完整性,如发现刺破现象及时修补。

c. 抽水预压。抽水预压时必须进行观测,如有必要则分级进行加载,避免路基失稳。同时必须密切关注围堰的稳定性。当水因蒸发减少时,必须及时补充。

d. 卸载。放水时通过围堰底部的排水管即可将水排出。

②水预压期间沉降监测及稳定控制。

用水进行预压时,有沉降板的位置都必须设置横向围堰,以确保沉降监测的顺利进行。水预压期间沉降监测及稳定控制同土预压。

③注意事项。

a. 为满足围堰的稳定性要求,修筑围堰时必须严格分层填筑和碾压,要满足水载压强下围堰的抗剪强度要求以及外坡在自然条件下的抗冲刷能力。

b. 薄膜铺设时应完全覆盖围堰顶部,防止雨水冲刷,在堰底铺设时保证不存在尖锐物,并考虑一定的预留量,避免蓄水或差异沉降所导致的薄膜拉破。

c. 抽水预压时应对注水速率进行严格把关,发现异常立即停止施工,直到沉降速率控制在安全标准以内后方可继续注水。

a)　b)　c)　d)　e)　f)

图 10.10　水预压围堰

d. 施工安全控制。水池式水预压施工方式由于围堰普遍较深，且薄膜的防滑标准较低，注水后存在一定的安全隐患，要求施工单位专人巡视，在监察水体防漏的同时严格控制对非施工人员的进出许可，特别要阻止儿童接近施工现场。

10.4 本章小结

路基沉降预测是堆载预压动态设计的基础。但常用的沉降预测方法多基于预压期的沉降实测数据，而合理的预压设计需要在预压施工前完成，这就造成现有沉降预测方法与预压设计的矛盾。基于此，本章根据路堤填筑期的沉降观测数据预测最终沉降，发明了一种基于施工期沉降观测数据的预压动态设计方法[24]。该方法克服了现有预压设计不能事前控制的不足，能逐断面进行预压土高度和预压期设计。

本章参考文献

[1] 梁忠善. 洞庭湖区软土地基上路堤抛高与预压设计[D]. 长沙:长沙理工大学,2011.

[2] 潘林有,谢新宇. 用曲线拟合的方法预测软土地基沉降[J]. 岩土力学,2004,25(7):1053-1058.

[3] Liu Songyu, Jing Fei. Settlement prediction of embankments with stage construct-ion on soft ground[J]. Journal of Geotechnical Engineering,2003,25(2).

[4] 金莉. 几种预测模型在高路堤沉降预测中的对比分析[J]. 西部探矿工程,2006,(4):234-235.

[5] 杨盛福,张之强,李家本,等. 高速公路路基设计与施工[M]. 北京:人民交通出版社,1997.

[6] 周密. 非等时距皮尔曲线在高路堤沉降预估中的应用[J]. 中外公路,2006,26(3):42-44.

[7] 段文涛. 高填路基沉降监测与预测研究[D]. 武汉:湖北工业大学,2008.

[8] 付宏渊. 高速公路路基沉降预测及施工控制[M]. 北京:人民交通出版社,2007.

[9] 李国纬. 软土地基路堤预抛高确定方法[J]. 河海大学学报(自然科学版),2008,36(1):76-81.

[10] 付宏渊. GM(1,1)灰色模型在高路堤沉降预估中的应用[J]. 中外公路,2006,26(2):11-13.

[11] 魏阳平,刘涌江. 高路堤沉降的灰色系统理论预测方法[J]. 公路交通技术,2004,(4):5-7.

[12] 於永和,李素艳. 基于L-M法BP神经网络的高填路堤地基沉降预测[J]. 交通标准化,2006,(10):167-170.

[13] Simon Haykin. Neural networks a comprehensive foundation[M]. 2nd. Beijing: Ts-inghua University Press,2001.

[14] Willian C C, et al, Common misconceptions about neural networks as approximators [J]. J Comp Civ Engrg, 1994, 8(3): 345-358.

[15] 邹德强,王桂尧. 遗传算法在高路堤沉降预测中的应用[J]. 长沙交通学院学报,2004,20(1):19-24.

[16] 邹德强. 高填方路基沉降反演及预测方法的研究[D]. 长沙:长沙理工大学,2004.

[17] 徐晓宇,王桂尧,匡希龙,等. 基于遗传算法和神经网络的高路堤沉降预测研究[J]. 中南公路工程,2006,31(3):30-33.

[18] 徐晓宇,王桂尧,匡希龙,等. 基于皮尔—遗传神经网络的高路堤沉降预测研究[J]. 公路交通科技,2006,23(1):40-43.

[19] 曾巧玲,张惠明,陈尊伟,等. 软黏土固结系数确定方法探讨[J]. 岩土力学,2010,7(31):2083-2087,2110.

[20] 邓永锋,刘松玉,洪振舜. 基于沉降资料反演固结系数的方法研究[J]. 岩土力学,2005,26(11):1807-1809.

[21] 魏汝龙. 从实测沉降过程推算固结系数[J]. 岩土工程学报,1993,15(2):12-19.

[22] 姜远文,吉随旺. 由实测空隙水压力数据推算软黏土的固结系数和固结度[J]. 路基工程,2001(3):26-28.

[23] 龚晓南,王吉望,王伟堂,等. 地基处理手册[M]. 2 版. 北京:中国建筑工业出版社,2000.

[24] 郑健龙,张军辉,李友云,等. 一种基于实测沉降数据计算预压土高度的方法[P]. 中国专利:201110248015.6,2013.5.

第11章 新老路基拼接的设计与施工

⇨11.1 新老路基拼接设计

⇨11.2 新老路基拼接施工关键技术

⇨11.3 本章小结

为减小新老路基的差异沉降，协调其变形，提高新老路基的拼接质量至关重要。因此，本章主要从老路基削坡坡度、台阶形式、新老路基拼接形式和拼接处治措施等方面对新老路基拼接设计进行分析。同时，论述了路基拼接的施工技术。

11.1 新老路基拼接设计

11.1.1 削坡坡度

我国已有高速公路的边坡削坡坡度大部分选用的是 1∶1.5。加宽时，为更好地使新老路基结合，往往先对老路基的边坡进行削坡处理。我国已加宽高速公路边坡削坡基本上集中在 1∶0.5、1∶0.8、1∶1.1 三种情况[1]。目前，我国《公路路基设计规范》(JTG D30—2015)尚未对削坡坡度进行规定，但根据削坡的目的，建议采用轻型动力触探(DCP)贯入击数作为削坡的依据。在实际工程中，沿老路边坡从路肩到坡脚选择若干点(建议不少于 3 个)进行竖直向或垂直于边坡方向的贯入试验，将贯入击数稳定之前且击数偏低的边坡表层区域作为削坡厚度，确定了各测点削坡厚度之后，以全部清除老路边坡松散填料且尽量减少削坡量为原则进行老路削坡，并保证原边坡的直线边坡削坡后仍为直线，但削坡法向厚度不宜小于 30cm。

11.1.2 台阶形式

削坡后一定要进行边坡台阶的开挖，目的是增加新老路基之间的接触面积，以保证拼接部位的有效结合。旧路边坡开挖的台阶有四种形式：标准式、内倾式、竖倾式和内挖式。

(1)标准式台阶

标准式台阶就是根据原路或削坡后的边坡坡度确定台阶的宽度和高度，如图 11.1 所示。优点是开挖施工更方便，只需确定开挖高度或宽度后即可开挖；缺点是公路沿线边坡的坡比往往是变化的，不能同时要求高度和宽度分别达到某个标准，而台阶的宽度和高度分别有不同的作用。

根据侧重点的不同，在设计时可细分为两类：一类设计方法是控制台阶高度，主要是保证路基结合部的路基质量，例如，开挖深度必须保证能够清除掉原路边坡压实不足的填土；另一类设计方法是控制台阶宽度，主要是考虑土工格栅的锚固长度。

(2)内倾式台阶

内倾式台阶就是在标准式台阶的基础上，在台阶的水平面上设置内倾角，如图 11.2 所示。内倾式台阶为目前国内加宽常用的方式。

(3)竖倾式台阶

竖倾式台阶是将台阶向路基中心方向倾斜的开挖方式,如图 11.3 所示。与标准式台阶相比,竖倾式台阶的优点是便于压实下一级台阶面上的填土,主要是台阶内侧角隅部位;缺点是在同等条件下减小了锚固长度,施工难度也有所增加,若台阶面上没有格栅,竖倾式优势较明显。

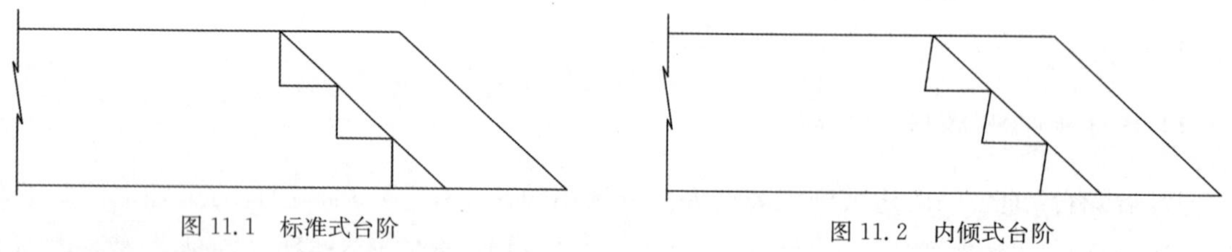

图 11.1 标准式台阶

图 11.2 内倾式台阶

(4)内挖式台阶

内挖式台阶是比老路基边坡更缓坡度开挖的台阶,如图 11.4 所示。这种设计的目的是同时控制台阶的高度和宽度。优点是可以同时满足拼接部位填土压实质量和格栅锚固长度的要求。缺点是开挖工程量有所增大。

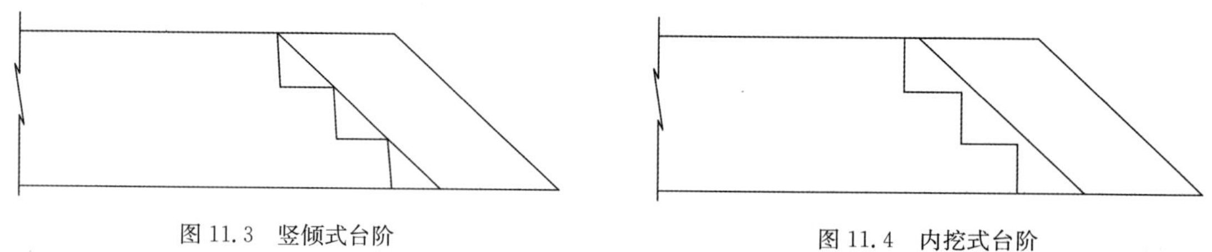

图 11.3 竖倾式台阶

图 11.4 内挖式台阶

11.1.3 新老路基的拼接形式

新老路基结合部是加宽和拼接工程的薄弱环节。开挖台阶的目的主要是增加新老路基的接触面,增强新老路基结合面的摩阻力和抗剪强度,保证新老路基之间的有效结合和整体性;同时,开挖台阶还可以去除边坡表层的松软土层,为土工格栅的铺设提供必要的锚固长度。

(1)台阶的尺寸

台阶开挖的尺寸(高度和宽度)有一定的限制。我国几条高速公路加宽工程都把台阶高度控制在 80cm 以内;台阶宽度根据边坡坡度确定,在 60～200cm 之间。另外,台阶的开挖尺寸和老路边坡的填筑材料、压实度等有关。如沪杭甬高速公路,由于老路的填料为矿渣,压实度不够,所有采用了较大的台阶尺寸[2]。美国普渡大学的 Richard J. Deschamps 等人在对非软土地基上五条加宽道路(其中三条加宽成功,两条失败)进行调查后指出,不合适的台阶开挖会导致加宽工程的失败。美国印第安纳州规范规定边坡坡度大于 1∶4 的道路加宽台阶宽度应大于 3m,台阶高宽比为 1∶1。因这样会形成 3m 高的竖直断面,有可能影响老路路堤的稳定,Richard J. Deschamps 对其进行了修正,指出台阶的竖直高度不宜超过 1.5m。

《公路路基设计规范》(JTG D30—2015)中的第 6.3.4 条第 2 款对台阶宽度有这样的规定:拓宽原有路堤时,应在原有路基坡面开挖台阶,台阶宽度不应小于 1.0m,当加宽拼接宽度小于 0.75m 时,可采取超宽填筑或翻挖原有路基等工程措施。例如,郑州至漯河高速公路采用双侧加宽的方式,首先对原路基边坡进行清表,最小清表厚度控制在 50cm;然后在老路基边坡上开挖高度 1m 的台阶,第一级台阶宽 2m,其余台阶宽 1.5m,在台阶顶向路中心设置 4% 坡度。

考虑到土工格栅的锚固长度及施工方便,推荐台阶宽度采用 100～200cm,高度随坡度而变,且尽量控制台阶高度可按 20cm 的倍数设计,便于路基分层填筑。若老路基边坡松散严重,可根据第 8 章的方法查明松散范围后确定台阶宽度。

(2)台阶内倾角分析

关于台阶内倾角,国内高速公路加宽工程中大多采用 2%～4%,出发点是利用内倾角的嵌锁作用增强新老路基的衔接。但是具体情况要根据工程实际进行选取,如河南安新高速公路加宽工程根据当地条件内倾角选用 3%。

沪宁高速公路加宽工程试验段上也设置了台阶面内倾角,但随着施工的进展和对路基拼接的理论分析、认识的深入,认为不应该设置内倾角,主要原因有:内倾角的存在影响台阶面压实效果;内倾角不利于排水,施工过程中一旦突然降雨,将造成角隅处积水;内倾角起不到增强新老路基拼接效果的作用。新路基的典型破坏形态是路基顶部拉裂和差异沉降,如果拼接路基较窄、边坡较陡,还存在稳定问题,此时的破坏形态为近似圆弧状的滑移线;但无论如何,不会出现新路基沿拼接台阶面的水平滑移,因此,设置内倾角起不到期望的嵌锁作用。

因此,推荐一般情况下采用标准式台阶;不设置土工格栅时,优先考虑竖倾式台阶。

11.1.4　拼接处治措施

近年来,土工格栅在加宽工程中开始应用,前文理论研究表明,其铺设可以提高路基的整体性,改善受力特性,主要体现在降低路基中的拉应力和剪应力;均化差异沉降;约束路基的侧向位移。其加筋、均化应力与变形的作用在国内较多处治不均匀沉降的工程中得到验证。

但是,土工格栅应用在路基拼接工程中也存在缺点和不确定因素,从技术的角度来说主要包括:格栅的锚固情况不明确。在路基拼接工程中,仅有 1m 左右的台阶面自然锚固和 U 形钉锚固,效果如何难以明确;土工格栅的使用增加了施工的难度和环节。因此,土工格栅在铺设时有张紧、绑扎等要求,如果不能较好落实,将影响其效果。

11.1.5　其他

(1)老路边沟的处理

老路边沟应完全挖除，分层压实，压实度逐渐过渡，至原地表的压实度要求不小于 90%。

(2)原地表的处理

一般路段拼接路基的原地表在填筑路堤前清除 15cm 耕植土后向下翻松 25cm，掺 5%灰土分两层压实，下层压实度不小于 90%，上层压实度不小于 92%。

对于河塘、废河道等需要抽水清淤的地段，首先要验算老路堤的稳定性，在老路堤稳定的条件下，才可抽水清淤。若经过验算，抽水后老路堤稳定性不足，则要求采用防渗透措施封堵老路堤地下水(如防渗墙等)，确保抽水时老路堤的稳定。淤泥清除干净后，将河塘堤岸挖成宽约 1.0m 的台阶，如河塘堤岸较陡则适当缓坡至 1∶2～1∶3，用 5%石灰土分层压实，要求压实度在第一层和第二层达到 90%，其余回填均应达到 92%以上。对于非软基深层处理段，如果有条件，可在河塘底部铺设 40cm 碎石土。

对于可能影响到老路基稳定的河塘可以考虑采取不排水清淤的方式，在保证老路基稳定的前提下，应保证清淤回填的质量，回填的材料宜采用透水性材料。

11.2 新老路基拼接施工关键技术

11.2.1 施工准备工作

路基施工前，施工单位应全面熟悉设计文件，在设计交底的基础上，进行现场调查和核对。尤其是调查和走访原高速公路的运营管理单位，搜集有关老路的养护资料，找出有关老路路基的存在问题。同时与有关单位协调有关广告牌、隔离栅、管线拆移等问题，为施工做准备。路基开工前应做好施工测量工作，其内容包括导线、中线、水准点复测，横断面检查与补测，增设水准点等。施工测量的精度应符合《公路勘测规范》(JTG C10—2007)的要求。

施工人员应根据设计文件提供的资料，对取自挖方、借土场、料场的路堤填料进行复查和取样试验。如果设计文件提供的料场填料不足，应自行勘察寻找。

在进行线外取土场选定工作时，应先进行详细的勘探工作，在取土深度内保证土质不发生大的变化。防止在取土场使用过程中发生影响正常使用的土质变化、土石夹层、淤质夹层等现象。

挖方、借土场和料场用作填料的土应进行下列试验项目，其试验方法按《公路土工试验规程》(JTG E40—2007)办理。试验项目主要有液限、塑限、塑性指数、天然稠度和液性指数，颗粒大小分析试验，含水率试验，密度试验，土的击实试验，土的强度试验(CBR 值)，有机质含量试验及易溶盐含量试验等。对特殊土，除进行以上试验外，还应结合对各种土定名的需要，辅以相应的专门鉴别试验，以确定其种类及处治方法。取土场使用前应开挖土场临时排水沟，修建临时便道，按照条式取土法取土；取土坑拟采取一次取土深度不超过3m、取土范围按设计文件要求来实施。取土坑四周的边坡坡度：黏土、亚黏土不小于1∶1.5，粉砂土不小于1∶2。

为满足拼接路堤施工及提高压实度的要求，施工必须配置重型压实机械。每个施工段(不超过2km单侧)最少应配置平地机1台、路拌机1台、重型振动凸轮压路机1台(激振力+自重≥50t)、重型振动光轮压路机1台(激振力+自重≥50t)、静力压路机3台(自重≥18t)，挖掘机3台、推土机2台、小型压实机具、洒水车、其他辅助机械和设备等。

此外，应进行临时便道、便桥的准备工作。征地红线外8m作为临时征地修建临时便道，便道应保证施工全过程长期使用，高程高于原地表30～50cm，土基密实，有简易砂石路面，厚度不小于10cm。临时便道通过灌溉渠、排水渠时必须设置临时涵管，确保排灌顺畅不积水。对附近无法绕行的河流，须修建临时便桥，便桥要求确保施工机械和车辆通过时可靠与安全。

11.2.2 场地清理

在填方地段的原地面应进行表面清理，清理深度根据种植土厚度决定，清出的种植土集中堆放。填方地段在清理完地表后，应整平压实到规定要求，才可进行填方作业。

原路堤隔离栅以外的新征地范围，清除表面杂草、树根、种植土，清理深度根据耕植土厚度决定，清出的种植土应集中堆放。填方地段在清理完地表后，应整平压实到规定要求，翻松20～30cm，掺石灰5%拌和均匀后整平，并压实至压实度不小于90%(重型)。

原路堤隔离栅以内的清表，包括清除表面杂草、树根，边沟拆除，隔离栅支墩拆除，老路堤防护砌石拆除，坡面清理等。老路堤的护坡道、排水沟及隔离带(水沟边缘至原隔离栅)先整平，当排水沟低于地表时，需要将表层挖除，挖除宽度应至少保证压路机的碾压宽度，开挖深度应由施工单位与监理现场制定，开挖深度原则为清除原排水沟下的淤泥质、淤泥质黏土层。开挖后应尽快分层回填至原地表，每层掺灰5%，压实厚度约20cm，回填压实度不小于90%，在开挖回填过程中应及时作好排水工作，将地下渗水或地表降水及时通过排水或抽水的方式进行清除；当排水沟高于地表时，高出部分的土质应清除至原地面高度，原则上不应作为路基填料。若土方数量较大且土质良好时，可以考虑按照借方填筑的施工工艺进行施工。

老路边坡表土由于植草防护、雨水浸润和冲刷等原因，普遍存在着松散、过湿、压实度不足等现象。需要在开挖每一级台阶前，将台阶开挖范围的边坡防护拆除，并清理表土。拆除的防护片石，集中在线外堆放，将来作为新路堤排水沟或隔离栅基础使用。严禁将土(或边坡清表土)和石块混合后作为填料回填新路堤。

老路边坡清理需根据开挖每一级台阶的范围而分级进行，不宜一次性清理整个老路边坡，尤其是高填方地段，以防止老路边坡在雨季被冲刷。每一级被清理的老路边坡高度是本级开挖台阶高度的两倍，即从低到高，下一次开挖台阶的边坡位置是本次清理边坡的范围。

11.2.3 浅层软土的处理

(1)河塘清淤

老路堤下软基采用排水法处理的路段,或设计单位计算后抽水清淤影响老路堤稳定性的地段,采用纵向围堰将河塘水域隔断,在围堰内用铰刀式吸泥泵清淤。清淤完成后每隔5～8m筑横向围堰,分段抽水并回填素土,要求压实度不小于85%,形成工作平面后进行软基处理。围堰尺寸和位置应考虑清淤时的稳定性。抽水不影响老路堤稳定的段落,可采用抽水清淤。通过经济比较,可选用5%灰土、碎石土、砂砾、山皮土分层回填。对于原地表以下回填层,第1层压实度不小于87%,以上的各层压实度不小于90%,直至原地表。如果地段回填后还需进行软基处理(如管桩或水泥搅拌桩等),则需用素土、砂砾或石屑分层回填,压实度不小于85%或达到设计要求。

河塘清淤前必须认真调查分析老路堤的稳定性,确保清淤时老路堤的稳定。施工过程中要密切监视老路堤的稳定变化情况,出现异常情况(如老路堤边坡松动微裂)时必须立即报告监理,并及时采取补救措施。河塘清淤后,对不做管桩或其他软基处理的地段,原水面以下的填筑材料可采用透水性材料,如砂砾、碎石土等,分层填筑厚度小于30cm。

(2)地表软土的处理

清表后准备施工之前要认真进行调查,重点调查是否存在泥沼地段:表层经常积水的地段;暗沟暗塘;老路堤边坡或路面出现不均匀沉降的地段;高填方的低洼地段;机械行走时有弹簧土现象的地段等。这些地段经常有窝状的软土存在,是影响路堤稳定的隐患。

软土层深度小于1.5m时,可直接挖除后换填。软土层深度小于3m且下卧层土质良好时,也可采用挖除后换填的方法。选用5%灰土、碎石土、砂砾、山皮土等分层回填至原地表,第1层压实度不小于87%,以上各层压实度不小于90%,回填至原地表。软土层深度大于1.5m,且下卧层土质较软弱,可采用水泥搅拌桩进行处理,最小处理深度按4m控制。

对于土工试验指标不属软土,但压缩沉降较大,超过拼接路堤沉降控制要求的地段,参照以上方法进行处理。

11.2.4 路基拼接台阶的施工

考虑到现场边坡坡率的变化,每级台阶开挖宽度根据第8章的方法确定,由底至上。在挖掘机开挖前,用白石灰在老路边坡上沿行车方向划线,以标记本次台阶开挖的位置。台阶的开挖采用挖掘机结合人工的方式进行。挖掘机的挖斗沿着白石灰线往下垂直切,形成粗糙的台阶,然后用人工手提式内燃铲修整,形成尺寸基本准确、垂直平整、无松散土的台阶。

由于是新老路相拼接,原老路边坡将从原防护作用转换为路基承载作用,经过若干年的通车运营，原老路边坡土势必会在自然侵害的作用下发生变化，部分地段可能会松散。路堤不论是否处于软基地段，都应对台阶处的老路填土进行检测，如可用 DCP 贯入仪进行现场快速检测。对于 DCP 贯入击数低于判别值的软弱台阶，应进行换填处理。台阶最上层土和新路堤同时翻松 20cm 掺灰拌和，和新路堤同步整平压实；对处治后的台阶应进行质量验收。

普通路段的台阶开挖应结合路基施工分段落、分级进行开挖。高填方路段，应对老路基进行稳定性验算后再决定台阶开挖的工序安排。台阶自下而上随填土进度逐层开挖，暴露台阶时间一般不超过 3～4d(指完成最后一层填土)；超高段的台阶开挖，为调坡需要，可在 96 区以下(即路床底面以下部分)逐渐调平，96 区起(即路床底面)为水平坡，然后形成超高。

在进行路基填筑时，应加强与原老路台阶结合处的碾压，人工清理台阶结合处的虚土，然后碾压到边。对与老路基的结合部位应作为重点碾压部位进行施工，考虑到老路基的稳定性，对与老路基的结合部位不宜采用振动压路机进行强振碾压，宜采用高吨位的静力压路机进行碾压，同时应较普通路段多碾压 3～4 遍，达到无漏压、无死角，确保碾压均匀。碾压后的结合部位不得有松散、软弹、翻浆及表面不平整现象。如不合格，必须重新处理。重型压路机碾压不到的边角部位，须采用小型振动压路机碾压或采用小型振动夯夯压密实。

台阶开挖时若老路堤出现渗水，须及时报告监理，采取处理措施后才可继续施工。

11.2.5 土方路堤的填筑

土方路堤应分层填筑压实，用透水性不良的土填筑路堤时，应控制其含水率在最佳压实含水率±2%之内，并且必须根据设计断面分层压实。采用机械压实时，分层的压实厚度不应超过 20cm。路堤填土宽度每侧应宽于填层设计宽度，压实宽度应大于设计宽度 50cm 以上，最后削坡。若填方分几个作业段施工，两段交接处，不在同一时间填筑，则先填地段应按 1∶1 坡度分层留台阶。若两个地段同时填，则应分层相互交叠衔接，其搭接长度不得小于 2m。机械作业时，应根据工地地形、路基横断面形状和土方调配图等，合理规定机械运行路线。

路基土的压实最佳含水率、最大干密度以及其他指标应在相应土源使用半个月前，在取土地点取具有代表性的土样根据击实试验确定。击实试验操作方法按现行《公路工程土工试验规程》(JTG E40—2007)进行。每一种土至少应取一组土样试验。施工中如发现土质有变化，应及时补做全部土工试验。土质路堤的压实度应与新建道路要求相同。

每一压实层均应检验压实度，合格后方可填筑其上一层。否则应查明原因，采取措施进行补压。检验频率每 1000m^2 至少检验 2 点，不足 1000m^2 时，至少应检验 2 点。必须每点都符合规定。必要时可根据需要增加检验点。对于拼接段的路基填筑压实度的控制应作为平时检测工作的一个重点，对新老路拼接内侧 1m 的压实度检测，建议每 50m 加测一点，必须点点合格。

路基填土压实宜采用振动压路机碾压时，第一遍应静压，然后先慢后快，由弱振至强振。各种压路机的碾压行驶速度开始时宜用慢速，最大速度不宜超过 4km/h；碾压时直线段由两边向中间，小半径曲线段由内侧向外侧，纵向进退式进行；横向接头对振动压路机一般重叠 0.4～0.5m。对三轮压路机一般重叠后轮宽的 1/2。

对于大型压路机碾压不到的边角和死角处，应使用小型压实设备压实，采取小型压实设备进行碾压时，压实厚度不能超过 15cm，宜为 10cm 左右，压实度应达到相同层次的路基压实度的要求。

11.2.6　结构物回填施工

(1)轻型桥台台背回填

扩建工程中为防止桥梁的差异沉降，原则上采用桩柱式轻型桥台，台背回填提出如下技术要求：若桥梁下部施工和路基施工不能同步时，桥台背后预留路基长度，特大桥不小于 70m，大中桥不小于 50m，小桥桥台必须和路基同步施工；桥台桩基必须提前施工，提前接桩，不浇筑台帽，台前台后和路基同步，填筑到桥台设置底模的高程后，暂停填筑，浇筑台帽，台后留 5～10m 最后回填，或采用先填筑到台帽底高程，再钻桩、接桩(适用于无联系梁的桥台)。填料压实度和路基分层要求一致，台前和锥坡超宽填筑宽度和路基超宽一致；靠近结构物的范围内，在重型压路机碾压不到的边角采用小型振动压路机碾压或用小型振动夯分层夯实，压实厚度小于 15cm，台背回填的压实度在 96 区以下应比同层次的路基压实度提高 2%；在 96 区以内应达到同层次路基相同的压实度；桥头路堤底层要清理干净，不允许有松动的土层和杂物，并对底板进行掺灰处理后才能分层回填；完成的新路堤需在挖台阶后再与桥头预留路堤纵向拼接。每层台阶尺寸为 40cm(高度)×100cm(宽度)。

(2)桥梁台背回填和老路堤回填的拼接

拆除旧桥拼接部分的耳墙，对老桥搭板下的脱空进行全面检查，当脱空大于 5cm、脱空长度大于 1/3 搭板长度时，须对脱空进行喷浆处理。浆喷机喷 C20 小石子混凝土，填实脱空部分。

紧靠搭板拼接侧开挖台阶，台阶高度为搭板底面至上路床底面的距离。在上路床底面和顶面分别铺双向土工格栅，格栅长度为原搭板纵向长度加 3m。格栅横向铺到新路堤的硬路肩中部，将新老路基的上路床连成整体。

老桥搭板因桥头沉降，使新、老桥搭板高程不一致，原则上以老桥搭板的高程为准，调整新桥搭板高程，高程差由路面结构层调整，特殊情况报监理工程师批准。

(3)通道、箱涵台背回填的拼接

根据工程进度要求，在条件允许时先施工通道(箱涵)，台背回填和路基同步施工，也可采用交叉作业方式，通道(箱涵)施工与路基填筑同时进行，在通道(箱涵)两边预留不小于 30m 路基，在通道(箱涵)施工结束后进行台背回填。

靠近台背的范围内，在重型压路机碾压不到的边角采用小型振动压路机碾压或采用小型振动夯分层夯实，压实厚度小于 15cm，台背回填的压实度在 96 区以下应比同层次的路基压实度提高 2%。在 96 区以内应达到同层次路基相同的压实度。暗通(涵顶)填筑 40cm 土内严禁采用重型压路机进行强振碾压。

新老路堤台背回填的拼接按桥梁台背回填的要求施工。同时在和老路堤的拼接施工中，拆除老的涵洞和通道的一字墙，开挖 60cm×90cm 台阶和老路拼接，涵洞及暗通道顶部 20cm 处设一层单向土工格栅，格栅伸入老路堤不少于 1.5m，横向和新拼通道、涵洞等长度，纵向两端之间长度为通道、涵洞跨径加 10m。

完成新路堤需挖台阶后，再与台背后预留路堤纵向拼接。每层台阶尺寸为 40cm(高度)×100cm(宽度)。

(4)涵洞、反开挖涵洞及通道的台背回填

在局部分离、填土高度较小地段的涵洞，净高小于 3m 的人通和机通，可以采用反开挖方法进行通道施工，以加快路基填筑的速度。反开挖的底部宽度为构筑物宽度加 2m，作为构筑物施工的工作宽度。为满足纵向拼接施工的要求，两侧填筑路堤开挖边坡不小于 1∶1。

构筑物完成后，清理基底，在两侧路堤的开挖面开挖台阶，台阶尺寸为 30cm×30cm，8% 石灰土，场外拌和均匀，含水率高于最佳含水率 1%左右，用小型振动压实机具分层压实，压实厚度小于 15cm，压实度不低于同层位路堤的压实度。涵顶填筑 40cm 土内严禁采用重型压路机进行强振碾压。

当地建材条件允许时，可采用透水性材料回填，如砂砾、石屑、碎石土。在保证基槽安全前提下，基槽的边坡率可适当减小，底部宽度不变。回填材料分层压实，压实厚度小于 15cm，压实度不低于同层位路堤的压实度。

(5)施工应注意的问题

构筑物回填应组织专门的作业组，配合路基施工，做到机具配足、责任到人，与路堤填筑同步进行。回填要加强监理力度，保证检测频率，确保层层合格。回填前，基底要认真清理，不留杂物和软弱土层。底板按规定要求处理，经监理工程师检查验收确认后方可进行回填作业。台背回填必须保证和路基同样超宽碾压的宽度，特别在暗涵、暗通，台前土坡和两侧锥坡底部较宽处，须用大型压实机具压实。采用小型机具压实时，须严格控制层厚和超宽碾压的宽度，锥坡桥头防护应在削坡之后的坚硬土体上砌筑护坡和锥坡。桥台背后、涵洞两侧与顶部、锥坡与挡土墙等构造物背后的填土均应分层压实，分层检查，检查频率每 $50m^2$ 检验 1 点，不足 $50m^2$ 至少检验 1 点，每点都应合格。

11.2.7 高液限土路基拼接施工

高液限土属于一种特殊黏土，普遍具有“高液限、高塑性指数、高天然含水率”等特征，故从工程处治角度看属于一种难以对付的“问题”土，但高液限土在我国南部分布范围十分广泛，如果废弃高液限土换填其他好的路基填料需要新征弃土场，显然在用地日趋紧张的状况下废弃换填的简单办法将越来越不可行，换填其他的材料是一项耗资巨大的事情，经济上难以承受。大面积利用石灰等稳定材料处置高液限土，既不经济又不环保，因此，如何高效利用高液限土直接填筑成为不可回避的现实问题。

《公路路基施工技术规范》(JTG F10—2006)中规定：液限大于50%、塑性指数大于26、含水率不适宜直接压实的细粒土不得直接作为路堤填料，如需使用应采取技术措施进行处理。但规范并未对如何直接利用高液限土作为路基填料给出详细的指导方法。如：规范中提出要采取技术措施进行处理，但是采取何种技术并未进一步阐明。

高液限土作为路堤填料存在的主要问题有：①天然含水率高。高液限土的天然含水率，要降低至最佳含水率附近很困难；②压实困难。由于填筑含水率一般都较高，土块成团现象普遍，路堤会很难压实。

为节约建设成本，以典型高液限土为对象进行试验研究，以解决直接用高液限土填筑路堤的技术难题，对于提高高速公路高液限土路堤修筑质量具有重要意义。高液限土掺外加剂后进行路堤填筑的施工控制，本书不再赘述。

(1)基本试验项目与材料要求

①基本试验要求。

含水率、密度试验：含水率、密度为取土场原状样的含水率和密度；密度采用体积不小于200cm^3环刀测试，不少于3个样(T 0107—2007)；含水率采用烘干测试(T 0107—2007)。

液塑限试验(T 0118—2007)：取有代表性的天然含水率土样进行试验，禁用烘干或风干土样(该试验主要是针对粒径不大于0.5mm、有机质含量不超过5%的土，如果土料中含有颗粒较大的砂或砾，应剔除)。

颗粒分析试验(T 0116—2007)：取有代表性的天然含水率土样进行试验，禁用烘干或风干土样(对于粗粒土，用风干或烘干土样，主要采用筛分法；对于细粒土，则用天然含水率土样，采用密度计法进行试验；如果粗粒土中的细粒含量超过10%，或细粒土中的粗粒含量超过10%，则对粗粒部分采用筛分法，对细粒部分采用密度计法进行试验)。

击实试验(T 0131—2007)[《公路路基设计规范》(JTG D30—2015)第3.2.3条规定：在确定路堤填筑的最佳含水率和最大干密度时，宜采用湿法重型击实试验]：采用湿土法制样；土样不重复使用，禁用烘干土样，每个土样试料用量约6kg；对于高含水率土，可省略过筛步骤，用手拣除大于40mm的粗石子即可；保持天然含水率的第一个土样，可立即用于击实试验，其余的几个试样，分别风干，使含水率按2%～3%递减，小于最佳含水率的试样不少于2个；为使土料的含水均匀，闷料时间不少于2d。

CBR试验（T 0134—2007）：制样要求和过程与击实试验相同；为较快获取不同含水率和压实度情况下的CBR值，可以采用如下方法：在某一含水率的土料备好后即按98击、50击、30击三种击数制备不同密度的试件，同步测定试件的干密度和含水率，然后浸泡4昼夜后进行CBR试验。这样就可以不必等击实试验完成后再另行CBR试验；每个含水率试验土料约为60kg；CBR试验的制件含水率宜覆盖现场材料的碾压含水率范围，从而通过CBR值、压实度与含水率的关系曲线确定填料的最佳碾压含水率范围，结合现场试验确定相应的压实标准。

②填料的技术要求。

a.击实试验方法的选取。

鉴于高液限土的特殊土性，击实试验和CBR试验方法必须采用湿法制件。由于高液限土的细粒含量大，其内部胶凝物质（$Fe_2O_3 \cdot nH_2O$，$SiO_2 \cdot nH_2O$等）中包含结合水，结合水是物质颗粒的组成部分，不同于普通土的自由水，高液限土烘干后破坏了结合水与颗粒间的结合力与分子结构，失水后具有不可逆性，即失水后其胶凝作用不可恢复。因此湿法制件与干法制件得到的试验结果有一定的差距（表11.1）。同等条件下击实试验最大干密度湿法小于干法，最佳含水率湿法大于干法。现场高液限土填料天然含水率一般较大，须晾晒降低含水率后进行分层碾压施工，因此采用湿法制件更符合实际施工过程。

某高速公路土样最大干密度、最佳含水率 表11.1

桩　　号	击实方法	最佳含水率（%）	最大干密度（g/m^3）
K29+150	湿法	14.3	1.905
	干法	13.2	1.932
K71+300	湿法	18.1	1.743
	干法	17.4	1.775
K89+380	湿法	21.2	1.687
	干法	20.3	1.721
K80+000	湿法	16.8	1.815
	干法	15.7	1.844
K94+100	湿法	19.4	1.734
	干法	18.2	1.765

b.高液限土的压实特性。

考虑到填料天然含水率较高，重点对填料在偏湿状态下的击实特性进行了研究，不同含水率情况下干密度和相应的压实度随击实功的变化如图11.5所示。

从图11.5中可以看出，在最佳含水率至大于最佳含水率2%时，土样的干密度随击实功的增加而增大的幅度较大；在大于最佳含水率3%时，干密度随击实功的增加而增大的幅度开始降低，50击与98击情况下的干密度已比较接近；而含水率大于最佳含水率5%时，30击、50击、98击情况下的干密度基本一样，即在此含水率条件下，击实过程中已表现出橡皮土特征，过多的击实功容易造成土体内部剪切破坏。

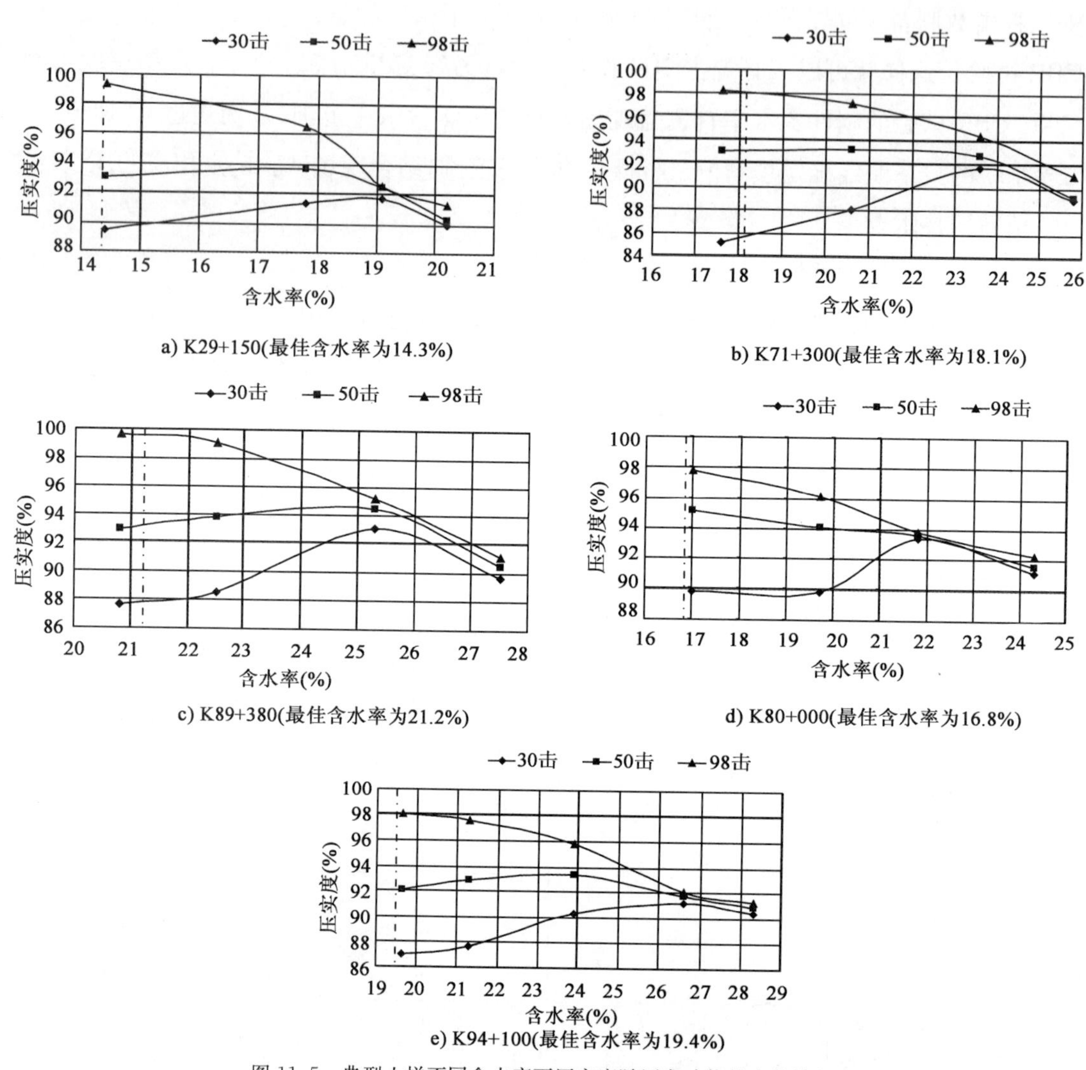

图11.5 典型土样不同含水率下压实度随压实功能的变化特征

可以看出，土料偏干时对击实功较为敏感，偏湿时击实功的变化对干密度影响不大，实际施工时在压实度能达到控制的前提下，宜尽量选取偏湿状态进行碾压，有利于减少碾压遍数，提高施工效率，但要防止过度碾压。

现行规范中，只对压实度要求做了明文规定，而对如何达到相应压实度的具体施工方法没有说明。在确定路基填筑控制标准的时候不仅要关注压实时和刚刚压实后的土壤作用情况，更应关注由于压实所得到的一切好处是否在以后能保持。对于水敏感性强的土壤，在制订压实标准时需要特别注意该问题。

根据土壤的强度极限和压实机械在土中引起的应力来决定压实机械的最大应力，即为选择压实机械提供了选择依据。土壤的强度极限是指土壤碾压变形过程中，从所压土体体积有变化的阶段过渡到无变化阶段转折点对应的应力。因此，根据恢复性变形与应力间的关系曲线，找到关系曲线的转折点，就可以确定土壤的强度极限。

在湖南省某高速公路十四标段中开展了三种机械组合的碾压试验：仅用光面振动碾；仅用羊足碾；先用光面振动碾后上羊足碾。试验结果如图 11.6 所示。

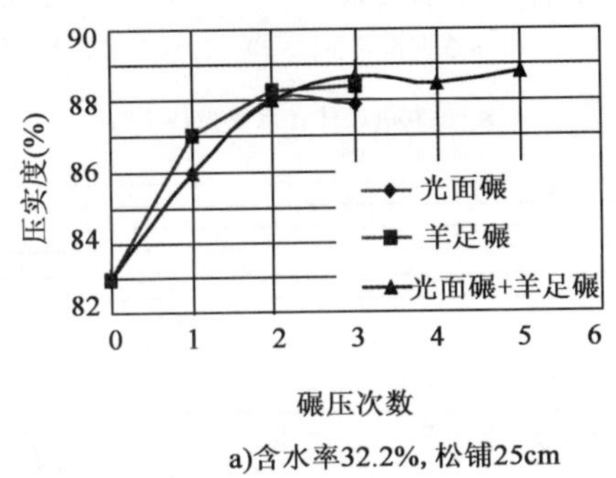

a)含水率32.2%，松铺25cm

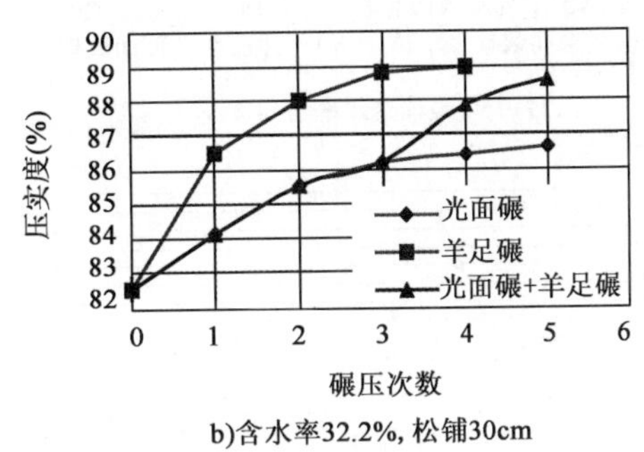

b)含水率32.2%，松铺30cm

图 11.6　压实度变化规律

图 11.6 表明，仅用羊足碾时的压实度曲线位于最上方，其次是光面和羊足联合的情况，光面振动碾压得到的压实度曲线位于最下方。这说明仅用羊足碾进行碾压压实效果最佳，不仅仅压实度最大，关键是碾压遍数一般 3 遍就能达到其他机械组合碾压得到的压实度；先用光面振动碾后上羊足碾的压实效果反而没有直接使用羊足碾的情况好，这是因为先用光面振动碾强振 2～3 遍以后在表层形成了一层压密层，再加羊足碾时大量的压实功用在破坏压密层，致使羊足碾很难插入下土层，这种情况实际上降低了羊足碾的碾压效率。

因此，应通过修筑试验段确定合理的碾压工艺，并避免出现橡皮土。

c. 高液限土的强度。

按照《公路土工试验规程》(JTG E40—2007)的要求进行湿法备样，配置了 4～5 种不同含水率的试样，含水率处于最佳含水率和天然含水率之间。每种含水率的试样进行三种不同击实功(98 击、50 击、30 击)的 CBR 试验。不同击实功作用下土样的 CBR 值随制样的变化如图 11.7所示。

图 11.7 的结果表明，各土料场高液限土在不同击实功作用下，土样 CBR 值随含水率呈先增大后减少的变化特征，制样含水率大于最佳含水率 3%时的 CBR 值最大；在最佳含水率情况下，压实度大于 90%后，其 CBR 值都大于 3%；当初始含水率大于最佳含水率 3%时，压实度

大于90%后，其CBR值都大于4%；当初始含水率大于最佳含水率7%时，不同击实功(30～98击)条件下土样的干密度已变化很小，CBR值变化也不大，最小为2.4%、最大为6.6%，在此含水率的情况下，土样在击实过程中大部分都有较明显的橡皮土现象出现。

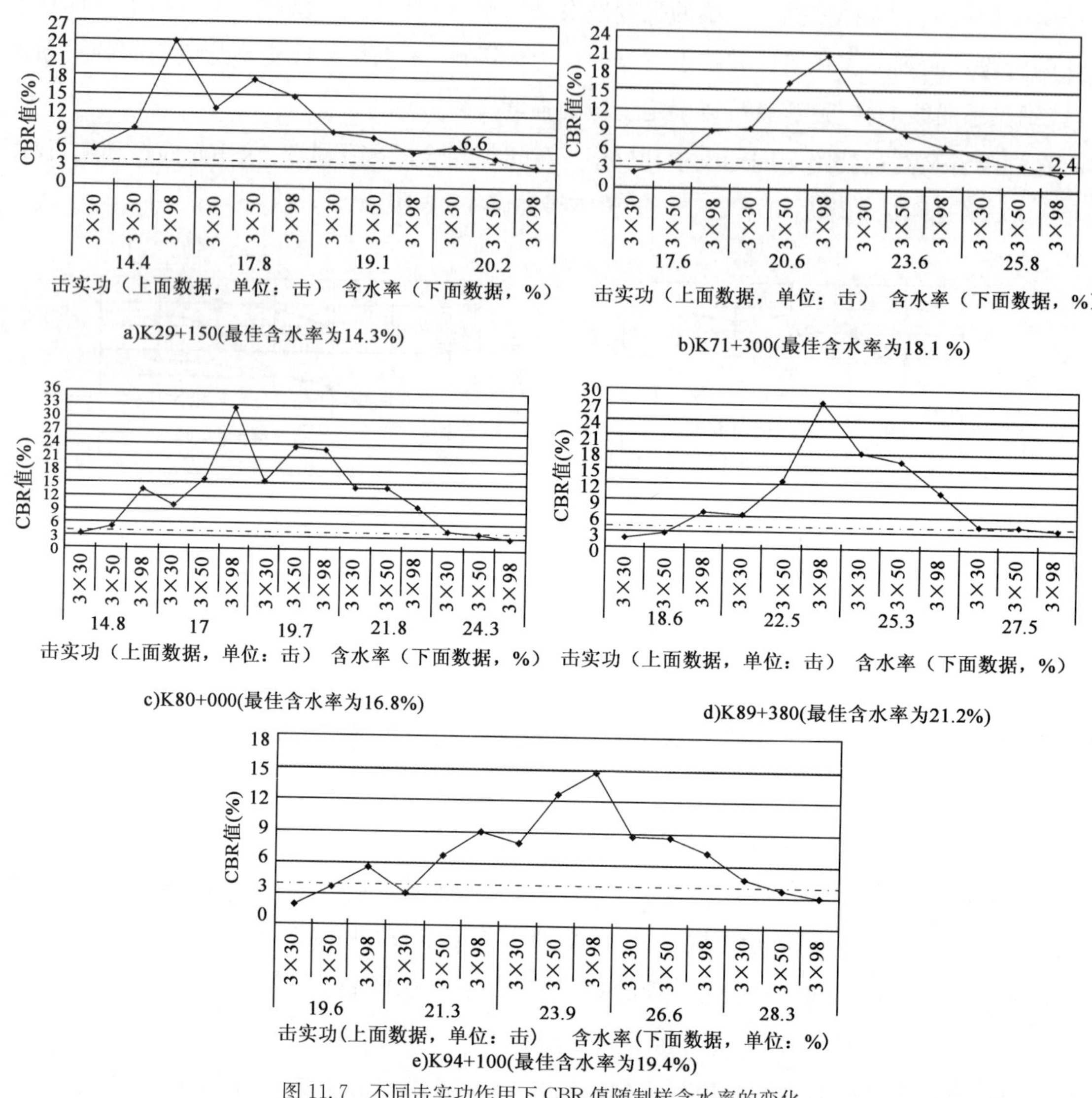

a)K29+150(最佳含水率为14.3%)

b)K71+300(最佳含水率为18.1 %)

c)K80+000(最佳含水率为16.8%)

d)K89+380(最佳含水率为21.2%)

e)K94+100(最佳含水率为19.4%)

图11.7 不同击实功作用下CBR值随制样含水率的变化

不同击实功作用下，土样的CBR浸水膨胀量随制样含水率也有明显的变化，图11.8为不同击实功能和制样含水率下CBR浸水膨胀率变化关系曲线。

图11.8所示结果表明，不同击实功作用下，土样的CBR浸水膨胀量随制样含水率的增加快速递减，这说明偏湿状态下碾压的高液限土路基的水稳定性要好些；相同制样含水条件下，击实功越大，土样越密实，其膨胀量越小，说明增大土体密度有利于提高土体的水稳定性。

按照规范规定，现场碾压时应该让土料的填筑含水率达到最佳含水率，认为在最佳含水率时碾压水分起着润滑作用，达到同样密实度所需要的压实功最小，也就是说最经济；另外，该状态下压实得到的土壤不仅最密实，而且浸水后密实度和强度减少的最少，并且是浸水后最稳定的土壤。这对于碾压达到最大干密度的情况是正确的，但是当前利用压实系数(K)以后，要求达到的干密度 ρ_d 是降低了，但碾压含水率 w 并未相应地减少或增加。

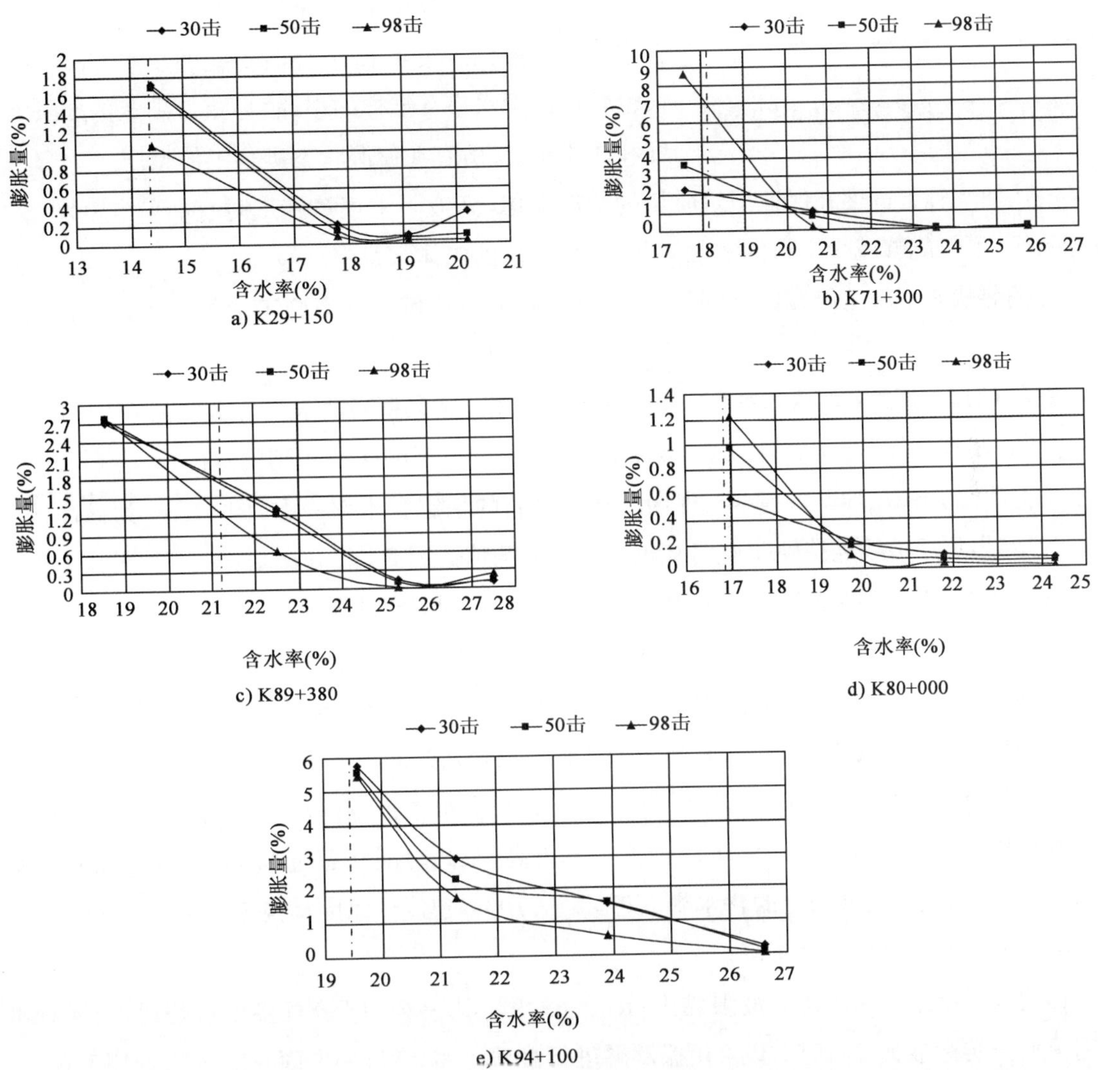

图 11.8 不同击实功能和制样含水率下 CBR 浸水膨胀率变化

因而，得到的压实状态应该不是图 11.9 中 A''和 B 点而是 A'点。干密度折减部分实际上都转化为孔隙了，这些孔隙弱化了压实土体的抗压缩性能，同时也为水分的浸入提供了空间。所以，这样的折减存在弊端。鉴于此，在确定碾压含水率时，应利用大于最佳含水率的湿度碾压，该湿度对应的干密度与折减后的干密度相等。这样在压实度不变的条件下，折减部分的孔隙也被水分充满，解决了以最佳含水率碾压存在的问题。

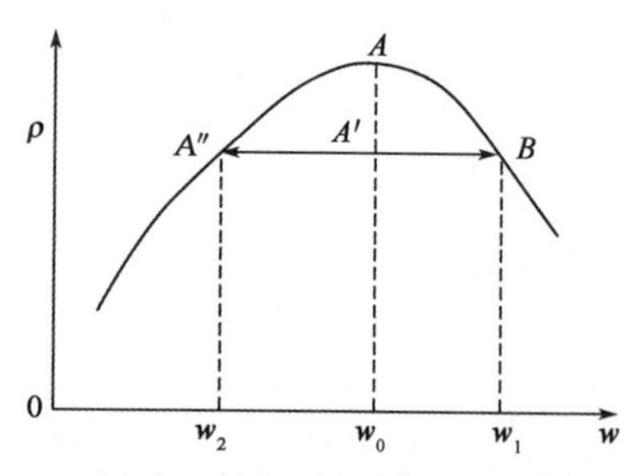

图 11.9　压实度系数与土体状态关系

从上述分析总结可以看出：

a)总体上，高液限土 CBR 强度较高，只要含水率适合，土体密实程度较高，其 CBR 值能够满足规范对上、下路堤填料强度的要求。

b)重型击实功作用下，高液限土 CBR 最大值对应的含水率大于最佳击实含水率，此时对应的浸水 CBR 膨胀量也较最佳含水率下土样的小，故为获得满意的 CBR 强度和体积稳定性，宜在偏湿状态进行土体碾压。

c)从加快施工进度和保证填筑质量的角度考虑，高液限土填筑施工时宜在偏湿的状态下进行碾压，不但能够减少土料的晾晒时间，且压实后的土体水稳强度最高。

d)偏湿状态下施工能在保证同等压实度的前提下，比偏干状态施工增加高液限土的抗压性能。

根据 CBR 随压实度、含水率的变化关系，某高速公路典型高液限土含水率在 w_{opt}～w_{opt}＋5％之间时，CBR 能满足上、下路堤的要求，并且可通过适当的碾压达到规定的压实度。此外，含水率范围 w_{opt}～w_{opt}＋5％基本与现场路基填筑后的稳定含水率一致，图 11.10 为该高速公路运营 10 多年后沿线老路硬路肩路基土含水率实测值。因此，采用 w_{opt}～w_{opt}＋5％作为现场施工含水率时，不但能保证路基土 CBR 满足要求，且达到规定的压实度，同时还能与自然环境相协调，保持路基工作状态的持久稳定，防止因施工含水率过低，导致路基运营过程中与自然水汽交换后的路基强度降低、变形增加等病害。根据福建省高速公路现场试验研究表明，在天气晴好条件下采用机械翻松晾晒，高液限土填料（松铺厚度 30cm）每天含水率可下降 2～3 个百分点，因此天然含水率大于 w_{opt}＋5％～w_{opt}＋10％含水率范围的填料进行翻拌晾晒，2d 时间基本可以达到碾压含水率的要求。若含水率再高，晾晒时间将超过 3d，对现场施工进度而言过于困难，因此若高液限土的含水率大于 w_{opt}＋10％，建议予以废弃换填。

d. 高液限土路基的工后沉降。

福建泉厦高速公路采用高液限黏土（w_L＝59.9％，I_P＝29.0％）直接填筑路堤，压实标准采用重型击实标准 K_h＞90％，以 25t 振动碾进行最佳压实，经过一个雨季的沉降观测发现，填高 4.96m 高液限土路堤，沉降量 10mm（即沉降率 0.2％）；填高 6.42m 正常土路堤，沉降量 13mm（即沉降率 0.2％）。表明此段高液限土路堤与一般路堤在工后沉降率上并无明显差别。福建龙长路的高液限土路基的工后沉降观测同样表明其沉降量很小，远小于我国对软土地区路基的工后沉降控制标准（30cm）。

综上所述，提出高液限土填料的技术要求：

a)含水率。天然含水率介于 w_{opt}～w_{opt}＋5％之间时可直接碾压；天然含水率介于 w_{opt}＋

5%～w_{opt}+10%之间时，宜通过晾晒使其含水率达到w_{opt}～w_{opt}+5%范围时进行碾压；天然含水率高于w_{opt}+10%的高液限土建议废弃或采用改良处治。w_{opt}为湿法击实得到的最佳含水率。需要说明的是，可直接碾压的高液限土含水率范围w_{opt}～w_{opt}+5%有可能因土质而异，但均可按前述思路试验得到。

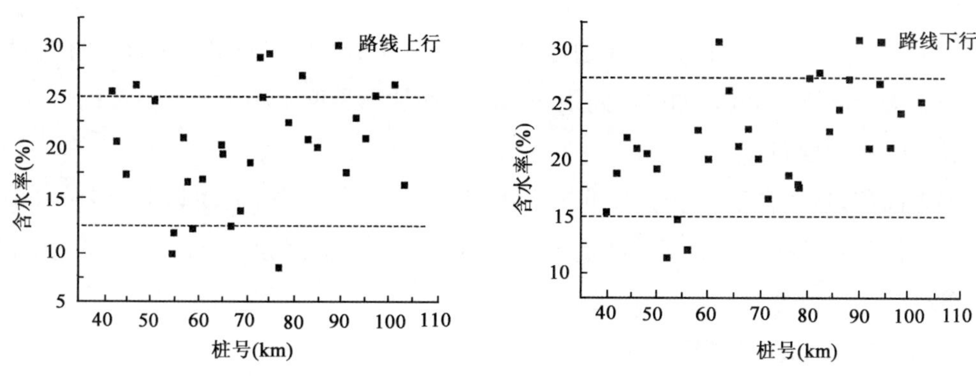

图11.10　某高速公路沿线老路硬路肩路基土含水率

b)使用部位。高液限土仅限于上、下路堤部位的使用。其CBR强度、压实度和填料最大粒径要求如表11.2所示。

高速公路高液限土路基填筑最小强度、压实度和最大粒径要求　　表11.2

项目分类		路面底面以下深度(cm)	填料最小强度CBR(%)	压实度(%)	填料最大粒径(cm)
填方	上路堤	80～150	4	94	15
	下路堤	150以下	3	93	15

注：表列压实度系按《公路土工试验规程》(JTG E40—2007)中的重型压实试验方法求得的最大干密度的压实度。表列强度按《公路土工试验规程》规定的浸水96h的CBR试验方法确定，采用湿法制样进行CBR试验，以确定CBR的最佳值和对应的含水率范围。

c)压缩性。高液限土为特殊路基填料，可压实性差，压实土的压缩性仍然较大，需限制使用。填料强度符合要求时，低压缩性填料($\alpha_{1-2}<0.1\text{MPa}^{-1}$)可用于15m以下的路堤填筑；中等压缩性填料($0.1\text{MPa}^{-1}\leqslant\alpha_{1-2}<0.5\text{MPa}^{-1}$)可用于6m以下路堤；高压缩性填料($\alpha_{1-2}>0.5\text{MPa}^{-1}$)，不得直接作为路基填料。

d)压实度。高液限土在强度满足规范要求的前提下，压实度可适当降低。依据填料的天然含水率(w_n)与最佳含水率(w_{opt})的范围大小，确定填料的利用原则。

(2)高液限土路堤填筑

①填筑前的准备。

高液限土路堤填筑前应按设计做好地基处理、清表、斜坡地形开挖反向台阶等基础工作。基底应具有较高的强度，压实度不小于90%，基底的承载力不低于设计要求。在低洼和地下水位较高的路段路堤基底应设置排水隔离垫层，厚度为30～50cm的砂砾或碎石等透水性材料，以防止底基层毛细水上升进入路堤。由于高液限土的天然含水率普遍较高，因此应配备能够翻拌较深的土料翻晒设备。

②路堤填土高度与坡率要求。

边坡高度不大于10m的路堤边坡坡率宜为1∶1.5～1∶1.75。边坡高度大于6m时，宜设置边坡平台，其宽度不小于2m。当边坡高度为10～15m时，宜采用土工合成材料对一级平台以下的路堤边坡进行处治，加筋层间距60cm，每侧加筋长度不小于路堤高度的1/3。

③高液限土的填筑。

对于光面碾，建议自重不小于180kN，激振力为150～500kN，振动频率为20～36Hz。对于凸块碾，建议采用拖式振动碾，自重不小于180kN，激振力为200～550kN，振动频率为20～36Hz。

高液限土路基的填筑按图11.11所示流程进行。

高液限取土场应保证水流排泄通畅，其纵坡不应小于4%，平坦地段也不应小于1%。

在高液限土方开挖与运输时，采用分层横挖法或分层纵挖法，开挖过程中应加强路堑路段或取土场的排水。开挖出的土方应及时装运使用，不得受雨水淋湿。不得用推土机推松和过量碾压刚开挖的土方。

不宜使用铲运机挖运施工，以免铲运机在不合适的较低稠度下过分碾压致使路基出现软弹，影响土的分散和压实。

高液限土路堤应尽量避免雨季施工，宜选择在每年的雨水较少的几个月份进行。施工中避免松土被雨淋湿，保持作业面横坡不小于3%，路基施工期间应设置边沟以防路基被雨水浸泡。雨后作业面，应经翻晒压实合格后方可进行下一道工序的施工。同时要加强排水功能，在路基边坡使用防雨布做临时急流槽以防大雨冲毁边坡；对已成型的路段，为防雨水渗进土基，抢在下雨前用帆布或塑料薄膜整体覆盖。待雨过天晴，打开防雨布，进行必要的复压，重新检测压实度。合格后方可进行下一道施工工序。这样，既能保证路基压实度，又能争取工期。

(3)高液限土路堤施工控制

①边坡高度不大于10m的路堤。

便于施工的季节，建议连续施工，填料含水率控制在w_{opt}～w_{opt}+5%，松铺厚度为25～30cm，光轮静压1遍+振动凸块碾压强振3～5遍(行驶速度不大于3.5km/h)+光轮静压1遍。

在雨季施工时，应防止松土被雨水淋湿。开挖出的土方应及时运走，不得长时间堆放；含水率符合要求后应及时碾压，不宜停放过久，建议填料含水率控制在w_{opt}～w_{opt}+5%，松铺厚度为20cm，光轮静压1遍+振动光轮碾压强振2～4遍(行驶速度不大于3.5km/h)。

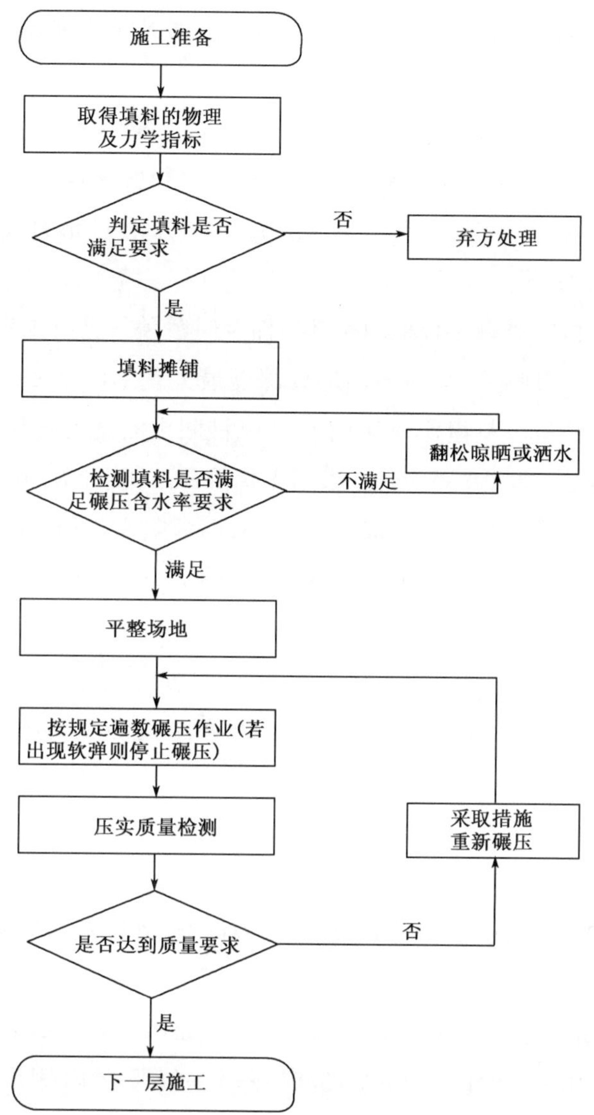

图 11.11 高液限土填筑施工流程图

②边坡高度为 10～15m 的路堤。

对一级平台以上的路堤，按照前文低于 10m 的边坡高度方法进行施工；对一级平台以上的路堤，宜采用土工格栅进行处治，加筋层间距 60cm，每侧加筋长度不小于路堤高度的 1/3。

采用土工格栅进行路堤边坡加筋施工时，在便于施工的季节，填料含水率控制在 w_{opt}～$w_{opt}+5\%$，土工格栅加筋间距为 60cm，加筋层间土分 3 层铺筑，按如下顺序和方法施工：先填筑 1 层松铺厚度为 25～30cm 的高液限土，光轮静压 1 遍＋振动凸块碾压强振 3～5 遍(行驶速度不大于 3.5km/h)＋光轮静压 1 遍；再填筑 1 层松铺厚度为 25～30cm 的高液限土，光轮静压1遍+振动凸块碾压强振3～5遍(行驶速度不大于3.5km/h)+光轮静压1遍;再填筑1层松铺厚度为10～15cm的高液限土,光轮静压1遍+振动光轮碾强振2～4遍(行驶速度不大于3.5km/h);平铺土工格栅一层,并用U形钉固定。

加筋路堤雨季施工时,填料含水率控制在w_{opt}～w_{opt}+5%,土工格栅加筋间距为60cm,松铺厚度20cm,光轮静压1遍+振动光轮碾强振2～4遍(行驶速度不大于3.5km/h)。加筋层间土(厚度为60cm)分为4层铺筑。平铺土工格栅一层,并用U形钉固定。

③不能连续施工的情况。

当不能连续施工时,应对碾压合格的路基顶面及时覆盖。已有工程实践表明,当碾压合格的高液限土路基经风吹、日晒后,会在表面形成深度最大达20～30cm的裂缝,导致最上一层路基失效。为此,采用合格填料覆盖,有利于防止高液限土路基表面开裂。覆盖层厚度以一层施工厚度的一半为宜,建议厚10～15cm。采用光轮静压1遍;下次施工时,将覆盖层耙松,并使其保持在施工含水率范围内,然后再铺10～15cm高液限土,进行碾压施工。碾压方式及遍数:光轮静压1遍+振动凸块碾压强振3～5遍(行驶速度不大于3.5km/h)+光轮静压1遍。

(4)防开裂及防水措施

①预防开裂措施。

连续施工,碾压完成后,路基工作面不宜长时间暴晒,避免压实路基表面因暴露时间较长,风干失水出现龟裂。

对已开裂的填筑层应翻松,含水率控制在w_{opt}～w_{opt}+5%,再重新压实,然后及时进行下一层施工。

在高液限土路基顶层采用胀缩性很小的黏土或碎石、砂砾及粉煤灰等无机颗粒材料填筑。

②防水措施。

采用综合排水体系,使危害路基性能及稳定的地面水、地下水能顺畅排走,防止积水浸泡路基、地下水浸入路基。台阶式高边坡,应在每一级平台内侧设截水沟,以截取上部坡面水。

(5)质量检测与控制

①压实度检测规定。

用灌砂法、灌水法监测压实度时,取土样的底面位置为每一压实层底部;用环刀法试验时,环刀中部处于压实层后的1/2深度;用核子密度仪时,应根据其类型,按说明书要求办理。

施工过程中,每一压实层均应检验压实度,检测频率为1000m^2至少2点,不足1000m^2时检验2点,必要时可根据需要增加检测点。

②路堤施工质量标准。

路堤填筑至设计高程并修整完成后,其施工质量应符合表11.3的规定。

高速公路土质路堤施工质量标准 表11.3

项次	检查项目	规定值或允许偏差	检查方和频率
1	压实度	符合规定	施工记录
2	弯沉	不大于设计值	—
3	断面高程(mm)	+10,−15	每200m测4个断面
4	中线偏差(mm)	50	每200m测4点,弯道加HY、YH两点
5	宽度	不小于设计值	每200m测4个断面
6	平整度(mm)	15	3m直尺:每200m测2处×10尺
7	横坡(%)	±4	每200m测4个断面
8	边坡坡度	不陡于设计坡度	每200m插查4处

11.2.8 膨胀土路基拼接施工

(1)拼接过程中应采取的加固与防护措施

膨胀土具有胀缩性,吸水后体积增大而产生膨胀,土体失水则体积收缩[3]。膨胀土的胀缩性与土中水分的得失直接相关,且膨胀与收缩两种变形是可逆的。并且膨胀土大多具有超固结性,天然孔隙比较小,干密度较大,初始结构强度较高。超固结膨胀土路基开挖后,将产生土体超固结应力释放,边坡与路基面出现卸荷膨胀,并易在坡脚形成应力集中区和较大的塑性区,使边坡容易破坏。此外,膨胀土受气候因素影响,极易产生风化作用。路基开挖后,土体在风化作用下,很快会产生裂隙、剥落和泥化等现象,使土体结构破坏,强度降低。

膨胀土路基段的开挖施工应尽量避开雨季施工,缩短施工周期。路基台阶的开挖不宜将原路基面大规模的暴露。可采用开挖一级填筑一级的方法,逐级开挖,逐级填筑。开挖后的台阶面应采取表面喷浆或铺设防水土工布的方式进行处理,以阻止自由水被非饱和土体吸收。

(2)掺灰膨胀土作为路基填料的施工

所有重黏土取土坑均应做膨胀性试验。强膨胀土不应作为路堤填料,中、弱膨胀土经掺石灰处理改良后,方可作为路堤填料。掺灰量经试验确定,掺灰处理后的总胀缩率不宜超过0.7,由监理工程师确认。石灰应为三级灰以上,按照现买现用的原则,尽量缩短石灰在工地的存放时间,否则应妥善保管。

在取土坑附近取土掺生石灰,生石灰掺量为总掺灰量的40%,可用挖掘机对其翻拌后打堆闷料48~72h。待石灰消解,土的塑性指数与含水率降低之后,将拌和料运至路基上摊铺、粗平,达到松铺厚度,摊铺补足剩余的石灰。当含水率接近最佳含水率时,宜用消解石灰。

按路拌法采用强制式稳定土拌和机进行粉碎和拌和，并根据拌和机的性能决定松铺厚度，松铺厚度不得大于拌和机有效拌和深度，并不得大于 30cm。粉碎拌和后的灰土含灰量要均匀，最大土块应小于 5cm，各施工层间不得有素土夹层。

膨胀土施工路段要根据天气情况加以控制。在每层土填筑之前都要对底层土基进行复查，如果被雨水浸蚀或间隔时间较长，表面有松散现象时，要进行洒水复压。如果施工期间遇雨应及时碾压，并加大横坡，天晴后要重新翻晒碾压。

碾压时含水率不得低于最佳含水率，可控制在大于最佳含水率 1%左右。应严格控制纵、横坡度，横坡应大于普通土横坡度 1%，碾压后路基表面不得有坑洼现象。路肩外侧要超宽碾压，超宽宽度应大于 50cm，碾压遍数比正常碾压遍数多 1～2 遍。

路堤填筑完成后，应立即采取黏土包边等防护措施。在未做好防护准备之前，不得削坡，削坡的长度根据防护工程的进度加以控制。路堤填筑完成后，如当年不能铺筑路面，应在路堤顶面用黏土做成厚度不小于 30cm、横坡不小于 3%的封层，封层压实度不小于 85%。

拼接台阶底宽 100～200cm，每层台阶的顶面以下 20cm 和同层次新路堤同步翻松、掺灰、碾压，形成整体。路基压实度检验采用灌砂法，检验频率比普通填土路基规定高一倍。

(3)膨胀土直接用作路堤填料的施工

膨胀土掺灰造价高、现场掺匀困难。研究表明，虽然膨胀土不是一种理想的筑路材料，但在特定条件下采取合适处治措施，膨胀土可以不经化学改良直接用作路堤填料。

膨胀土工程特性决定其直接用作路堤填料时，“保湿防渗”是基本原则。实体工程中，膨胀土只用于填芯材料，其基底的处理、上部的覆盖以及边部的封闭设计和施工都是遵循这一原则开展的。

按设计原理和加固材料分类，可将实施物理处治方案分为三大类，一是非膨胀性黏土或砾石土包边，二是土工格栅或土工隔网边部加筋，三是土工布加固方案。比较技术、经济和施工的难易程度，膨胀土地区路堤的填筑应优先考虑非膨胀性黏土包边方案，当包边土源有困难时，土工格栅加筋包边方案也不失为一种好的处治措施，若路堤填方高度较大，且当地也可以获得非膨胀性土料的路段，也可以采用夹层法进行路堤处理。根据膨胀土填料的性质，甚至可以考虑采用一层非膨胀性土夹两层膨胀土填筑路堤。

11.2.9 粉煤灰路基拼接施工

在进行粉煤灰路基拼接施工中应将原外包土全部清除。考虑到扩建工程中不影响到原老路基的稳定，粉煤灰路基拼接施工的台阶应分段落、分级进行开挖，每一级台阶的宽度为 100～200cm。为了防止边坡开挖以后，粉煤灰路基内部的水分迁移，阻止自由水对路基的侵入，在每一级台阶开挖结束后，立即采用 15 号砂浆进行护壁，砂浆厚度为 2cm。护壁砂浆可采用喷浆方式进行施工。护壁砂浆喷浆前，应用人工方式对开挖后的台阶面进行修整，台阶面应达到平整、密实的要求。喷层厚度要均匀，喷层周边与未开挖的老路基边坡应作好封闭处理。

11.2.10 粉土路基拼接施工

(1)拼接过程中应采取的加固与防护措施

由于粉土具有低液限，一般小于20%；低饱和含水率，一般介于20%～30%之间。粉土路基开挖后遇雨极易造成边坡冲刷失稳。

粉土中颗粒之间的联结除了静电引力外，更主要的是毛细水联结。当黏性土由于蒸发结合水逐渐减少，扩散层弱结合水变薄，溶液中电解质浓度增强，产生干燥凝结现象。粉土中黏粒含量少，这种固化的内聚力很弱，干的粉土很疏松，极易破碎。同时若粉土含水率过大，则毛细水联结力减弱，粉土颗粒之间的摩阻力也不像砂土那样具有镶嵌作用，所以粉土的力学强度较低。粉土路基开挖面暴露时间过长，会造成路基土体的水分迁移，或者吸水过多强度下降，造成原老路基的失稳破坏。

粉土路基段的开挖施工应尽量避开雨季施工，缩短施工周期。路基台阶的开挖不宜将原路基面大规模的暴露。可采用开挖一级填筑一级的方法，逐级开挖，逐级填筑。

粉土路堤高度大于2m的地段，台阶开挖前要进行注浆加固。浆液采用水泥粉煤灰浆(粉煤灰为水泥用量的25%)，水灰比0.4～0.5，注浆范围垂直坡方向20～80cm，注浆孔布置在垂直坡面方向，孔距和排距为1.2m，原路床底高程以下部分加固，以上部分不加固，加固强度为0.3～0.5MPa。

粉土路堤高度小于2m的地段，可直接开挖台阶进行拼接，开挖后的台阶面应及时进行封闭防护，以阻止自由水被粉土路基土体吸收。其主要方式为铺设防水土工布或表面喷浆。

粉土路堤的拼接台阶底宽100～200cm，拼接施工时应在加固土体达到强度后进行，每层台阶顶面以下20cm和同层的新路堤同步翻松、掺灰、拌和、碾压，和新路堤形成整体。

(2)粉土路堤的填筑技术要求

取土坑周边坡比不小于1∶2，取土深度一般为3m，开挖时若有渗水及时排出。拼接路基全部掺灰(掺灰量根据试验确定)，填筑施工工艺流程如下：薄层摊铺(控制压实厚度15cm)→整平→压路机微振提水(压实度85%)→测含水率→铺石灰→拌和均匀(犁配合路拌机)→碾压成形→报验。

粉土路堤拼接施工要及时整理临时排水设施，确保老路堤路面排水、横向排水管畅通，不形成地面径流和冲刷，否则易造成大面积砂层流失。其他施工技术要求可遵照《公路路基施工技术规范》(JTG F10—2006)执行。

11.2.11 土工格栅施工

单向土工格栅在铺设过程时，应将强度高的方向置垂直于路堤轴线方向。土工格栅的联结应牢固，在受力方向联结处的强度不得低于材料设计抗拉强度，且其叠合长度不应小于20cm。土工格栅的铺设不允许有褶皱，应用人工拉紧，必要时可采用插钉等措施固定土工格栅于填土层表面。铺设土工格栅的土层表面应平整，表面严禁有碎、块石等坚硬凸出物；在距土工格栅8cm以内的路基填料，其最大粒径不得大于6cm。土工格栅铺设以后应及时填筑填料，以避免其受到阳光过长时间的直接暴晒。一般情况下，间隔时间不应超过48h。

土工格栅上铺筑石灰土时，要采用场地拌和法进行施工。在取土场选择足够的场地将土的含水率、灰剂量控制好并粉碎拌和均匀以后，直接运送到施工现场，摊平、碾压。应避免采用路拌法进行施工，以防止路拌机将土层下的土工格栅破坏。

填料应分层摊铺、分层碾压，所选填料及其压实度应达到《公路路基施工技术规范》(JTG F10—2006)规定的要求。其上第一层填土摊铺宜采用轻型推土机或前置式装载机。一切车辆、施工机械只允许沿路基的轴线方向行驶。

土工格栅施工质量的检查、验收如表11.4所示。

土工格栅施工质量的检查、验收　　表11.4

检查项目	质量要求		检查规定	
	要求值或允许偏差	质量要求	检查频率	检查方法
下承层平整度或拱度	8mm	符合设计及规范要求	4处/200 m	3m直尺测量
格栅长度(mm)	≥设计值	符合设计要求	抽查2%	皮尺测量
搭接宽度(mm)	≥200mm(横向)，≥150mm(纵向)	符合设计及规范要求	抽查2%	皮尺测量
外观要求	土工格栅的表面不允许褶皱，土工格栅的插钉固定牢靠			目测

11.3 本章小结

路基拼接的设计与施工是高速公路加宽工程的重要环节，若处理不当，将导致新老路基衔接不良，严重的会出现沿结合部的纵向裂缝。本章针对新老路基拼接设计和施工进行了阐述，但在实体工程中，应因工程而异，采取更具针对性的措施。

本章参考文献

[1] 江苏省沪宁高速公路扩建工程指挥部，江苏省交通基础技术工程研究中心. 沪宁高速公路

路基拓宽综合处治技术研究成果总结报告[R]. 2004.

[2] 江苏省交通科学研究院. 沪宁高速公路扩建工程路基拼接设计及施工技术研究总报告[R]. 2004.

[3] 郑健龙,杨和平. 公路膨胀土工程[M]. 北京:人民交通出版社,2009.

第12章 高速公路加宽工程性状的现场监测

⇨12.1 加宽路基施工动态控制标准
⇨12.2 沉降观测
⇨12.3 加宽工程观测断面布设与技术设计
⇨12.4 加宽工程沉降观测外业
⇨12.5 资料整理
⇨12.6 本章小结

高速公路加宽工程在实施拼接路基、路面施工过程及运行期间，应研究新拼接路堤荷载对老路基产生的附加沉降和横断面横坡改变的规律。采用沉降理论分析方法的同时，通过在路基、路面上设观测点进行全过程跟踪监测，为进一步优化设计和验证路基拼接、地基处理对策的合理性提供依据。

高速公路加宽工程路基变形监测可分为老路基在加宽期间及完工后一年的沉降观测、两侧拼接加宽过程中(包括路面施工期)的沉降观测。同时，应分不同标段选择工程地质条件具有代表性的工点，按不同路堤高度，设置重点观测断面进行横断面、分层、孔压、水平位移、土压力等内容的监测以及对地基处理前、后进行现场钻孔取样原位试验，揭示地基处理对软土特性的影响，并对处理效果做出分析评估，为软基处理方案的进一步优化提供依据。

12.1 加宽路基施工动态控制标准

高速公路加宽工程的施工期动态控制标准，主要从沉降速率和保证路堤的稳定性两方面来进行研究，即沉降速率的控制标准。在路基填筑施工期，仍可采用新建道路的路基施工动态控制标准，即沉降速率不大于 10mm/d，水平位移速率不超过 5mm/d[1]。

而对于路面结构施工时路基变形速率的控制标准，现行规范尚未有统一的规定。沪宁高速公路加宽施工时，对典型断面工后沉降进行了长期观测，如表 12.1 所示。

沪宁高速公路典型断面工后沉降变化规律表[2] 表 12.1

序号	时　　间		1996.07	1997.10	1998.09	1999.10	2003.03	2003.06	沉降速率(cm/月)	工后 15 年沉降量(cm)
	断面位置		累计沉降(cm)							
1	K1+429 徐公河中桥桥头(沪岸)(塑板+超载)	实测	0.0	0.8	1.2	1.6	2.37	2.42	0.1	2.94
		推算	0.0	0.8	1.2	1.6	2.35*	2.38		
2	K1+693 通道箱头(砂垫层)	实测	0.0	1.5	2.2	3.0	3.46	3.70	0.2	3.93
		推算	0.0	1.6	2.3	2.8*	3.54	3.62		
3	K9+214 邹家角桥头(宁岸)(塑板+砂垫层)	实测	0.0	1.1	1.7	2.2	3.7		0.3	4.3
		推算	0.0	1.1	1.7	2.3*	3.4			
4	K6+647 路段(不处理)	实测	0.0	3.9	5.2	6.4	8.4*		0.5	9.34
		推算	0.0	3.5	5.2	6.5	8.5			

注：* 号代表观测序列所推算的沉降值。

由表可知，当软土地基路堤上的沥青路面层完工后的月沉降速率为 1mm/月或 2mm/月时，相应的工后沉降增量为 2.94～3.93cm。为此提出加宽路段路面结构施工时的控制标准为:拼接路基施工至96区顶后,路面中心(人孔井)按二等水准观测标准的实测沉降速率应小于2mm/月;底基层施工时的沉降速率为两个月平均沉降速率小于3mm/月;沥青面层拼接施工期的沉降速率应小于1mm/月。

上述沉降控制标准的提出,应是一个动态控制过程,使拼接路堤的沉降大部分消除在施工期,但同时应注意施工期原路稳定状况的检测。

12.2 沉降观测

12.2.1 观测方法

沉降观测可采用横断面沉降仪、沉降板观测、分层沉降标观测、水平位移桩(边桩)观测等方法。

12.2.2 观测频率

观测频率取决于沉降速率,务必使系统观测的次数确实能反映出沉降过程,并使观测数据在指定时间段内反映可靠的沉降量,又不遗漏沉降变化的时刻。

加宽路堤填筑期沉降速率较大,观测频率应高一些,一般每填筑1~2层或5~10d观测一次;预压初期(1~2个月)每月观测2~3次,后期沉降曲线一般走向平缓,可调整为每月观测一次;加宽路面施工期沉降曲线走向平缓,可以每层观测一次,若下层与上层施工间隔较长,可适当增加次数。

加宽工程通车运行期沉降速率很小,一般在0~1mm/月之间,观测频率放宽至3个月观测一次。

12.2.3 观测仪器

地面沉降通常用高精度水准仪,基础底面沉降观测可选择剖面沉降仪、地面沉降板(与新建路观测要求一致)等设备。本书重点介绍剖面沉降仪。

剖面沉降观测是通过插入埋设在路基底部的沉降管中的剖面沉降仪进行的,它具有不受地面施工影响、可连续多点(一般半幅拼接为16个点)观测、精度可达0.5mm等优点。该仪器由水平探头、电缆线和读数仪组成(图12.1)。探头通过设置在其上的两个间距为50cm的轮子在管中行走。探头一端通过电缆线(其上有50cm间隔的标记)与读数仪相连。并可直接测得前、后测轮连线的倾角,不同位置时的倾角是个变数,通过仪器中的软件,将测得的倾角换算成测轮前、后两个接触点的高差,并在存储仪采集获得数据,再通过专用数据线传输到电脑中,最后将连续观测的高差与水准点相连测，求得各点高程与沉降量。横断面沉降仪在新建路堤的埋设见图 12.2，观测原理图如图 12.3 所示。

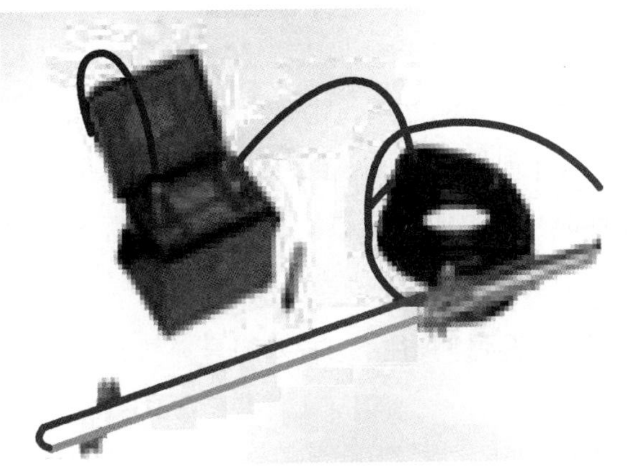

图 12.1 剖面沉降仪组成

图 12.2 横断面沉降仪埋设

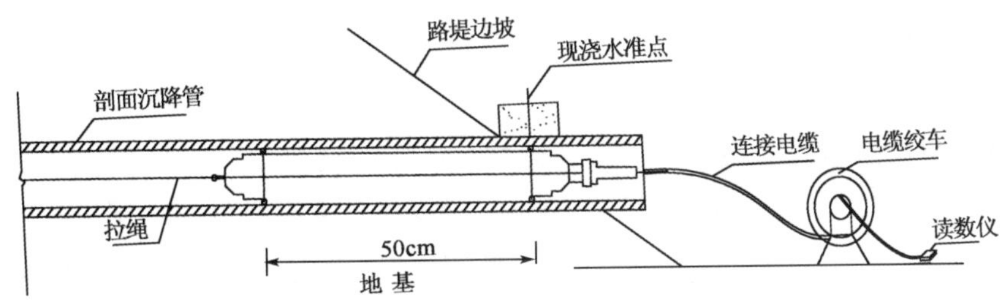

图 12.3 剖面沉降观测原理图

沉降管横断面为圆形断面，内壁均匀光滑并具有良好的挠性、柔性和刚性。其埋设步骤为：

(1)在原地面上挖沟，沟深不小于 30～40cm。

(2)横剖管及管接头内穿入钢丝绳(为拉动测头之用)并连接好。

(3)将横剖管底部和周边用砂、土将沟填平、夯实。

(4)横剖管在管口处做一平台(约 40cm×40cm)作为参照平面。

(5)在横剖管外延 50m 处设一固定水准点，每次观测时与管口现浇水准点连测可求得各前、后测轮接触点的高程变量。

12.2.4 水准点埋设

水准点分地面水准点和桥上水准点两种形式，前者用于观测加宽路上的地面沉降标的沉降，后者用于观测老路沉降标钉。埋设位置有不同要求。

(1)地面水准点

地面水准点密度应满足沉降观测断面的要求，一般每 200m 设置一个。水准点位置应埋设在断面延长方向50m以外,以便一个测站完成测点的观测。水准点设在土质坚硬、便于长期保存和使用的地点,并埋设混凝土水准标石,统一用BM加序号表示,标石标志应符合规范要求。

(2)桥上水准点

进入路面施工期,为减少地面水准点转点传递对观测高程影响,应适时将地面水准点转移到有灌注桩基础的桥上,供新路面施工及完建后工后沉降观测之用。由于桥梁加宽施工,桥上水准点一律转设在桥中央分隔带冒梁上部水泥板上,并埋设一根ϕ18~20mm、长20cm的钢筋(上端用砂轮磨成半球形头),筋头露出混凝土顶面1~2cm,或用射钉枪打入标志。桥上水准点一律用BM段号加序号表示。

桥上水准点埋好后,由地面水准点以二等水准往、返引测,往、返高差闭合差为$\pm 0.6\sqrt{n}$ mm(n为测站数)。

12.2.5 观测点布设

观测点分老路观测点和加宽路观测点两种,老路观测点用于通车运行期的工后沉降观测和新路拼接荷载对老路基产生的附加沉降观测,新路观测点用于拼接自重引起的沉降变化观测。

(1)老路观测点布设

观测断面间距,对于软土地基一般每200m一个断面,桥头增设搭板尾部和距桥头50m两个断面,非软土地基每1000m一个断面。每个断面设左、中、右三个点(桥头在路缘处增设左、右两个点),中点可设在人孔井上,左、右点设在土路肩进线向内1m处(停车道上)。老路观测点一般用特制的公路道钉或地界用的界址钉,钉长一般为5~8cm,ϕ0.8cm,钉头用ϕ2cm的半球形标志。观测点位置如图12.4所示。

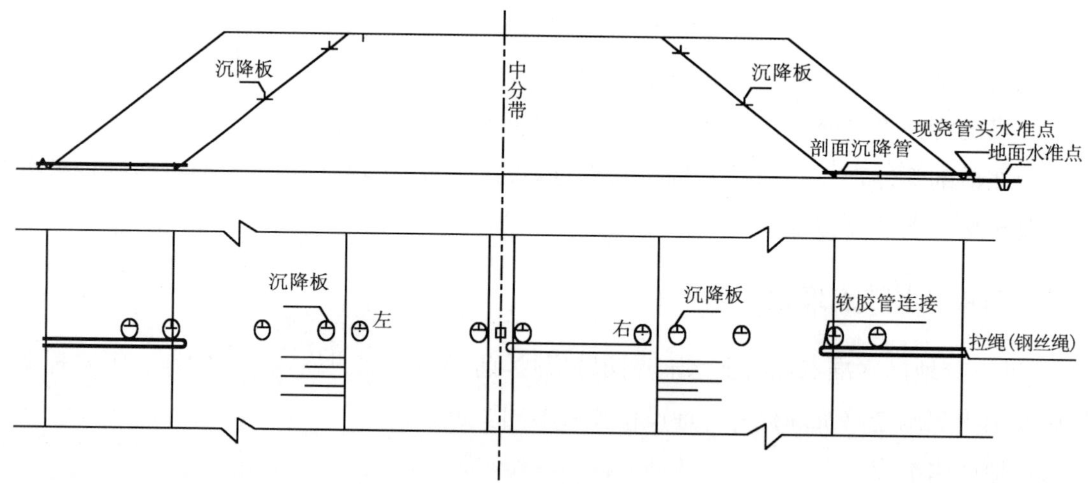

图12.4 横剖面测管内沉降观测操作图[2]

(2)加宽路观测点布设

加宽路观测断面间距原则与老路相同。每个断面设置四个沉降标点，点位设置在老路坡顶、坡中、坡脚及加宽路堤断面形心点，共四个点。点位设计时务必使坡中点落在新路面的中部，坡顶点距老路肩线1m，新、老路肩点作沉降对比，求得沉降差，所有点位均展示在图12.4上。地基处理完毕后，在指定部位埋设沉降标，沉降标由200mm长、直径为20mm的钢管和600mm×600mm×9mm的底板组成。

用沉降标管作为地面沉降标，常受施工影响，易被破坏，难以保证资料的连续性。如果改用剖面沉降仪观测，可避免施工的干扰。

12.2.6 沉降观测实施

(1)水准路线设计

加宽工程沉降观测可由两侧新路和老路三部分组成，必须分别观测。加宽路用一个地面水准点控制一个断面三个观测点，一般一个测站可完成，无须水准路线设计。但老路沉降观测时，需用少量桥上水准点引测多个断面观测点群，因此观测前必须绘制好水准路线观测图，在图上固定好测站位置，每次观测均以设计好的测站位置固定观测，消除观测中的系统误差至关重要。

水准路线分支水准路线和闭合水准路线(或附合水准路线)两种，前者必须往、返观测，符合要求后取其中数作为观测点高程，后者经平差后求得闭合(附合)路线上每个点的高程。闭合(附合)路线或支线往、返允许高差闭合差应小于$\pm 0.6\sqrt{n}$mm(n为测站数)。

水准路线设计有下列几种情况：

①当桥头水准点只需引测1～3个断面点群，可组成左、中、右三条支线。

②当两桥相距在500m之内，可组成左、中、右三条附合水准路线。

③当两桥相距大于1000m时，可从桥头水准点出发沿左线各观测点(一般500～800m)，而后反转到右线观测点组成闭合水准路线，经平差后求得左、右线上观测点高程。中孔点水准路线有两种设计方法：一是在闭合水准路线上再组成附合水准路线，经二次平差求得中线上各中孔点的高程，该设计方案能保证一定的精度，但增加了外业时间；二是在闭合水准路线观测的同时，分站作中视观测，该设计方案可节省外业时间，但由于仪器安置地点的局限，视距不等差难以控制，需适当放宽视距差，应从严控制i角值以满足要求。据理论计算，视距差放宽到5m，i角控制在8″之内，视距不等差对高差的影响仅为±0.2mm。

(2)二等水准实施要求

①为消除或减小观测中某些系统误差，每次观测时，必须按规定观测线路图进行，并坚持五固定原则(仪器、人员、测站、水准点、后视尺)，其中固定仪器位置最为重要。

②观测前应与当地交通巡警大队联系，同意后才可上路工作。观测人员必须身穿上路服，观测时在路面上安放移动锥形指示标，以便指示车辆注意前方测量目标，做到安全行车。测量车尾部必须挂上警示标牌。

③二等水准测量主要技术指标见表 12.2。

二等水准测量主要技术指标表[3]

表 12.2

等级	水准仪型号	i 角	视线长度(m)		视距差(m)		基、辅面读数较差(mm)	基、辅面高差较差(mm)	闭合环线或支线往返允许闭合差(mm)
			前、后距	中距	前、后	后、中			
二	DS1	<8"	50	60	1.0	<5.0	0.5	0.7	$\pm 4\sqrt{L}$或$\pm 0.6\sqrt{n}$

注：n-测站数；L-水准路线长度，以 km 计。

④二等水准操作要求：

a. 主线一个测站观测程序为后基→前基→前辅→后辅，最后读取中视基、辅面读数，记录者随即计算测点的基、辅面读数差和基、辅面高差，符合要求后才能搬移测站。

b. 每一高差必须观测两个测回，两测回高差之差应小于 0.5mm，取其中值为最后结果。

c. 持尺质量的优劣，直接影响观测精度。二等水准必须借助竹竿扶稳水准尺。由于高速公路车辆频繁，持尺员要有耐心，在观测员读数瞬时持稳尺子。

d. 闭合圈测完后，随即计算高差闭合差和允许闭合差，达到要求后，填写高差改正表，推算闭合线上各点高程。

(3)横断面沉降观测实施

在加宽路基填筑过程中，横断面沉降观测与地面沉降同时进行。其优点是可以弥补地面沉降标破坏中断沉降数据，重要的可在断面上每隔 50cm 连续观测多点沉降值，使沉降分析更为可靠。实际操作时，按图 12.4 布设要求作如下操作：

①用地面水准点测量管口水准点高程，因管口水准点有沉降，故每次观测时均要稳定。

②将测头两端分别接上电缆线和钢丝绳。

③将测头插入沉降管口，用钢丝绳将探头拉入沉降管里端。

④拉动电缆线，逐点由里向外每隔 50cm 观测一个点，测头到达每一次位置时，在计数计上读得测头前、后两轮接触点的高差 h_1、h_2、h_3……最后与管口水准点联测，由管口水准点高程连续推算每个点的高程，相邻两次观测，就可以求得沉降量。

12.3 加宽工程观测断面布设与技术设计

12.3.1 断面数及观测点布设

观测点分新、老路观测点两种。老路观测点用于通车运行期的工后沉降观测和新路拼接荷载对老路基产生的附加沉降观测，新路观测点用于拼接自重引起的沉降观测。

观测断面桩号以老路人孔井或桩点为中心，分别向左和向右延伸到加宽路面的路肩处。为了在实施中找到人孔井的桩号，必须将原人孔井施工桩号换算为通车统一桩号。图 12.5 展示一个半幅测点群，由路缘点 o、a、b、c 四个点组成。其中设在老路上的路缘点及人孔井点作老路工后沉降观测用，a、b、c 三个点为加宽路面作加宽施工期用。

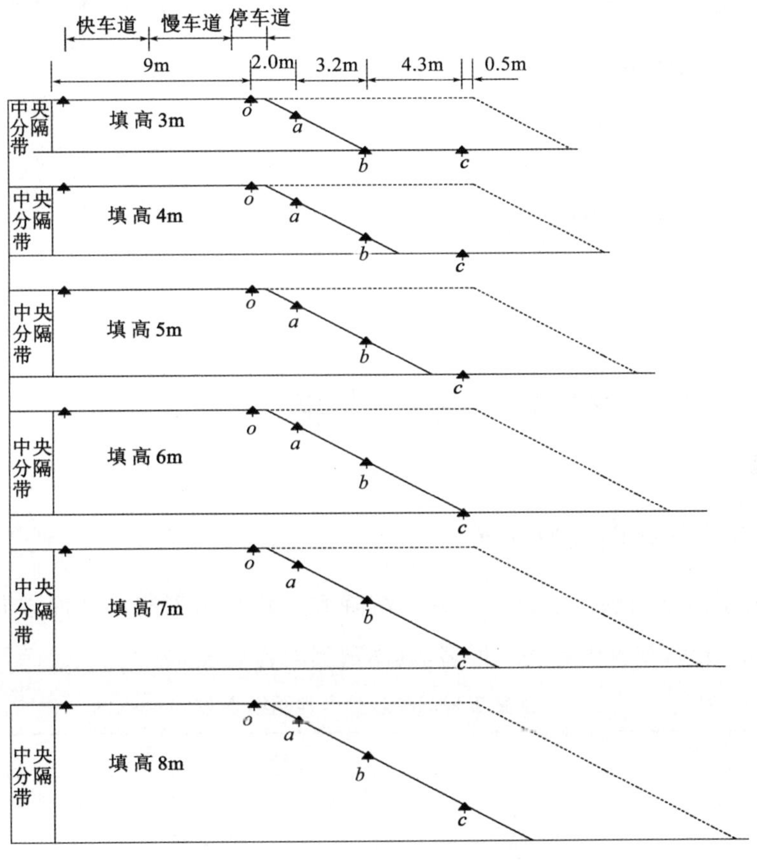

图 12.5 已有路面及加宽工程断面观测点布置

12.3.2 重点断面观测内容

表 12.3 及图 12.6 为沪宁高速公路扩建工程试验路重点断面观测项目和数量实例以及测

斜管、深层沉降标、水平横断面管、孔隙水应力计、土压力盒测点埋设位置图[2]。可供类似工程参考。

重点断面观测项目明细表

表 12.3

观测项目	深层沉降标	侧斜管	横断面沉降	测桩土应力比数	测地基应力个数	孔隙水应力计	测桩土沉降量个数	静探孔	取样孔	沉降标
观测数量	共 10 孔合计测点总长 160m	2 孔 25m	2 侧合计 20m	2 组共 6 个	2 组共 6 个	2 组 5 个间距 5m，共 30 个	4 组共 8 个	40m/2 孔	40m/2 孔	11 点

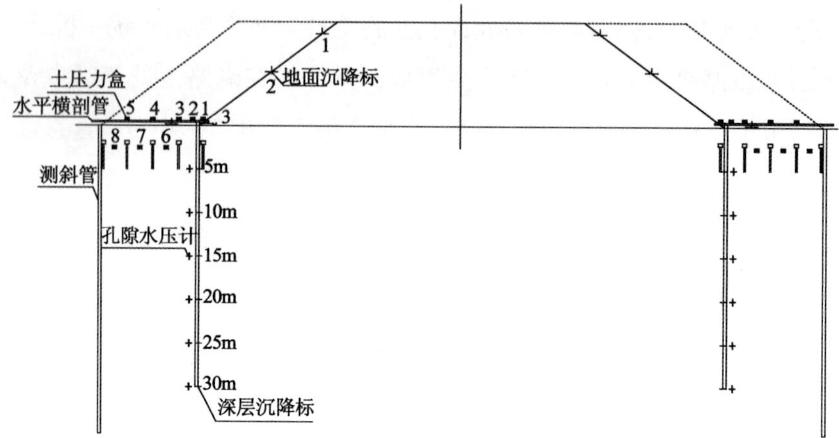

图 12.6　重点观测断面布置图[2]

12.4　加宽工程沉降观测外业

12.4.1　沉降观测内容和要求

加宽工程由于路基荷载对老路产生附加沉降和新路自重引起横断面方向横坡改变等影响，导致观测的复杂性，观测内容随之增多，具体观测内容见表 12.4。

加宽工程沉降观测内容明细表

表 12.4

路　　名		项目	沉 降 观 测 内 容
老路		1	一般路段左肩、中孔桩、右肩三个点的沉降观测
		2	桥头路堤 50m 内、左肩、左中路缘、右中路缘、右肩、中孔桩 5 个点沉降观测
		3	左、右两个半幅的纵、横断面观测
新路	加宽路面	1	加宽路左、右半幅中各 3 个点的地面沉降标观测
		2	深层沉降标观测
	重点断面	3	水平位移计、测斜管、孔隙水应力计、土压力计等

表12.4中观测频率按每填筑一层观测一次规定操作，所有测点全部用二等水准技术指标观测。其中老路纵、横坡按观测高程计算所得。横坡值应满足公路施工及验收规范中的规定设计值为2.0%，允许偏差为±0.5%，二期观测横坡值之差为横坡的变化度。

12.4.2 加宽施工中的沉降观测

(1)地面沉降标观测

加宽路填筑到第二层时，参照新建路基要求埋设沉降标。左、右加宽路基各设三个点。

(2)深层沉降标观测

在老路坡角处，按图12.6要求埋设深层沉降标，管内分层深度根据地基处理深度确定。在地面沉降标观测的同时，观测测管不同深度的高程，求得深层沉降量。

(3)测斜管观测

测斜管埋设在新路坡脚处，测斜仪的观测原理、埋设方法及观测程序参见水平位移相关章节。

(4)水平横断面沉降观测

由于地面沉降标易受施工破坏，宜选择一些重点观测断面，可在横断面增设水平管法来确保资料完整。其方法是在路基地面线以上埋设水平横剖管，管口伸出新路基坡脚面10cm左右(图8.6)，并在管口处埋设一个地面水准点。观测时通过拉线方法将测管内的仪器探头拉向不同位置，并在读数计上测得水准点与测头观测点的高差，最后求得探头各点高程与沉降量。

12.5 资料整理

(1)观测成果检查

外业手簿中的观测数据与测点高差必须逐一核算，确保成果的正确性。观测数据书写应清晰、整齐。高程计算到0.01mm，采用值为0.1mm。

(2)闭合水准路线高差调整和高程计算

外业手簿数据合格后，将水准干线每段二测回平均高差值填入调整表中，计算程序如下：

①计算实测高差闭合差 $f_{h(实)}=\sum h$(均值)。

②计算允许高差闭合差 $f_{h(允)}=\pm 0.6\sqrt{n}$。

③若 $f_{h(实)}<f_{h(允)}$，表示成果符合要求，可以进行高差调整。调整时先计算每米高差改正系数，而后将改正系数乘以每段实测高差得高差改正数。最后按改正后的高差推算干线测点高程，再用干线高程计算中间点高程。

④改正后高差运算结束后，若从水准点开始推算高程，再回至原水准点高程，若高程一致，说明计算无误。

⑤用下式计算闭合路线中最弱点中误差

$$m_{最弱}=m_{公里}\frac{\sqrt{S}}{2} \qquad (S\text{的单位为 km})$$

或

$$m_{最弱}=m_{站}\frac{\sqrt{m}}{2} \qquad (m\text{为测站数})$$

(3)计算沉降量与沉降速率

(4)编制月度报告及中间报告

12.6 本章小结

现场监测是验证拼接设计和地基处理效果的重要举措，是对控制加宽工程质量的最后一个环节。实体工程中，应根据现场实际情况制订详细的监测实施方案。

本章参考文献

[1] 中华人民共和国行业标准. JTG D30—2015 公路路基设计规范[S]. 北京：人民交通出版社，2015.

[2] 徐泽中. 公路软土地基路堤设计与施工关键技术[M]. 北京：人民交通出版社，2007.

[3] 中华人民共和国行业标准. JGJ 8—2007 建筑变形测量规范[S]. 北京：中国建筑工业出版社，2007.

索　引

c

承载力　bearing capacity …… 12

沉降预测　settlement prediction …… 21

差异沉降　differential settlement …… 22

d

堆载预压　preloading …… 13

f

附加应力　additional stress …… 20

复合地基　composite foundation …… 90

g

固结系数　coefficient of consolidation …… 96

h

涵洞　culvert …… 138

j

加筋路堤　reinforced embankment …… 174

k

孔隙水压力　pore water pressure …… 9

控制指标　control index …… 17

l

离心模型试验　centrifuge model test …… 19

路基拼接　embankment widening …… 4

q

轻型动力触探　light dynamic penetration …… 156

r

软土地基　soft soil foundation …… 4

s

数值模拟　numerical simulation …… 56

t

土压力 soil pressure …… 9

x

现场观测 field observation …… 17

y

有效应力 effective stress …… 20
有限元 finite element …… 17
硬壳层软土地基 soft soil foundation …… 84